快学 Scala（第2版）

[美] Cay S. Horstmann 著
高宇翔 译

Scala for the Impatient
Second Edition

電子工業出版社
Publishing House of Electronics Industry
北京•BEIJING

内容简介

Scala是一门主要以Java虚拟机（JVM）为目标运行环境并将面向对象和函数式编程语言的最佳特性结合在一起的编程语言。你可以使用Scala编写出更加精简的程序，同时充分利用并发的威力。由于Scala默认运行于JVM之上，因此它可以访问任何Java类库并且与Java框架进行互操作，比如Scala可以被编译成JavaScript代码，让我们更便捷、高效地开发Web应用。本书从实用角度出发，给出了一份快速的、基于代码的入门指南。Horstmann以"博客文章大小"的篇幅介绍了Scala的概念，让你可以快速地掌握和应用。本书用易于上手的操作、清晰定义的能力层次，为从初学者到专家的各阶段读者提供全程指导。

本书适合有一定Java编程经验、对Scala感兴趣，并希望尽快掌握Scala核心概念和用法的开发者阅读。

图书在版编目（CIP）数据

快学Scala：第2版 /（美）凯.S.霍斯特曼（Cay S. Horstmann）著；高宇翔译. —北京：电子工业出版社，2017.7
书名原文: Scala for the Impatient, Second Edition
ISBN 978-7-121-31995-2

Ⅰ. ①快… Ⅱ. ①凯… ②高… Ⅲ. ①JAVA语言 – 程序设计 Ⅳ. ①TP312.8

中国版本图书馆CIP数据核字（2017）第139755号

策划编辑：张春雨
责任编辑：李云静
印　　刷：北京盛通商印快线网络科技有限公司
装　　订：北京盛通商印快线网络科技有限公司
出版发行：电子工业出版社
　　　　　北京市海淀区万寿路173信箱　　邮编：100036
开　　本：787×980　1/16　　印张：25.75　　字数：458千字
版　　次：2012年10月第1版
　　　　　2017年7月第2版
印　　次：2021年8月第8次印刷
定　　价：108.00元

凡所购买电子工业出版社图书有缺损问题，请向购买书店调换。若书店售缺，请与本社发行部联系，联系及邮购电话：（010）88254888，88258888

质量投诉请发邮件至zlts@phei.com.cn，盗版侵权举报请发邮件至dbqq@phei.com.cn。

本书咨询联系方式：010-51260888-819　faq@phei.com.cn。

献给我的太太，是你让本书成为可能；献给我的孩子们，是你们让我拥有完成本书的动力。

译者序

Scala是一门十分有趣又非常实用的语言，它以JVM为目标环境，将面向对象和函数式编程有机地结合在一起，带来独特的编程体验。

它既有动态语言那样的灵活简洁，同时又保留了静态类型检查带来的安全保障和执行效率，加上其强大的抽象能力，既能处理脚本化的临时任务，又能处理高并发场景下的分布式互联网大数据应用，可谓能缩能伸。

我大约是从2009年开始接触Scala的。在此之前曾做过多年的Java开发，其间也陆陆续续接触过JRuby、Groovy和Python，但没有一门语言能像Scala这样，让我产生持续的兴趣和热情，让我重新感受到学习、思考和解决问题的乐趣。Scala为我开了一扇窗，将我带进了函数式编程的世界，在打破旧有思维模式的同时，让我的整个计算机编程知识体系重组，看待很多技术问题的角度都不一样了。这种感觉，不亚于我前些年接触Linux。

Scala不光是一门值得用心学习的语言，同时也是一门可以直接上手拿来解决实际问题的语言。它跟Java的集成度很高，可以直接使用Java社区大量成熟的技术框架和方案。由于它直接编译成Java字节码，因此我们可以充分利用JVM这个高性能的运行平台为我们提供的便利和保障。

目前国内外已经有很多公司和个人采用Scala来构建其平台和应用。作为JVM上第一个获得广泛成功的非Java语言，Scala正以它独特的魅力吸引着越来越多人的热情投入。

你手里的这本书，出自《Java核心技术》（*Core Java*）的作者Cay S. Horstmann。书中每一章的篇幅都不长，娓娓道来，沁人心脾，适合有一定经验的Java程序员阅读。书中几乎所有Scala相关的核心内容都有涉及，由浅入深，深入浅出，非常适合读者快速上手。本书是原著第2版，针对Scala 2.12版进行了全面更新。

当然了，如果你想要用好Scala，想把它发挥到更高的层次，基本功必须扎实。这本书讲的都是基本招式，看似平实无华，实则招招受用。对于一线开发人员，本书非常值得放在案头反复揣摩练习。

广大Scala爱好者们，这是为你们准备的书，希望你们也和我一样，在Scala中找到乐趣，找到归属，你们是我完成本书翻译的动力。

感谢Martin Odersky和他的团队，为我们带来如此美妙的编程语言；感谢电子工业出版社、张春雨编辑第一时间从国外引进这本书的第2版；感谢编辑团队和其他幕后工作者的辛勤劳动；最后还要感谢我的家人，感谢你们的理解和支持。

在本书的翻译过程中，译者虽已尽力将原著的真实意思以符合中文习惯的方式呈现给大家，但毕竟能力有限，问题和疏漏在所难免，恳请各位读者批评指正，联系邮箱：gaoyuxiang.scala@gmail.com。

高宇翔

2017年于上海

目　　录

第1版序

几年前我和Cay Horstmann见面，他告诉我Scala需要一本更好的入门书。当时我自己的书才刚出来，因此我当然要问他觉得我那本书有哪里不好。他回答说，书很不错，但就是太长了，他的学生们是不会有耐心读完800页的《Scala编程》（*Programming in Scala*）的。我认为他说得有一定道理。然后他就开始着力改变这个状况，于是就有了这本《快学Scala》。

看到这本书终于完成我非常高兴，因为它真切地印证了书名所表达的意思。这是一部快速实用的Scala入门指引，详细解释了Scala到底有什么特别，与Java的区别在哪里，如何克服学习中常见的困难，以及如何编写优质的Scala代码。

Scala是一门具备高度表达能力且十分灵活的语言。它让类库编写者们可以使用非常精巧的抽象，以便类库的使用者们可以简单地、直观地表达自己。因此，根据代码种类的不同，它可以很简单，也可以很复杂。

一年前，我曾试着通过一组用于Scala及其标准类库的层级定义来对这个问题做一些澄清。首先按应用程序开发人员和类库设计者分开，然后各自又分为三个层级。初级的内容可以很快被掌握并且足够用于产出实际代码。中级的内容可以使程序变得更加精简、更加函数式，并且可以让类库使用起来更加灵活。而最高级的内容是为那些解决特定问题、处理特定任务的专家准备的。当时我这样写道：

> 我希望这个层级划分有助于让Scala的初学者决定以怎样的顺序来学习，并且能够给教师和书籍作者一些建议，以怎样的顺序来呈现相关内容。

Cay的书是第一本系统化地采纳这个想法的Scala入门书。每一章都相应地打上了层级标签，让你一目了然地知道该章的难易程度，以及它是面向类库编写者的还是面向应用程序开发人员的。

如你所预期的那样，开始的章节是对基本的Scala功能的快速介绍。不过本书并不就此收手，接下来还涵盖了许多“高级”概念，直到最后非常高端的内容，这些内容通常并不会出现在编程语言的入门指引当中，比如如何编写解析器组合子，如何使用定界延续，等等。Cay令人钦佩地做到了让哪怕是最高级的概念理解起来也那么简单明了。

我非常喜欢《快学Scala》的构思，于是向Cay和他的编辑Greg Doench提出能否将本书基础章节部分作为免费资料放在Typesafe网站上供大家下载。他们大方地答应了我的请求，对此我深表感谢。这样一来，每个人都可以很快地获取到这份在我看来是目前市面上最紧凑的Scala入门指南。

Martin Odersky

2012年1月

前　言

Java和C++的进化速度已经大不如前，那些乐于使用更现代的语言特性的程序员们正在将眼光移向他处。Scala是一个很有吸引力的选择；事实上，在我看来，对于想要提升生产效率的程序员而言，Scala是最具吸引力的一个。Scala的语法十分简洁，相比Java的样板代码，Scala让人耳目一新。Scala运行于Java虚拟机之上，让我们可以使用海量现成的类库和工具。Scala并非只以Java虚拟机作为目标平台。ScalaJS项目产出的是JavaScript代码，让你用一门不是JavaScript的语言同时编写Web应用的服务端和客户端。它在拥抱函数式编程的同时，并没有废弃面向对象，使你得以逐步了解和学习一种全新的编程范式。Scala解释器让你快速运行实验代码，这使得学习Scala的过程颇为轻松惬意。最后，同时也是很重要的一点是，Scala是静态类型的，编译器能够帮助我们找出大部分错误，这样就不至于要等到程序运行起来以后才发现（或未发现）这些错误，造成时间上的浪费。

本书是写给那些对于立即开始Scala编程有急切渴望的读者的。我假定你懂Java、C#或C++，并且我也不会去解释变量、循环或类这些基本概念。我不去穷举Scala的所有特性，不会宣传某一种范式比另一种更优越，也不会用冗长的、过于机巧的示例来“折磨”你。与此相反，你将会以紧凑的篇幅得到你想要的信息，可以根据需要选择阅读和复习。

Scala是一门内容很丰富的语言，不过你并不需要知道它的所有细节，就已经可以有效地使用了。Scala的创始人Martin Odersky对应用程序开发工程师和类库设计人员所需的专业知识技能的层级进行了定义，如下所示。

应用程序开发工程师	类库设计人员	总体Scala技能层级
初级 A1		初级
中级 A2	初级 L1	中级
专家 A3	高级 L2	高级
	专家 L3	专家

对每一章（偶尔也针对特定的小节），我都标出了所需的经验层级，大致的递进顺序是：A1、L1、A2、L2、A3、L3。就算你不打算设计自己的类库，知道Scala向类库设计人员提供了哪些工具对于更有效地使用类库也会大有裨益。

这是本书的第2版，针对Scala 2.12做了全面的更新。我添加了对新近的Scala功能特性如字符串插值、动态调用、隐式类和future的介绍，并更新了所有章节来反映当下的Scala用法。

我希望你通过本书享受到学习Scala的乐趣。如果你发现了错误或者有任何改进建议，请访问`http://horstmann.com/scala`并留言。在那里，你也能找到指向包含本书全部代码示例的打包文件的链接。

在此特别感谢Dmitry Kirsanov和Alina Kirsanova将我的手稿从XHTML转换成如此漂亮的排版样式，让我可以将注意力集中在内容而不是在格式调整上。每个作者都应享受这种待遇！

参与本书审稿的人员有：Adrian Cumiskey、Mike Davis、Rob Dickens、Steve Haines、Susan Potter、Daniel Sobral、Craig Tataryn、David Walend和William Wheeler。非常感谢你们的评价和建议！

最后，一如既往，感谢我的编辑Greg Doench，感谢他对我撰写本书的鼓励和贯穿于整个过程当中的洞察力。

Cay S. Horstmann

2016年于旧金山

读者服务

轻松注册成为博文视点社区用户（www.broadview.com.cn），扫码直达本书页面。

- 提交勘误：您对书中内容的修改意见可在提交勘误处提交，若被采纳，将获赠博文视点社区积分（在您购买电子书时，积分可用来抵扣相应金额）。
- 交流互动：在页面下方读者评论处留下您的疑问或观点，与我们和其他读者一同学习交流。

页面入口：http://www.broadview.com.cn/31995

作者简介

Cay S. Horstmann是《Java核心技术》卷1和卷2第10版（Prentice Hall出版社2016年出版）的作者，此外，他还著有其他十多本面向专业程序员和计算机科学专业学生的书籍。他是San Jose州立大学计算机科学专业的教授，同时也是一位Java Champion。

第1章　基础

本章的主题 A1

Chapter 1

在本章中，你将学到如何把Scala当作工业级的便携计算器使用，如何用Scala处理数字以及其他算术操作。在这个过程中，我们将介绍一系列重要的Scala概念和惯用法。同时，你还将学到作为初学者如何浏览Scaladoc文档。

本章的要点包括：

- 使用Scala解释器。
- 用`var`和`val`定义变量。
- 数字类型。
- 使用操作符和函数。
- 浏览Scaladoc。

1.1 Scala解释器

启动Scala解释器的步骤如下：

- 安装Scala。
- 确保`scala/bin`目录位于系统`PATH`中。
- 在你的操作系统中打开命令行窗口。
- 键入`scala`并按Enter键。

现在，键入命令然后按Enter键。每一次，解释器都会显示出结果。例如，当你键入 8 * 5 + 2（如下面加粗的文字）时，你将得到42。

```
scala> 8 * 5 + 2
res0: Int = 42
```

答案被命名为res0。你可以在后续操作中使用这个名称：

```
scala> 0.5 * res0
res1: Double = 21.0
scala> "Hello, " + res0
res2: java.lang.String = Hello, 42
```

正如你所看到的那样，解释器同时还会显示结果的类型——拿本例来说就是Int、Double和java.lang.String（参见图1-1）。

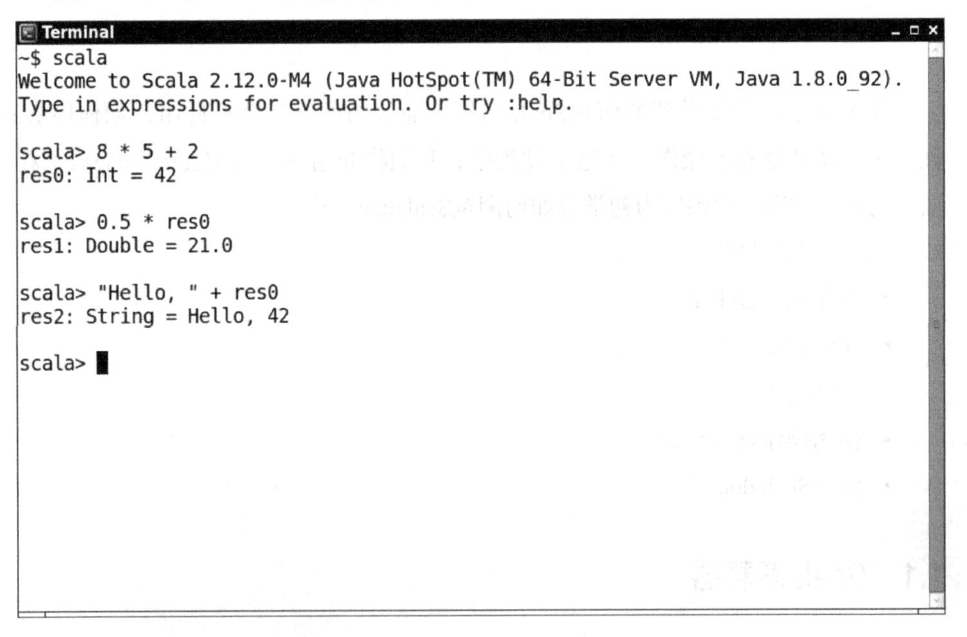

图1-1 Scala解释器

提示：不喜欢命令行？有一些支持Scala的集成开发环境提供了用于键入表达式并且在保存时显示结果的“工作表单（worksheet）”功能。图1-2展示了基于Eclipse的Scala IDE的工作表单。

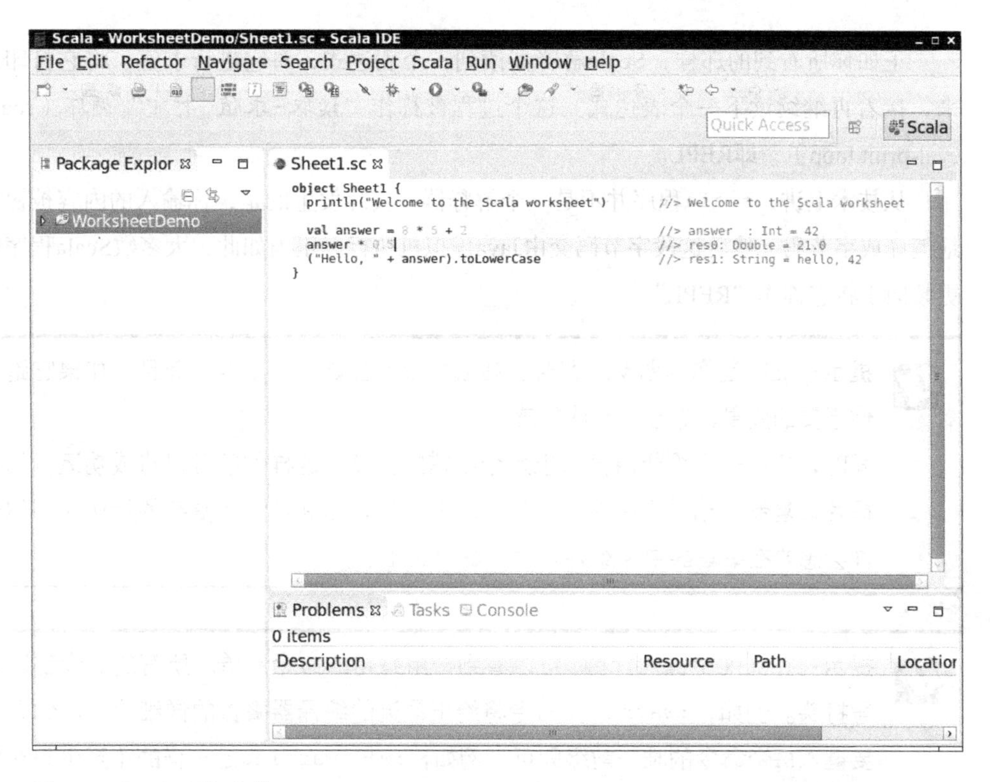

图1-2 Scala工作表单

在调用方法时，可以尝试使用制表符补全（tab completion）来输入方法名。你可以试着键入`res2.to`然后按Tab键。如果解释器给出了如下选项：

```
toCharArray   toLowerCase   toString      toUpperCase
```

说明制表符补全功能是好的。接下来键入`U`并再次按Tab键，你应该能定位到单条补全如下：

```
res2.toUpperCase
```

按下Enter键，结果就会被显示出来（如果在你的环境中无法使用制表符补全，那你只好自己键入完整的方法名了）。

同样地，可以试试敲↑和↓方向键。在大多数实现当中，你将看到之前提交过的命令，并且可以进行编辑。用←、→和Del键将上一条命令修改为：

```
res2.toLowerCase
```

正如你所看到的那样，Scala解释器读到一个表达式，对它进行求值，将它打印出来，接着再继续读下一个表达式。这个过程被称作“读取-求值-打印”循环（read-eval-print loop），即REPL。

从技术上讲，scala程序并不是一个解释器。实际发生的是，你输入的内容被快速地编译成字节码，然后这段字节码交由Java虚拟机执行。正因如此，大多数Scala程序员更倾向于将它称作“REPL”。

提示： REPL是你的朋友。即时反馈鼓励我们尝试新的东西，而且，如果它跑出你想要的效果，你会很有成就感。

同时，打开一个编辑器窗口也是个不错的主意，这样你就可以将成功运行的代码片段复制、粘贴出来供今后使用。同样地，当你尝试更复杂的示例时，你也许会想要在编辑器中组织好以后再贴到REPL中。

提示： 在REPL中键入:help可以看到一组有用的命令清单。所有的命令都以冒号打头。例如，:warnings命令将给出最近的编译器警告的详细信息。你只需要键入每个命令的唯一前缀即可。例如，:w与:warning是一样的（至少现在如此），因为目前还有没有任何其他以w打头的命令。

1.2 声明值和变量

除使用res0、res1等这些名称之外，你还可以定义自己的名称：

```
scala> val answer = 8 * 5 + 2
answer: Int = 42
```

你可以在后续表达式中使用这些名称：

```
scala> 0.5 * answer
res3: Double = 21.0
```

以val定义的值实际上是一个常量——你无法改变它的内容：

```
scala> answer = 0
```

```
<console>:6: error: reassignment to val
```

如果要声明其值可变的变量，可以用var：

```
var counter = 0
counter = 1 // OK，我们可以改变一个var
```

在Scala中，我们鼓励你使用val——除非你真的需要改变它的内容。Java或C++程序员也许会感到有些意外的是，大多数程序并不需要那么多var变量。

注意，你不需要给出值或者变量的类型，这个信息可以从你用来初始化它的表达式推断出来。（声明值或变量但不做初始化会报错。）

不过，在必要的时候，你也可以指定类型。例如：

```
val greeting: String = null
val greeting: Any = "Hello"
```

说明： 在Scala中，变量或函数的类型总是写在变量或函数名称的后面。这使得我们更容易阅读那些复杂类型的声明。

当我在Scala和Java之间来回切换的时候，我发现自己经常无意识地敲出Java方式的声明，比如`String greeting`，需要手工改成`greeting: String`。这有些烦人，但每当面对复杂的Scala程序时，我都会心存感激，因为我不需要再去解读那些C风格的类型声明了。

说明： 你可能已经注意到，在变量声明或赋值语句之后，我们并没有使用分号。在Scala中，仅当同一行代码中存在多条语句时才需要用分号隔开。

你可以将多个值或变量放在一起声明：

```
val xmax, ymax = 100 // 将xmax和ymax设为100
var greeting, message: String = null
  // greeting和message都是字符串，被初始化为null
```

1.3 常用类型

到目前为止，你已经看到过一些Scala数据类型，比如Int和Double。和Java一样，

Scala也有七种数值类型：Byte、Char、Short、Int、Long、Float和Double，以及一个Boolean类型。与Java不同的是，这些类型是类。Scala并不刻意区分基本类型和引用类型。你可以对数字执行方法，例如：

```
1.toString() // 将交出字符串"1"
```

或者，更有意思的是，你可以：

```
1.to(10) // 将交出Range(1, 2, 3, 4, 5, 6, 7, 8, 9, 10)
```

（我们将在第13章介绍Range类，现在你只需要把它当作一组数字就好。）

在Scala中，我们不需要包装类型。在基本类型和包装类型之间的转换是Scala编译器的工作。举例来说，如果你创建一个Int的数组，你最终在虚拟机中得到的是一个int[]数组。

正如你在1.1节中看到的那样，Scala用底层的java.lang.String类来表示字符串。不过，它通过StringOps类给字符串追加了上百种操作。举例来说，intersect方法将交出两个字符串共通的一组字符：

```
"Hello".intersect("World") // 将交出"lo"
```

在这个表达式中，java.lang.String对象"Hello"被隐式地转换成了一个StringOps对象，接着StringOps类的intersect方法被应用。因此，在使用Scala文档（参见1.7节）的时候，记得要看一下StringOps类。

同样地，Scala还提供了RichInt、RichDouble、RichChar等。它们分别提供了自己可怜的堂兄弟们——Int、Double、Char等——所不具备的便捷方法。我们前面用到的to方法事实上就是RichInt类中的方法。在表达式

```
1.to(10)
```

中，Int值1首先被转换成RichInt，然后再应用to方法。

最后，还有BigInt和BigDecimal类，用于任意大小（但有穷）的数字。这些类背后分别对应的是java.math.BigInteger和java.math.BigDecimal。不过，在下一节你会看到，它们用起来更加方便，你可以用常规的数学操作符来操作它们。

说明： 在Scala中，我们用方法，而不是强制类型转换，来做数值类型之间的转换。举例来说，99.44.toInt得到99，99.toChar得到'c'。当然，和Java一

样，toString将任意的对象转换成字符串。

要将包含了数字的字符串转换成数值，使用toInt或toDouble。例如，"99.44".toDouble得到99.44。

1.4 算术和操作符重载

Scala的算术操作符和你在Java或C++中预期的效果是一样的：

```
val answer = 8 * 5 + 2
```

+ - * / % 等操作符完成的是它们通常的工作，位操作符 & | ^ >> <<也是如此。只是有一点特别的：这些操作符实际上是方法。例如：

```
a + b
```

是如下方法调用的简写：

```
a.+(b)
```

这里的+是方法名。Scala并不会傻乎乎地对方法名中使用非字母或数字这种做法带有偏见。你可以使用几乎任何符号来为方法命名。比如，BigInt类就定义了一个名为/%的方法，该方法返回一个对偶，而对偶的内容是除法操作得到的商和余数。

通常来说，你可以用

```
a 方法 b
```

作为以下代码的简写：

```
a.方法(b)
```

这里的*方法*是一个带有两个参数的方法（一个隐式的和一个显式的）。例如：

```
1.to(10)
```

可以写成：

```
1 to 10
```

采用哪种风格取决于对你来说哪一种更可读。刚开始接触Scala的程序员倾向于使用Java语法风格，这完全没问题。当然了，即便是最坚定的Java程序员似乎也会选 a +

b 而不是 a.+(b) 。

和Java或C++相比Scala有一个显著的不同，Scala并没有提供++和--操作符，我们需要使用 += 1 或者 -= 1：

```
counter+=1 // 将counter递增——Scala没有++
```

有人会问Scala到底是因为什么深层次原因而拒绝提供++操作符的（注意，你无法简单地实现一个名为++的方法，因为Int类是不可变的，这样一个方法并不能改变某个整数类型的值）。Scala的设计者们认为不值得为少敲一个键而额外增加一个特例。

对于BigInt和BigDecimal对象，你可以以常规的方式使用那些数学操作符：

```
val x: BigInt = 1234567890
x * x * x // 将交出1881676371789154860897069000
```

这比Java好多了，在Java中同样的操作需要写成 x.multiply(x).multiply(x)。

说明：在Java中，你不能对操作符进行重载，Java的设计者们给出的解释是，这样做可防止大家创造出类似于!@$&*这样的操作符，使程序变得没法读。这当然是一个糟糕的决定；你完全可以用类似于qxywz这样的方法名，让你的程序变得同样没法读。Scala允许你定义操作符，由你来决定是否要在必要时有分寸地使用这个特性。

1.5 关于方法调用

你已经看到过如何调用对象上的方法，比如：

```
"Hello".intersect("World")
```

如果方法没有参数，你并不需要使用括号。例如，StringOps类的API给出了一个sorted方法，没有()，调用该方法将交出字母按顺序排列的新字符串，就像这样：

```
"Bonjour".sorted // 将交出字符串"Bjnooru"
```

最重要的规则是，如果一个无参方法并不修改对象，调用时就不用写括号。我们将在第5章继续探讨这个话题。

在Java中，诸如sqrt这样的数学方法均定义在Math类的静态方法。在Scala中则不同，你在单例对象（singleton object）中定义这些方法，我们将在第6章中详细介绍相关内容。包也可以有包对象（package object），在这种情况下，你可以引入这个包，然后不带任何前缀使用包对象里的方法：

```
import scala.math._ // 在Scala中，_字符是"通配符"，类似于Java中的*
sqrt(2) // 将交出1.4142135623730951
pow(2, 4) // 将交出16.0
min(3, Pi) // 将交出3.0
```

如果你不引入scala.math包，就添加包名来使用：

```
scala.math.sqrt(2)
```

说明：使用以scala.开头的包时，我们可以省去scala前缀。例如，import math._等同于import scala.math._，而math.sqrt(2)等同于scala.math.sqrt(2)。不过，在本书中，从代码意图清晰的角度考虑，我们将总是使用scala前缀。

你可以在第7章中找到更多关于import语句的详细内容，现阶段你只需要在引入特定包时使用 import 包名._ 即可。

通常，类都有一个伴生对象（companion object），其方法就跟Java中的静态方法一样。举例来说，scala.math.BigInt类的BigInt伴生对象有一个生成指定位数的随机质数的方法probablePrime：

```
BigInt.probablePrime(100, scala.util.Random)
```

这里的Random是一个定义在scala.util包里的单例随机数生成器对象。在REPL运行上述代码时，你会得到类似于1039447980491200275486540240713这样的数字。

1.6 apply方法

在Scala中，我们通常都会使用类似于函数调用的语法。举例来说，如果s是一个字符串，那么s(i)就是该字符串的第i个字符（在C++中，你会写s[i]；而在Java中，你会这样写：s.charAt(i)）。在REPL中运行如下代码：

```
val s = "Hello"
s(4) // 将交出 'o'
```

你可以把这种用法当作()操作符的重载形式，它背后的实现原理是一个名为apply的方法。举例来说，在StringOps类的文档中，你会发现这样一个方法：

```
def apply(n: Int): Char
```

也就是说，s(4)是如下语句的简写：

```
s.apply(4)
```

为什么不用[]操作符？你可以将元素类型为T的序列s想象成一个从$\{0, 1, \cdots, n-1\}$到T的函数，这个函数将i映射到$s(i)$，即序列中的第i个元素。

这个想法对于映射（map）而言就更有说服力了。你将在第4章看到，我们可以用map(key)来查找映射中给定键对应的值。从概念上讲，一个映射是从键到值的函数，使用函数调用的表示法是合理的。

注意： 偶尔()表示法会跟另一个Scala特性——隐式参数——相冲突。例如，如下表达式

```
"Bonjour".sorted(3)
```

将引发一个错误，因为sorted方法可以用一个隐式的排序参数来调用，但3并不是一个有效的排序。你可以用括号：

```
("Bonjour".sorted)(3)
```

或者显式地调用apply：

```
"Bonjour".sorted.apply(3)
```

如果你去看BigInt伴生对象的文档，就会看到让你将字符串或数字转换为BigInt对象的apply方法。举例来说，如下调用

```
BigInt("1234567890")
```

是如下语句的简写：

```
BigInt.apply("1234567890")
```

这个语句将交出一个新的BigInt对象，而不需要使用new。例如：

```
BigInt("1234567890") * BigInt("112358111321")
```

像这样使用伴生对象的apply方法是Scala中构建对象的常用手法。例如，Array(1, 4, 9, 16)返回一个数组，用的就是Array伴生对象的apply方法。

说明：本章的所有内容都假定Scala代码是在Java虚拟机上执行的。对于标准Scala分发包而言的确如此。不过，Scala.js这个项目（www.scala-js.org）也提供了Scala到JavaScript的翻译工具。如果你用到了这个项目，就可以用Scala编写Web应用程序的客户端和服务端代码。

1.7 Scaladoc

Java程序员们使用Javadoc来浏览Java API。Scala也有它自己的版本，叫作Scaladoc（参见图1-3）。

与Javadoc相比，浏览Scaladoc更具挑战性。Scala类通常比Java类拥有多得多的便捷方法。某些方法用到了一些高级的特性，这些特性对于类库编写者而不是使用者更有意义。

这里有一些针对初学者的建议。

你可以在 www.scala-lang.org/api 在线浏览Scaladoc，不过从 http://scala-lang.org/download/all.html 下载一个副本安装到本地也是个不错的主意。

和Javadoc按照字母顺序列出类清单不同，Scaladoc的类清单是按照包来组织的。如果你知道某个类名或方法名，并不需要从包名进入，可以直接用入口页顶部的搜索栏（参见图1-4）。

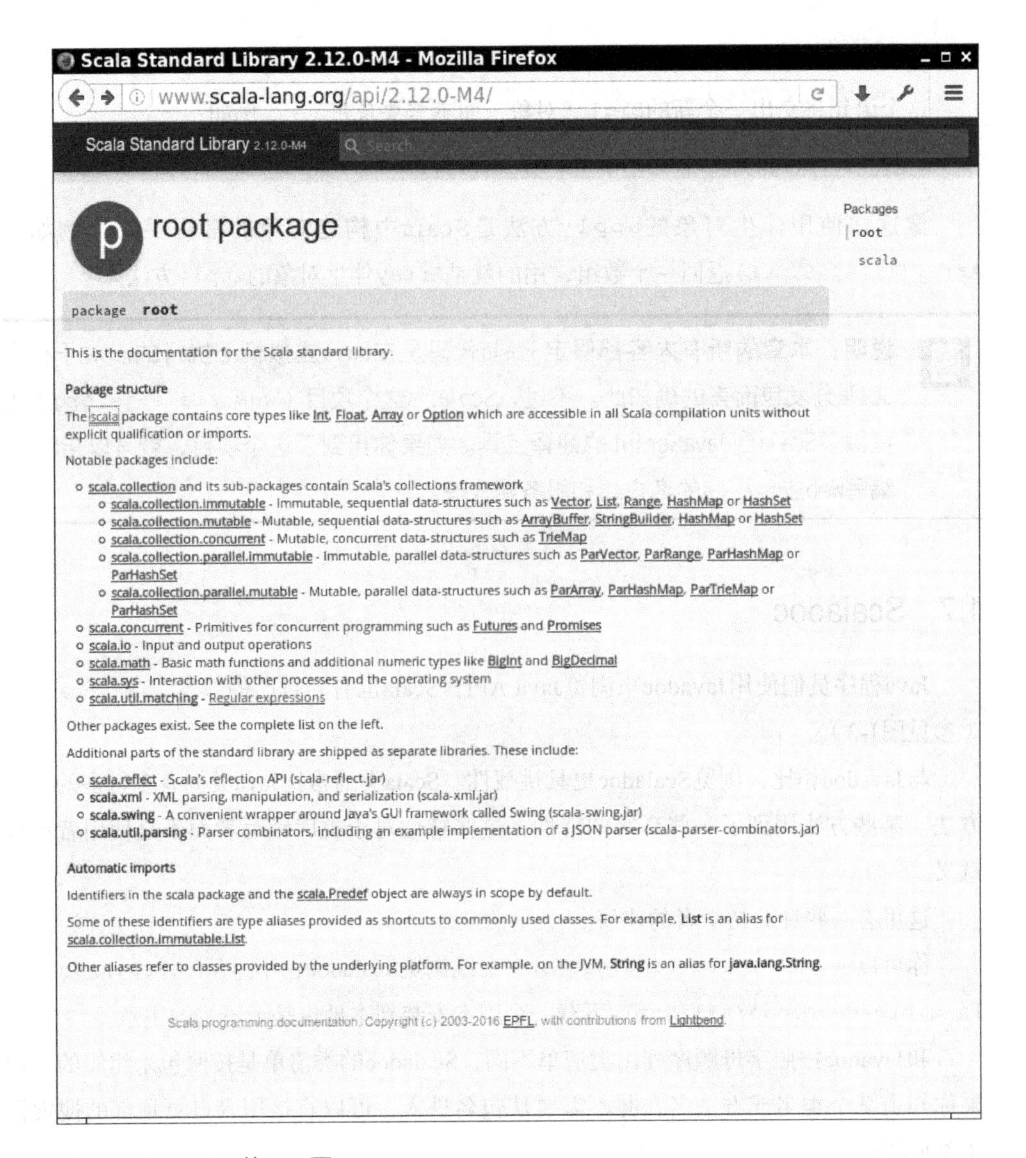

图1–3　Scaladoc的入口页

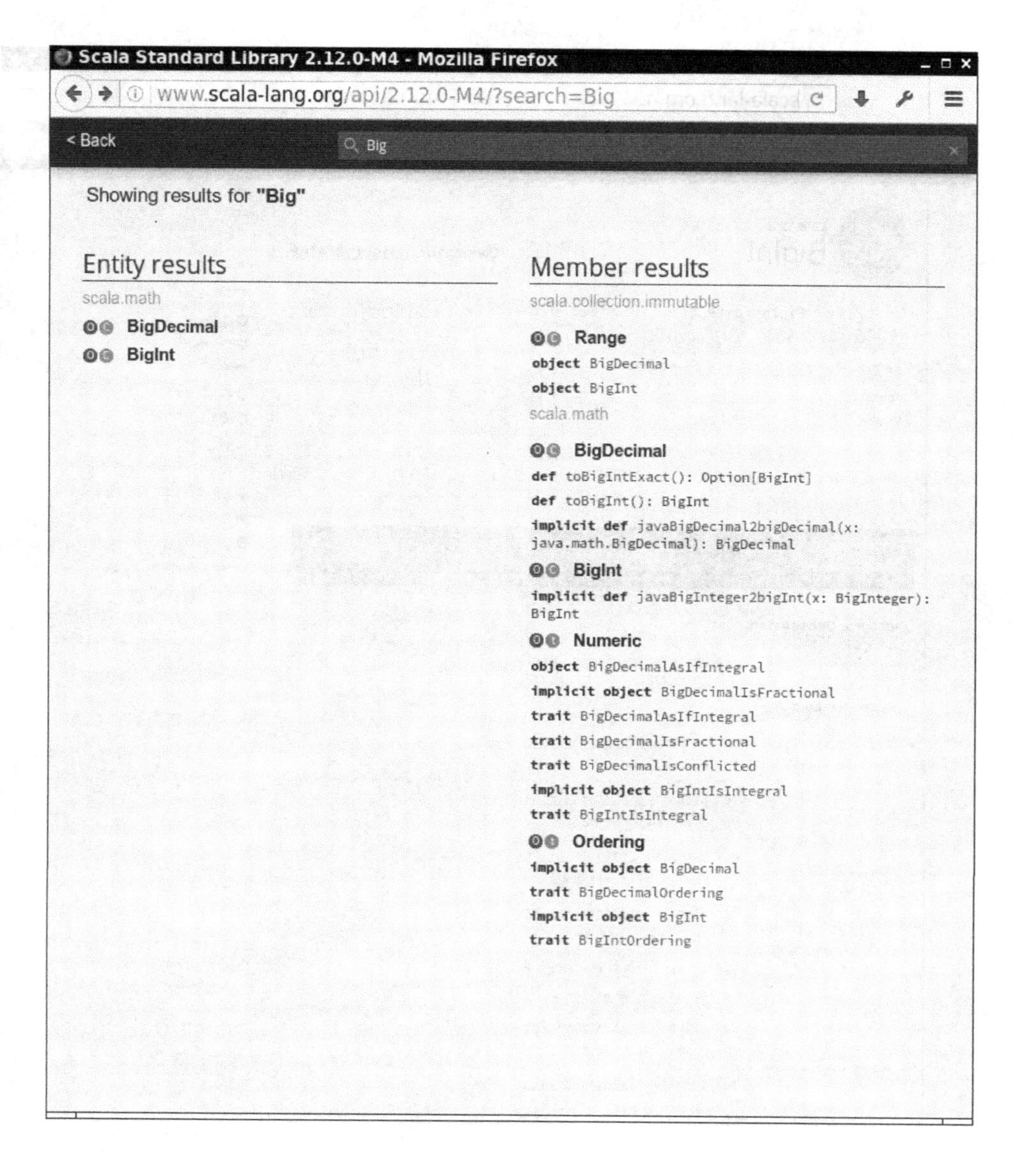

图1–4　Scaladoc的搜索栏

单击×号可以清空搜索栏，或单击匹配到的类或方法（图1-5）。

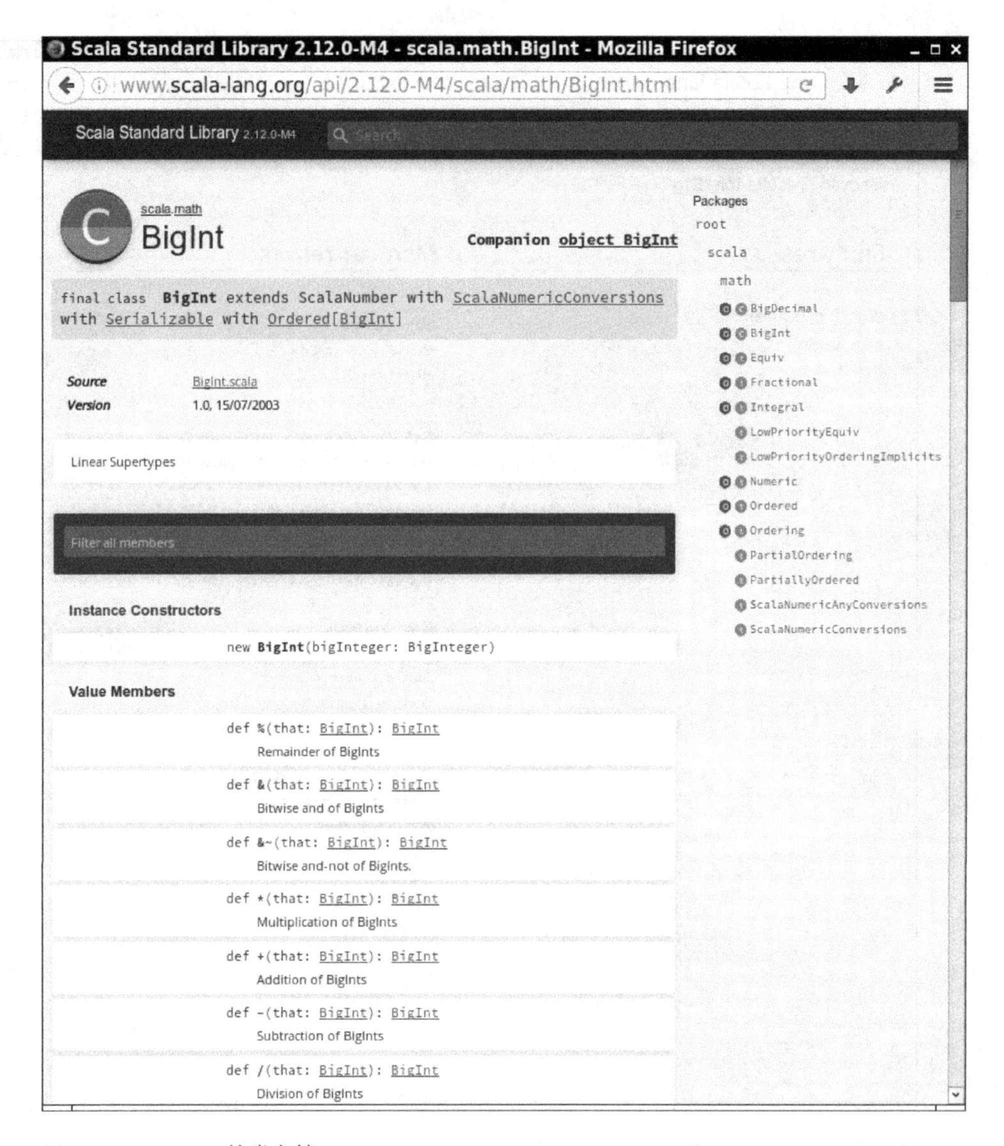

图1-5 Scaladoc的类文档

注意每个类名旁边的C和O，它们分别链接到对应的类（C）或伴生对象（O）。对于特质（trait）（类似于Java的接口），你将看到t和O的标记。

请记住以下这些小窍门。

- 如果你想使用数值类型，记得看看RichInt、RichDouble等。同理，如果你想使用字符串，记得看看StringOps。
- 那些数学函数位于scala.math包中，而不是位于某个类中。
- 有时你会看到名称比较奇怪的函数。比如，BigInt有一个方法叫作unary_-。在第11章你将会看到，这就是你定义前置的负操作符-x的方式。
- 方法可以以函数作为参数。例如，StringOps的count方法需要传入一个接受单个Char并返回true或false的函数，用于指定哪些字符应当被清点：

  ```
  def count(p: (Char) => Boolean) : Int
  ```

  调用类似方法时，你通常可用一种非常紧凑的表示法给出函数定义。例如，s.count(_.isUpper)的作用是清点所有大写字母的数量。我们将在第12章探讨更多关于这种编程风格的内容。
- 你时不时地会遇到类似于Range或Seq[Char]这样的类。它们的含义和你的直觉告诉你的一样：一个是数字区间，一个是字符序列。随着深入了解Scala，你将会学到关于这些类的一切。
- 在Scala中，你用方括号来表示类型参数。Seq[Char]是元素类型为Char的序列，而Seq[A]是元素类型为某个类型A的序列。
- 有许多相互之间有细微差异的类型表示序列，比如GenSeq、GenIterable、GenTraversableOnce等。它们之间的差别通常都不重要。当你看到这样的结构时，只要把它当作“序列”就好。例如，StringOps类定义了一个方法：

  ```
  def containsSlice[B](that: GenSeq[B]): Boolean
  ```

  该方法测试对应的字符串是否包含给定的序列。你可以传入一个Range：

  ```
  "Bierstube".containsSlice('r'.to('u'))
    // 将交出true，因为字符串包含了Range('r', 's', 't', 'u')
  ```

- 别被这么多方法吓到了，这是Scala应对各种可能场景的一种方式。当你需要解决某个特定问题时，只管去查找对你有用的方法，通常都会有某个方法能够解决你要处理的问题。这意味着，你不需要自己编写这么多的代码。
- 有一些方法带有“隐式”参数。例如，`StringOps`的`sorted`方法声明为：

```
def sorted[B >: Char](implicit ord: math.Ordering[B]): String
```

这意味着排序是“隐式”提供的，我们将在第21章详细介绍这个机制。现阶段你可以忽略隐式参数。

- 最后，当你偶尔遇到类似于`sorted`声明中`[B >: Char]`这样的看上去没法一下子理解的方法签名时，别紧张。表达式`B >: Char`的意思是“Char的任何超类型”，不过现阶段可以忽略这些抽象概念。
- 每当你发现某个方法做什么让你感到困惑时，在REPL里试一下就好：

```
"Scala".sorted // 将交出 "Saacl"
```

现在你可以清晰地看到该方法返回的是一个由按顺序排列的字符组成的新字符串。

练习

1. 在Scala REPL中键入`3.`，然后按Tab键。有哪些方法可以被应用？
2. 在Scala REPL中，计算3的平方根，然后再对该值求平方。现在，这个结果与3相差多少？（提示：`res`变量是你的朋友。）
3. `res`变量是`val`还是`var`？
4. Scala允许你用数字去乘字符串——去REPL中试一下`"crazy" * 3` 。这个操作做什么？在Scaladoc中如何找到这个操作？
5. `10 max 2`的含义是什么？`max`方法定义在哪个类中？
6. 用`BigInt`计算2的1024次方。
7. 为了在使用`probablePrime(100, Random)`获取随机质数时不在`probablePrime`和`Radom`之前使用任何限定符，你需要引入什么？
8. 创建随机文件的方式之一是生成一个随机的`BigInt`，然后将它转换成三十六进制，交出类似于"qsnvbevtomcj38o06kul"这样的字符串。查阅Scaladoc找到在Scala中实现该逻辑的办法。

9. 在Scala中如何获取字符串的首字符和尾字符？
10. take、drop、takeRight和dropRight这些字符串方法是做什么用的？和substring相比，它们的优点和缺点都有哪些？

第2章　控制结构和函数

本章的主题 A1

Chapter 2

在本章中，你将学到如何在Scala中使用条件表达式、循环和函数。你会看到Scala和其他编程语言之间的一个根本性差异。在Java或C++中，我们把表达式（比如`3 + 4`）和语句（比如`if`语句）看作两样不同的东西。表达式有值，而语句执行动作。在Scala中，几乎所有构造出来的语法结构都有值。这个特性使得程序更加精简，也更易读。

本章的要点包括：

- `if`表达式有值。
- 块也有值——是它最后一个表达式的值。
- Scala的`for`循环就像是“增强版”的Java `for`循环。
- 分号（在绝大多数情况下）不是必需的。
- `void`类型是`Unit`。
- 避免在函数定义中使用`return`。
- 注意别在函数式定义中漏掉了`=`。
- 异常的工作方式和Java或C++中基本一样，不同的是你在`catch`语句中使用“模式匹配”。
- Scala没有受检异常。

2.1 条件表达式

Scala的if/else语法结构和Java或C++一样。不过，在Scala中if/else表达式有值，这个值就是跟在if或else之后的表达式的值。例如：

```
if (x > 0) 1 else -1
```

上述表达式的值是1或-1，具体是哪一个取决于x的值。你可以将if/else表达式的值赋给变量：

```
val s = if (x > 0) 1 else -1
```

这与如下语句的效果一样：

```
if (x > 0) s = 1 else s = -1
```

不过，第一种写法更好，因为它可以用来初始化一个val。而在第二种写法中，s必须是var。

（之前已经提过，Scala中的分号绝大多数情况下不是必需的——参见2.2节。）

Java和C++有一个?:操作符用于同样的目的。如下表达式

```
x > 0 ? 1 : -1 // Java或C++
```

等同于Scala表达式 if (x > 0) 1 else -1。不过，你不能在?:表达式中插入语句。Scala的if/else将在Java和C++中分开的两个语法结构if/else和?:结合在了一起。

在Scala中，每个表达式都有一个类型。举例来说，表达式 if (x > 0) 1 else -1的类型是Int，因为两个分支的类型都是Int。混合类型表达式，比如：

```
if (x > 0) "positive" else -1
```

上述表达式的类型是两个分支类型的公共超类型。在本例中，其中一个分支是java.lang.String，而另一个分支是Int。它们的公共超类型叫作Any。（详细内容参见8.11节。）

如果else部分缺失了，比如：

```
if (x > 0) 1
```

那么有可能if语句没有交出任何值。但是在Scala中，每个表达式都应该有某种值。这

个问题的解决方案是引入一个Unit类，写作()。不带else的这个if语句等同于

```
if (x > 0) 1 else ()
```

你可以把()当作表示“无有用值”的占位符，将Unit当作Java或C++中的void。

（从技术上讲，void没有值但是Unit有一个表示“无值”的值。如果你一定要深究的话，这就好比空的钱包和里面有一张写着“没钱”的无面值钞票的钱包之间的区别。）

说明： Scala没有switch语句，不过它有一个强大得多的模式匹配机制，我们将在第14章中看到。在现阶段，用一系列的if语句就好。

注意： REPL比起编译器来更加“近视”——它在同一时间只能看到一行代码。举例来说，当你键入如下代码时：

```
if (x > 0) 1
else if (x == 0) 0 else -1
```

REPL会执行 `if (x > 0) 1`，然后显示结果。之后它看到接下来的else关键字就会不知所措。

如果你想在else前换行的话，用花括号：

```
if (x > 0) { 1
} else if (x == 0) 0 else -1
```

只有在REPL中才会有这个顾虑。在被编译的程序中，解析器会找到下一行的else。

提示： 如果你想在REPL中粘贴成块的代码，而又不想担心REPL的近视问题，可以使用**粘贴模式**。键入：

```
:paste
```

把代码块粘贴进去，然后按下Ctrl+D组合键。这样REPL就会把代码块当作一个整体来分析。

2.2 语句终止

在Java和C++中，每个语句都以分号结束。而在Scala中——与JavaScript和其他脚本语言类似——行尾的位置上不需要分号。同样，在}、else以及类似的位置也不必写分号，只要能够从上下文明确地判断出这里是语句的终止即可。

不过，如果你想在单行中写下多个语句，就需要将它们以分号隔开。例如：

```
if (n > 0) { r = r * n; n -= 1 }
```

我们需要用分号将 `r = r * n` 和 `n -= 1` 隔开。由于有}，因此在第二个语句之后并不需要写分号。

如果你在写较长的语句，需要分两行来写的话，就要确保第一行以一个不能用作语句结尾的符号结尾。通常来说一个比较好的选择是操作符：

```
s = s0 + (v - v0) * t + // +告诉解析器这里不是语句的末尾
  0.5 * (a - a0) * t * t
```

在实际编码时，长表达式通常涉及函数或方法调用，如此一来你无须过分担心——在左括号“(”之后，编译器直到看到匹配的右括号“)”才会去推断某处是否为语句结尾。

正因如此，Scala程序员们更倾向于使用Kernighan & Ritchie风格的花括号：

```
if (n > 0) {
  r = r * n
  n -= 1
}
```

以{结束的行很清楚地表示了后面还有更多内容。

许多来自Java或C++的程序员一开始并不适应省去分号的做法。如果你倾向于使用分号，用就是了——它们没啥坏处。

2.3 块表达式和赋值

在Java或C++中，块语句是一个包含于{ }中的语句序列。每当你需要在逻辑分支或循环中放置多个动作时，都可以使用块语句。

在Scala中，{ }块包含一系列表达式，其结果也是一个表达式。块中最后一个表达式的值就是块的值。

这个特性对于那种对某个val的初始化需要分多步完成的情况很有用。例如：

```
val distance = { val dx = x - x0; val dy = y - y0; sqrt(dx * dx + dy * dy) }
```

{ }块的值取其最后一个表达式，在此处以粗体标出。变量dx和dy仅作为计算所需要的中间值，很干净地对程序其他部分而言不可见了。

在Scala中，赋值动作本身是没有值的——或者，更严格地说，它们的值是Unit类型的。你应该还记得，Unit类型等同于Java和C++中的void，而这个类型只有一个值，写作()。

一个以赋值语句结束的块，比如：

```
{ r = r * n; n -= 1 }
```

的值是Unit类型的。这没有问题，只是当我们定义函数时需要意识到这一点——参见2.7节。

由于赋值语句的值是Unit类型的，因此别把它们串接在一起。

```
x = y = 1 // 别这样做
```

y = 1的值是()，你几乎不太可能想把一个Unit类型的值赋给x。（与此相对应，在Java和C++中，赋值语句的值是被赋的那个值。在这些语言中，将赋值语句串接在一起是有意义的。）

2.4 输入和输出

如果要打印一个值，我们用print或println函数。后者在打印完内容后会追加一个换行符。举例来说，

```
print("Answer: ")
println(42)
```

与如下代码输出的内容相同：

```
println("Answer: " + 42)
```

另外，还有一个带有C风格格式化字符串的`printf`函数：

```
printf("Hello, %s! You are %d years old.%n", name, age)
```

更好的做法是使用字符串插值（string interpolation）：

```
print(f"Hello, $name! In six months, you'll be ${age + 0.5}%7.2f years old.%n")
```

被格式化的字符串以字母`f`打头。它包含以`$`打头，并且可能带有C风格的格式化字符串的表达式。示例中表达式`$name`被替换成变量`name`的值。而表达式`${age + 0.5}%7.2f`被替换成`age + 0.5`的值，并以宽度为7、精度为2的浮点数格式化。你需要用`${...}`将不是简单的变量名的表达式括起来。

使用`f`插值器比使用`printf`方法更好，因为它是类型安全的。如果你不小心对一个不是数值的表达式使用了`%f`，编译器会报错。

说明：格式化的字符串是Scala类库预定义的三个字符串插值器之一。通过前缀`s`，字符串可以包含表达式但不能有格式化指令。而在前缀`raw`的字符串中，转义序列不会被求值。例如，`raw"\n is a new line"`这个字符串会以一个反斜杠和一个字母n打头，而不是换行符。

要想在被插值的字符串中包含`$`符号，连续写两遍。例如，表达式`s"$$$price"`交出的是一个美元符号加上`price`的值。

你也可以定义自己的插值器——参考练习11。不过，要想插值器产生编译期错误（就像`f`那样），需要将它们实现为“宏（macro）”。这是一个实验性的Scala特性，超出了本书的范畴。

你可以用`scala.io.StdIn`的`readLine`方法从控制台读取一行输入。如果要读取数字、Boolean或者是字符，可以用`readInt`、`readDouble`、`readByte`、`readShort`、`readLong`、`readFloat`、`readBoolean`或者`readChar`。与其他方法不同，`readLine`带一个参数作为提示字符串：

```
import scala.io
val name = StdIn.readLine("Your name: ")
print("Your age: ")
```

```
val age = StdIn.readInt()
println(s"Hello, ${name}! Next year, you will be ${age + 1}.")
```

2.5 循环

Scala拥有与Java和C++相同的while和do循环。例如：

```
while (n > 0) {
  r = r * n
  n -= 1
}
```

Scala没有与 for（*初始化变量;检查变量是否满足某条件;更新变量*）循环直接对应的结构。如果你需要这样的循环，有两个选择：一是使用while循环，二是使用如下for语句：

```
for (i <- 1 to n)
  r = r * i
```

你在第1章曾经看到过RichInt类的这个to方法。1 to n这个调用返回数字1到数字n（含）的Range（区间）。

下面的这个语法结构

```
for (i <- 表达式)
```

让变量i遍历<-右边的表达式的所有值。至于这个遍历具体如何执行，则取决于表达式的类型。对于Scala集合比如Range而言，这个循环会让i依次取得区间中的每个值。

说明：在for循环的变量之前并没有val或var的指定。该变量的类型是集合的元素类型。循环变量的作用域一直持续到循环结束。

遍历字符串时，你可以用下标值来循环：

```
val s = "Hello"
var sum = 0
for (i <- 0 to s.length - 1)
```

```
  sum += s(i)
```

在本例中，事实上我们并不需要使用下标。你可以直接遍历对应的字符序列：

```
var sum = 0
for (ch <- "Hello") sum += ch
```

在Scala中，对循环的使用并不如其他语言那么频繁。在第12章中你将会看到，通常我们可以采用对序列中的所有值应用某个函数的方式来处理，而完成这项工作只需要一次方法调用即可。

说明： Scala并没有提供break或continue语句来退出循环。那么如果需要break 时，我们该怎么做呢？有如下几个选项。

- 使用Boolean型的控制变量。
- 使用嵌套函数——你可以从函数当中return。
- 使用Breaks对象中的break方法：

```
import scala.util.control.Breaks._
breakable {
    for (...) {
        if (...) break; // 退出breakable块
        ...
    }
}
```

在这里，控制权的转移是通过抛出和捕获异常完成的。因此，如果时间很重要的话，你应该尽量避免使用这套机制。

说明： 在Java中，你不能在重叠的作用域内使用同名的两个局部变量；在Scala中没有这个限制，正常的遮挡规则会生效。例如，如下代码是完全合法的：

```
val n = ...
for (n <- 1 to 10) {
  // 这里的n指的是循环变量
}
```

2.6 高级for循环

在2.5节中，你看到了for循环的基本形态。不过，Scala中的for循环比起Java和C++功能要丰富得多，本节将介绍其高级特性。

你可以以变量<-表达式的形式提供多个生成器，用分号将它们隔开。例如：

```
for (i <- 1 to 3; j <- 1 to 3) print(f"${10 * i + j}%3d")
  // 将打印出11 12 13 21 22 23 31 32 33
```

每个生成器都可以带上守卫，一个以if开头的Boolean表达式。

```
for (i <- 1 to 3; j <- 1 to 3 if i != j) print(f"${10 * i + j}%3d")
  // 将打印出12 13 21 23 31 32
```

注意在if之前并没有分号。

你可以使用任意多的定义，引入可以在循环中使用的变量：

```
for (i <- 1 to 3; from = 4 - i; j <- from to 3) print(f"${10 * i + j}%3d")
  // 将打印出13 22 23 31 32 33
```

如果for循环的循环体以yield开始，则该循环会构造出一个集合，每次迭代生成集合中的一个值：

```
for (i <- 1 to 10) yield i % 3
  // 将交出Vector(1, 2, 0, 1, 2, 0, 1, 2, 0, 1)
```

这类循环叫作for推导式（for comprehension）。

生成的集合与它的第一个生成器是类型兼容的。

```
or (c <- "Hello"; i <- 0 to 1) yield (c + i).toChar
  // 将交出 "HIeflmlmop"
for (i <- 0 to 1; c <- "Hello") yield (c + i).toChar
  // 将交出 Vector('H', 'e', 'l', 'l', 'o', 'I', 'f', 'm', 'm', 'p')
```

说明：如果你愿意，也可以将生成器、守卫和定义包含在花括号中，并可以以换行的方式而不是以分号来隔开它们：

```
for { i <- 1 to 3
  from = 4 - i
  j <- from to 3 }
```

2.7 函数

除方法外Scala还支持函数。方法对对象进行操作，而函数则不是。C++也有函数，不过在Java中我们只能用静态方法来模拟。

要定义函数，你需要给出函数的名称、参数和函数体，就像这样：

```
def abs(x: Double) = if (x >= 0) x else -x
```

你必须给出所有参数的类型。不过，只要函数不是递归的，你就不需要指定返回类型。Scala编译器可以通过=符号右侧的表达式的类型推断出返回类型。

如果函数体需要多个表达式完成，可以用代码块。块中最后一个表达式的值就是函数的返回值。举例来说，下面的这个函数返回位于for循环之后的r的值。

```
def fac(n : Int) = {
  var r = 1
  for (i <- 1 to n) r = r * i
  r
}
```

在本例中我们并不需要用到return。我们也可以像Java或C++那样使用return，以立即从某个函数中退出，不过在Scala中的这种做法并不常见。

提示：虽然在带名函数中使用return并没有什么不对（除浪费七次按键动作以外），但我们最好适应没有return的日子。很快，你就会使用大量**匿名函数**，在这些函数中return并不返回值给调用者。它跳出到包含它的带名函数中。我们可以把return当作函数版的break语句，仅在需要时使用它。

对于递归函数，我们必须指定返回类型。例如：

```
def fac(n: Int): Int = if (n <= 0) 1 else n * fac(n - 1)
```

如果没有返回类型，Scala编译器就无法校验n * fac(n - 1)的类型是Int。

说明：某些编程语言（如ML和Haskell）能够推断出递归函数的类型，用的是Hindley-Milner算法。不过，在面向对象的语言中这样做并非总是行得通。如何扩展Hindley-Milner算法让它能够处理子类型仍然是一个科研命题。

2.8 默认参数和带名参数 L1

我们在调用某些函数时并不显式地给出所有参数值，对于这些函数我们可以使用默认参数。例如：

```
def decorate(str: String, left: String = "[", right: String = "]") =
  left + str + right
```

这个函数有两个参数，left和right，带有默认值"["和"]"。

如果你调用decorate("Hello")，就会得到"[Hello]"。如果你不喜欢默认的值，则可以给出自己的版本：decorate("Hello", "<<<", ">>>")。

如果相对参数的数量，你给出的值不够，默认参数会从后往前逐个应用进来。举例来说，decorate("Hello", ">>>[")会使用right参数的默认值，交出">>>[Hello]"。

你也可以在提供参数值的时候指定参数名。例如：

```
decorate(left = "<<<", str = "Hello", right = ">>>")
```

结果是"<<<Hello>>>"。注意带名参数并不需要跟参数列表的顺序完全一致。

带名参数可以让函数更加可读。它们对于那些有很多默认参数的函数来说也很有用。

你可以混用未命名参数和带名参数，只要那些未命名的参数是排在前面的即可：

```
decorate("Hello", right = "]<<<") // 将调用 decorate("Hello", "[", "]<<<")
```

2.9 变长参数 L1

有时候，实现一个可以接受可变长度参数列表的函数会更方便。以下示例显示了它的语法：

```
def sum(args: Int*) = {
  var result = 0
  for (arg <- args) result += arg
  result
}
```

你可以使用任意多的参数来调用该函数。

```
val s = sum(1, 4, 9, 16, 25)
```

函数得到的是一个类型为Seq的参数，关于Seq我们会在第13章讲解。现阶段你只需要知道自己可以使用for循环来访问每一个元素即可。

如果你已经有一个值的序列，则不能直接将它传入上述函数。举例来说，如下的写法是不对的：

```
val s = sum(1 to 5) // 错误
```

如果sum函数被调用时传入的是单个参数，那么该参数必须是单个整数，而不是一个整数区间。解决这个问题的办法是告诉编译器你希望这个参数被当作参数序列处理。追加：_*，就像这样：

```
val s = sum(1 to 5: _*) // 将1 to 5当作参数序列处理
```

在递归定义中我们会用到上述语法：

```
def recursiveSum(args: Int*) : Int = {
  if (args.length == 0) 0
  else args.head + recursiveSum(args.tail : _*)
}
```

在这里，序列的head是它的首个元素，而tail是所有其他元素的序列。这又是一个 Seq，我们用：_*来将它转换成参数序列。

注意：当你调用变长参数且参数类型为Object的Java方法时，比如PrintStream.printf或MessageFormat.format，需要手工对基本类型进行转换。例如：

```
val str = MessageFormat.format("The answer to {0} is {1}",
  "everything", 42.asInstanceOf[AnyRef])
```

对于任何Object类型的参数均如此，我之所以在这里指出，是因为类似的参数在变长参数方法中使用得最多。

2.10 过程

Scala对于不返回值的函数有特殊的表示法。如果函数体包含在花括号当中但没有前面的=号，那么返回类型就是Unit。这样的函数被称作过程（procedure）。过程不返回值，我们调用它仅仅是为了它的副作用。举例来说，如下过程把一个字符串打印在一个框中，就像这样：

```
-------
|Hello|
-------
```

由于过程不返回任何值，所以我们可以略去=号。

```
def box(s : String) { // 仔细看：没有=号
  val border = "-" * (s.length + 2)
  print(f"$border%n|$s|%n$border%n")
}
```

有人（不是我）不喜欢用这种简明的写法来定义过程，并建议大家总是显式声明Unit返回类型：

```
def box(s : String): Unit = {
  ...
}
```

注意：简明版本的过程定义语法对于Java和C++程序员来说可能带来意想不到的后果，比如不小心在函数定义中略去了=号。于是你在函数被调用的地方得到一个错误提示：Unit在那里不被接受。

2.11 懒值 L1

当val被声明为lazy时，它的初始化将被推迟，直到我们首次对它取值。例如：

```
lazy val words = scala.io.Source.fromFile("/usr/share/dict/words").mkString
```

（我们将在第9章中介绍文件操作。现阶段我们只需要想当然地认为这个调用将从一个文件读取所有字符并拼接成一个字符串。）

如果程序从不访问words，那么文件也不会被打开。为了验证这个行为，我们可以在REPL中试验，而且要故意拼错文件名。在初始化语句被执行的时候并不会报错。不过，一旦你访问words，就将会得到一个错误提示：文件未找到。

懒值对于开销较大的初始化语句而言十分有用。它还可以用来应对其他初始化问题，比如循环依赖。更重要的是，它是开发懒数据结构的基础——参见13.12节。

你可以把懒值当作介于val和def的中间状态。对比如下定义：

```
val words = scala.io.Source.fromFile("/usr/share/dict/words").mkString
  // 在words被定义时即被取值
lazy val words = scala.io.Source.fromFile("/usr/share/dict/words").mkString
  // 在words被首次使用时取值
def words = scala.io.Source.fromFile("/usr/share/dict/words").mkString
  // 在每一次words被使用时取值
```

说明： 懒值并非没有额外开销。我们每次访问懒值时，都会有一个方法被调用，而这个方法将会以线程安全的方式检查该值是否已被初始化。

2.12 异常

Scala异常的工作机制和Java或C++一样。当你抛出异常时，比如：

```
throw new IllegalArgumentException("x should not be negative")
```

当前的运算被中止，运行时系统查找可以接受IllegalArgumentException的异常处理器。控制权将在离抛出点最近的处理器中恢复。如果没有找到符合要求的异常处理器，则程序退出。

和Java一样，抛出的对象必须是java.lang.Throwable的子类。不过，与Java不同的是，Scala没有“受检”异常——你不需要声明函数或方法可能会抛出某种异常。

说明： 在Java中，“受检”异常在编译期被检查。如果你的方法可能会抛出IOException，则必须做出声明。这就要求程序员必须去思考那些异常应该在哪里被处理掉，这是一个值得称道的目标。不幸的是，它同时也催生出怪兽般的方法签名，比如 void doSomething() throws IOException、InterruptedException、ClassNotFoundException。许多Java程序员很反感这个特性，最终选择过早地捕获这些异常，或者使用超通用的异常类，这样一来这个特性本身带来的好处也就被抵消掉了。Scala的设计者们决定不支持“受检”异常，因为他们意识到彻底的编译期检查并不总是好的。

throw表达式有特殊的类型Nothing。这在if/else表达式中很有用。如果一个分支的类型是Nothing，那么if/else表达式的类型就是另一个分支的类型。举例来说，考虑如下代码：

```
if (x >= 0) { sqrt(x)
} else throw new IllegalArgumentException("x should not be negative")
```

第一个分支类型是Double，第二个分支类型是Nothing。因此，if/else表达式的类型是Double。

捕获异常的语法采用的是模式匹配的语法（参见第14章）。

```
val url = new URL("http://horstmann.com/fred-tiny.gif")
try {
  process(url)
} catch {
  case _: MalformedURLException => println(s"Bad URL: $url")
  case ex: IOException => ex.printStackTrace()
}
```

和Java或C++一样，更通用的异常应该排在更具体的异常之后。

注意，如果你不需要使用捕获的异常对象，可以使用_来替代变量名。

try/finally语句让你可以释放资源（不论有没有异常发生）。例如：

```
val in = new URL("http://horstmann.com/fred.gif").openStream()
try {
  process(in)
```

```
} finally {
  in.close()
}
```

finally语句不论process函数是否抛出异常都会被执行，reader总会被关闭。

这段代码有些微妙，也提出了一些问题。

- 如果URL构造器或openStream方法抛出异常怎么办?这样一来try代码块和finally语句都不会被执行。这没什么不好——in从未被初始化，因此调用close方法没有意义。
- 为什么val in = new URL(...).openStream()不放在try代码块里?因为这样做的话，in的作用域不会延展到finally语句当中。
- 如果in.close()抛出异常怎么办?这样一来异常跳出当前语句，废弃并替代掉所有先前抛出的异常。(这跟Java一模一样，并不是很完美。理想情况是老的异常应该与新的异常一起保留。)

注意，try/catch和try/finally的目的是互补的。try/catch语句处理异常，而try/finally语句在异常没有被处理时执行某种动作（通常是清理工作）。我们可以把它们结合在一起成为单个try/catch/finally语句：

```
try { ... } catch { ... } finally { ... }
```

这和下面的语句一样：

```
try { try { ... } catch { ... } } finally { ... }
```

不过，这样组合在一起的写法几乎没什么用。

说明：Scala并没有与Java的try-with-resource相对应的语法结构。可以考虑用scala-ARM类库（http://jsuereth.com/scala-arm）。然后就可以这样写：

```
import resource._
import java.nio.file._
for (in <- resource(Files.newBufferedReader(inPath));
    out <- resource(Files.newBufferedWriter(outPath))) {
  ...
}
```

说明： Try类被设计用于处理可能会以异常失败的计算。我们将在第17章详细介绍相关内容。如下是一个简单的例子：

```
import scala.io._
val result =
  for (a <- Try { StdIn.readLine("a: ").toInt };
      b <- Try { StdIn.readLine("b: ").toInt })
    yield a / b
```

不论异常发生于对toInt的调用，还是因为除以零，result都将是一个Failure对象，该对象包含了造成计算失败的异常。如果并非如此，那么result就将是一个持有计算结果的Success对象。

练习

1. 一个数字如果为正数，则它的signum为1；如果是负数，则signum为-1；如果是0，则signum为0。编写一个函数来计算这个值。
2. 一个空的块表达式{}的值是什么?类型是什么?
3. 指出在Scala中何种情况下赋值语句 x = y = 1是合法的。（提示：给x找个合适的类型定义。）
4. 针对下列Java循环编写一个Scala版：

```
for (int i = 10; i >= 0; i--) System.out.println(i);
```

5. 编写一个过程countdown(n: Int)，打印从n到0的数字。
6. 编写一个for循环，计算字符串中所有字母的Unicode代码的乘积。举例来说，"Hello"中所有字符的乘积为9415087488L。
7. 同样是解决前一个练习的问题，但这次不使用循环。（提示：在Scaladoc中查看StringOps。）
8. 编写一个函数product(s: String)，计算前面练习中提到的乘积。
9. 把前一个练习中的函数改成递归函数。
10. 编写函数计算x^n，其中n是整数，使用如下的递归定义：
    - $x^n = y \cdot y$，如果n是正偶数的话，这里的$y = x^{n/2}$。

- $x^n = x \cdot x^{n-1}$，如果n是正奇数的话。
- $x^0=1$。
- $x^n = 1 / x^{-n}$，如果n是负数的话。

不得使用return语句。

11. 定义一个名为date的字符串插值器，通过这样一个插值器，你可以以date"$year-$month-$day"的形式来定义java.time.LocalDate。你需要定义一个带有date方法的“隐式”类，就像这样：

```
implicit class DateInterpolator(val sc: StringContext) extends AnyVal {
  def date(args: Any*): LocalDate = . . .
}
```

args(i)是第i个表达式的值。将每个表达式转换成字符串，然后再转换成整数，并传递给LocalDate.of方法。如果你已经会一些Scala，就再加上错误处理逻辑。如果没有三个入参，或者入参不是整数，或者它们不是以破折号隔开的，则抛出异常。（你可以用sc.parts来获取表达式之间的字符串。）

第3章　数组相关操作

本章的主题 A1

Chapter 3

在本章中，你将会学到如何在Scala中操作数组。Java和C++程序员通常会选用数组或近似的结构（比如数组列表或向量）来收集一组元素。在Scala中，我们的选择更多（参见第13章），不过现在我先假定你不关心其他选择，而只是想马上开始用数组。

本章的要点包括：

- 若长度固定则使用`Array`，若长度可能有变化则使用`ArrayBuffer`。
- 提供初始值时不要使用`new`。
- 用`()`来访问元素。
- 用`for (elem <- arr)`来遍历元素。
- 用`for (elem <- arr if ...) yield ...`来将原数组转型为新数组。
- Scala数组和Java数组可以互操作；用`ArrayBuffer`，使用`scala.collection.JavaConversions`中的转换函数。

3.1 定长数组

如果你需要一个长度不变的数组，可以用Scala中的`Array`。例如：

```
val nums = new Array[Int](10)
  // 10个整数的数组，所有元素初始化为0
```

```
val a = new Array[String](10)
  // 10个元素的字符串数组，所有元素初始化为null
val s = Array("Hello", "World")
  // 长度为2的Array[String]——类型是推断出来的
  // 说明：当已提供初始值时，就不需要new了
s(0) = "Goodbye"
  // Array("Goodbye", "World")
  // 使用()而不是[]来访问元素
```

在JVM中，Scala的Array以Java数组方式实现。示例中的数组在JVM中的类型为java.lang.String[]。Int、Double或其他与Java中基本类型对应的数组都是基本类型数组。举例来说，Array(2,3,5,7,11)在JVM中就是一个int[]。

3.2 变长数组：数组缓冲

对于那种长度按需要变化的数组，Java有ArrayList，C++有vector。Scala中的等效数据结构为ArrayBuffer。

```
import scala.collection.mutable.ArrayBuffer
val b = ArrayBuffer[Int]()
  // 或者new ArrayBuffer[Int]
  // 一个空的数组缓冲，准备存放整数
b += 1
  // ArrayBuffer(1)
  // 用+=在尾端添加元素
b += (1, 2, 3, 5)
  // ArrayBuffer(1, 1, 2, 3, 5)
  // 在尾端添加多个元素，以括号包起来
b ++= Array(8, 13, 21)
  // ArrayBuffer(1, 1, 2, 3, 5, 8, 13, 21)
  // 你可以用++=操作符追加任何集合
b.trimEnd(5)
  // ArrayBuffer(1, 1, 2)
  // 移除最后5个元素
```

在数组缓冲的尾端添加或移除元素是一个高效（“amortized constant time”，平摊

常量时间）的操作。

你也可以在任意位置插入或移除元素，但这样的操作并不那么高效——所有在那个位置之后的元素都必须被平移。举例如下：

```
b.insert(2, 6)
  // ArrayBuffer(1, 1, 6, 2)
  // 在下标2之前插入
b.insert(2, 7, 8, 9)
  // ArrayBuffer(1, 1, 7, 8, 9, 6, 2)
  // 你可以插入任意多的元素
b.remove(2)
  // ArrayBuffer(1, 1, 8, 9, 6, 2)
b.remove(2, 3)
  // ArrayBuffer(1, 1, 2)
  // 第2个参数的含义是要移除多少个元素
```

有时你需要构建一个Array但不知道最终需要装多少元素。在这种情况下，先构建一个数组缓冲，然后调用

```
b.toArray
  // Array(1, 1, 2)
```

反过来，调用a.toBuffer可以将一个数组a转换成一个数组缓冲。

3.3 遍历数组和数组缓冲

在Java和C++中，数组和数组列表/向量有一些语法上的不同。Scala则更加统一。大多数时候，你可以用相同的代码处理这两种数据结构。

以下是for循环遍历数组或数组缓冲的语法：

```
for (i <- 0 until a.length)
  println(s"$i: ${a(i)}")
```

until方法跟to方法很像，只不过它排除了最后一个元素。因此，变量i的取值为从0到a.length - 1。

一般而言，如下结构

```
for (i <- 区间)
```

会让变量i遍历该区间的所有值。拿本例来说，循环变量i先后取值0、1等，直到（但不包含）a.length。

如果想要每两个元素一跳，可以让i这样来进行遍历：

```
0 until a.length by 2
  // Range(0, 2, 4, ...)
```

如果要从数组的尾端开始，遍历的写法为：

```
0 until a.length by -1
  // Range(..., 2, 1, 0)
```

提示：除了0 until a.length或0 until a.length by -1，你还可以用a.indices或a.indices.reverse。

如果在循环体中不需要用到数组下标，我们也可以直接访问数组元素，就像这样：

```
for (elem <- a)
  println(elem)
```

这和Java中的“增强版”for循环，或者C++中的“基于区间的”for循环很相似。变量elem先后被设为a(0)，然后是a(1)，依此类推。

3.4 数组转换

在前面的章节中，你看到了如何像Java或C++那样操作数组。不过在Scala中，你可以走得更远。从一个数组（或数组缓冲）出发，以某种方式对它进行转换是很简单的。这些转换动作不会修改原始数组，而是交出一个全新的数组。

像这样使用for推导式：

```
val a = Array(2, 3, 5, 7, 11)
val result = for (elem <- a) yield 2 * elem
  // result是Array(4, 6, 10, 14, 22)
```

for/yield循环创建了一个类型与原始集合相同的新集合。如果从数组出发，那么得到的是另一个数组。如果从数组缓冲出发，那么你在for/yield之后得到的也是一个数组缓冲。

结果包含yield之后的表达式（的值），每次迭代对应一个。

通常，当你遍历一个集合时，只想处理那些满足特定条件的元素。这个需求可以通过守卫：for中的if 来实现。在这里我们对每个偶数元素翻倍，并丢掉奇数元素：

```
for (elem <- a if elem % 2 == 0) yield 2 * elem
```

请注意结果是一个新的集合——原始集合并没有受到影响。

说明：另一种做法如下：

```
a.filter(_ % 2 == 0).map(2 * _)
```

或者，甚至可以这样做：

```
a filter { _ % 2 == 0 } map { 2 * _ }
```

某些有着函数式编程经验的程序员倾向于使用filter和map而不是守卫和yield。这不过是一种风格罢了——for/yield循环所做的事完全相同。你可以根据喜好任意选择。

假定我们想从一个整数的数组缓冲移除所有的负元素。传统的顺序执行方案可能会遍历数组缓冲并在遇到不需要的元素时将它们移除。

```
var n = a.length
var i = 0
while (i < n) {
  if (a(i) >= 0) i += 1
  else { a.remove(i); n -= 1 }
}
```

不过这有点小题大做了——你需要记住在移除元素时不递增i，而是对n做递减操作。从数组缓冲中移除元素也并不高效。这个循环不必要地移动了后面会被移除的元素。

Scala中明显的解决方案是使用for/yield循环并保持所有非负数的元素：

```
val result = for (elem <- a if elem >= 0) yield elem
```

结果是一个新的数组缓冲。假定我们想要的是修改原始的数组缓冲，我们可以先收集这些元素的位置：

```
val positionsToRemove = for (i <- a.indices if a(i) < 0) yield i
```

然后从后往前移除这些位置的元素：

```
for (i <- positionsToRemove.reverse) a.remove(i)
```

或者更好一些的做法，记住要保留的位置，将对应的元素（往前）复制，最后缩短缓冲：

```
val positionsToKeep = for (i <- a.indices if a(i) >= 0) yield i
for (j <- positionsToKeep.indices) a(j) = a(positionsToKeep(j))
a.trimEnd(a.length - positionsToKeep.length)
```

这里的关键点是，拿到所有下标要好过逐个处理。

3.5 常用算法

我们常听到一种说法，很大比例的业务运算不过是在求和与排序。还好Scala有内建的函数来处理这些任务。

```
Array(1, 7, 2, 9).sum
  // 19
  // 对ArrayBuffer同样适用
```

要使用sum方法，元素类型必须是数值类型：要么是整型，要么是浮点数或者BigInteger/BigDecimal。

同理，min和max交出的是数组或数组缓冲中最小和最大的元素。

```
ArrayBuffer("Mary", "had", "a", "little", "lamb").max
  // "little"
```

sorted方法将数组或数组缓冲排序并返回经过排序的数组或数组缓冲，这个过程并不会修改原始版本：

```
val b = ArrayBuffer(1, 7, 2, 9)
val bSorted = b.sorted
  // b没有被改变；bSorted是ArrayBuffer(1, 2, 7, 9)
```

你还可以提供一个比较函数，不过这时你应该用sortWith方法：

```
val bDescending = b.sortWith(_ > _) // ArrayBuffer(9, 7, 2, 1)
```

有关函数的语法参见第12章。

你可以直接对一个数组排序，但不能对数组缓冲排序：

```
val a = Array(1, 7, 2, 9)
scala.util.Sorting.quickSort(a)
  // a现在是Array(1, 2, 7, 9)
```

对于min、max和quickSort方法，元素类型必须支持比较操作，这包括了数字、字符串以及其他带有Ordered特质的类型。

最后，如果你想要显示数组或数组缓冲的内容，可以用mkString方法，它允许你指定元素之间的分隔符。该方法的另一个重载版本可以让你指定前缀和后缀。例如：

```
a.mkString(" and ")
  // "1 and 2 and 7 and 9"
a.mkString("<", ",", ">")
  // "<1,2,7,9>"
```

和toString相比：

```
a.toString
  // "[I@b73e5"
  // 这里被调用的是来自Java的毫无意义的toString方法
b.toString
  // "ArrayBuffer(1, 7, 2, 9)"
  // toString方法报告了类型，便于调试
```

3.6 解读Scaladoc

数组和数组缓冲有许多有用的方法，我们可以通过浏览Scala文档来获取这些信息。

Scala的类型系统比Java更丰富，在浏览Scala的文档时，你可能会遇到一些看上去很奇怪的语法。所幸，你并不需要理解类型系统的所有细节就可以完成很多有用的工作。你可以把表3-1用作“解码指环”。

表3-1 Scaladoc解码指环

Scaladoc	解读
def count(p: (A) => Boolean): Int	这个方法接受一个前提作为参数，这是一个从A到Boolean的函数。count函数用于清点有多少元素在应用该函数后得到true。举例来说，a.count(_ > 0)的意思是清点有多少a的元素是正值
def append(elems: A*): Unit	这个方法接受零或多个类型为A的参数。举例来说，b.append(1, 7, 2, 9)将对b追加四个元素
def appendAll (xs: TraversableOnce[A]): Unit	xs参数可以是任何带有TraversableOnce特质的集合，该特质是Scala集合层级中最通用的一个。其他你还可能在Scaladoc中遇到的通用特质有Traversable和Iterable。所有的Scala集合都实现这些特质，至于它们之间有什么区别，对于类库的使用者而言属于科研话题，你只需要把它们当作是在说“任意集合”即可
def containsSlice[B] (that: GenSeq[B]): Boolean	GenSeq或Seq是顺序组织元素的集合。可把它们当作“数组、列表或字符串”
def += (elem: A): ArrayBuffer.this.type	该方法返回this，让我们可以把调用串接起来，例如：b += 4 -= 5 在操作ArrayBuffer[A]时，我们可以简单地把这个方法当作： def += (elem: A): ArrayBuffer[A] 如果有人构造出一个ArrayBuffer的子类，那么+=的返回值就是那个子类

续表

Scaladoc	解读
def copyToArray[B >: A] (xs: Array[B]): Unit	注意这个函数将一个ArrayBuffer[A]复制成一个Array[B]。这里的B仅允许为A的超类型。举例来说，你可以把一个ArrayBuffer[Int]复制成一个Array[Any] 初看时，可以忽略[B >: A]，并把B替换成A
def sorted[B >: A] (implicit cmp: Ordering[B]): ArrayBuffer[A]	元素类型A必须有一个超类型B，该超类型B存在一个类型为Ordering[B]的隐式对象。数值、字符串和其他混入了Ordered特质的类型都有这样的排序定义，实现了Java的Comparable接口的类也有
def ++:[B >: A, That] (that: collection. Traversable[B])(implicit bf: CanBuildFrom[ArrayBuffer[A], B, That]): That	在方法创建新的集合时会出现这样的声明。大多数时候，Scaladoc都会隐藏这样的复杂描述，显示一个标记了“[use case]”的简单版本。在本例中，它并没有这样做。你可以在脑海里将这个声明简化为一个“正常用例（happy day scenario）”的版本，就像这样： def ++:(that: ArrayBuffer[A]) : ArrayBuffer[A] 如果that是一个ArrayBuffer[B]或其他集合呢？在REPL中试试吧： ArrayBuffer('a', 'b') ++: "cd" // 将交出字符串"abcd"

3.7 多维数组

和Java一样，多维数组是通过数组的数组来实现的。举例来说，Double的二维数组类型为Array[Array[Double]]。要构造这样一个数组，可以用ofDim方法：

```
val matrix = Array.ofDim[Double](3, 4) // 三行四列
```

要访问其中的元素，可使用两对圆括号：

```
matrix(row)(column) = 42
```

你可以创建不规则的数组，每一行的长度各不相同：

```
val triangle = new Array[Array[Int]](10)
for (i <- triangle.indices)
  triangle(i) = new Array[Int](i + 1)
```

3.8 与Java的互操作

由于Scala数组是用Java数组实现的，因此你可以在Java和Scala之间来回传递。

这在大多数情况下都可行（除了当数组元素类型不是完全匹配的时候）。在Java中，给定类型的数组会被自动转换成超类型的数组。例如，Java的`String[]`数组可以被传入一个预期Java的`Object[]`数组的方法。Scala并不允许这样的自动转换，因为这样的转换不安全。（详细的解释参见第18章。）

假定你想要调用一个带`Object[]`参数的Java方法，比如`java.util.Arrays.binarySearch(Object[] a, Object key)`：

```
val a = Array("Mary", "a", "had", "lamb", "little")
java.util.Arrays.binarySearch(a, "beef") // 这样行不通
```

这并不可行，因为Scala不会将`Array[String]`转换为`Array[Object]`。你可以像这样强制转换：

```
java.util.Arrays.binarySearch(a.asInstanceOf[Array[Object]], "beef")
```

说明： 这只是一个展示如何解决元素类型不同的问题的例子。如果你想要用Scala执行二分查找，可以这样做：

```
import scala.collection.Searching._
val result = a.search("beef")
```

如果元素在位置n被找到，结果就是`Found(n)`；而如果元素没被找到但应该被插在位置n之前，结果就是一个`InsertionPoint(n)`。

如果你调用接受或返回`java.util.List`的Java方法，当然可以在Scala代码中使用Java的`ArrayList`——但那样做没什么意思。你完全可以引入`scala.collection.JavaConversions`里的隐式转换方法。这样你就可以在代码中使用Scala缓冲，在调用

Java方法时，这些对象会被自动包装成Java列表。

举例来说，java.util.ProcessBuilder类有一个以List<String>为参数的构造器。以下是在Scala中调用它的写法：

```
import scala.collection.JavaConversions.bufferAsJavaList
import scala.collection.mutable.ArrayBuffer
val command = ArrayBuffer("ls", "-al", "/home/cay")
val pb = new ProcessBuilder(command) // Scala到Java的转换
```

Scala缓冲被包装成了一个实现了java.util.List接口的Java类的对象。

反过来讲，当Java方法返回java.util.List时，我们可以让它自动转换成一个Buffer：

```
import scala.collection.JavaConversions.asScalaBuffer
import scala.collection.mutable.Buffer
val cmd : Buffer[String] = pb.command() // Java到Scala的转换
// 不能使用ArrayBuffer——包装起来的对象仅能保证是一个Buffer
```

如果Java方法返回一个包装过的Scala缓冲，那么隐式转换会将原始的对象解包出来。拿本例来说，cmd == command。

练习

1. 编写一段代码，将a设置为一个n个随机整数的数组，要求随机数介于0（包含）和n（不包含）之间。
2. 编写一个循环，将整数数组中相邻的元素置换。例如，Array(1, 2, 3, 4, 5)经过置换后变为Array(2, 1, 4, 3, 5)。
3. 重复前一个练习，不过这一次生成一个新的值交换过的数组。使用for/yield。
4. 给定一个整数数组，产出一个新的数组，包含元数组中的所有正值，以原有顺序排列；之后的元素是所有零或负值，以原有顺序排列。
5. 如何计算Array[Double]的平均值？
6. 如何重新组织Array[Int]的元素将它们以反序排列？对于ArrayBuffer[Int]你又会怎么做呢？

7. 编写一段代码，产出数组中的所有值，去掉重复项。（提示：Scaladoc。）
8. 假定你拿到一个整数的数组缓冲，想要移除除第一个负数外的所有负数。以下是一个顺序解决方案，在第一个负数被叫到时设置标记，然后移除所有该标记之后的负数。

```
var n = a.length
var i = 0
while (i < n) {
  if (a(i) >= 0) i += 1
  else {
    if (first) { first = false; i += 1 }
    else { a.remove(i); n -= 1 }
  }
}
```

这是一个复杂而低效的方案。用Scala重写，采集负数元素的位置，丢弃第一个（位置）元素，反转该序列，然后对每个位置下标调用`a.remove(i)`。
9. 改进前一个练习的方案，采集应被移动的位置和目标位置。执行这些移动并截断缓冲。不要复制第一个不需要的元素之前的任何元素。
10. 创建一个由`java.util.TimeZone.getAvailableIDs`返回的时区集合，判断条件是它们在美洲。去掉`"America/"`前缀并排序。
11. 引入`java.awt.datatransfer._`并构建一个类型为`SystemFlavorMap`类型的对象：

```
val flavors = SystemFlavorMap.getDefaultFlavorMap().asInstanceOf[SystemFlavorMap]
```

然后以`DataFlavor.imageFlavor`为参数调用`getNativesForFlavor`方法，以Scala缓冲保存返回值。（为什么用这样一个晦涩难懂的类？因为在Java标准类库中很难找得到使用`java.util.List`的代码。）

第4章　映射和元组

本章的主题 A1

Chapter 4

一个经典的程序员名言是："如果只能有一种数据结构，那就用哈希表吧。"哈希表——或者更笼统地说，映射——是最灵活多变的数据结构之一。在本章中你将会看到，在Scala中使用映射非常简单。

映射是键/值对偶的集合。Scala有一个通用的叫法——元组——n个对象的聚集，这些对象并不一定必须是相同类型的。对偶不过是一个n=2的元组。元组在那种需要将两个或更多值聚集在一起的场合特别有用，我们在本章末尾将简单介绍元组的语法。

本章的要点包括：

- Scala有十分易用的语法来创建、查询和遍历映射。
- 你需要从可变的和不可变的映射中做出选择。
- 默认情况下，你得到的是一个哈希映射，不过你也可以指明要树形映射。
- 你可以很容易地在Scala映射和Java映射之间来回切换。
- 元组可以用来聚集值。

4.1 构造映射

我们可以这样构造一个映射：

```
val scores = Map("Alice" -> 10, "Bob" -> 3, "Cindy" -> 8)
```

上述代码构造出一个不可变的Map[String, Int]，其值不能被改变。如果你想要一个可变映射，可用

```
val scores = scala.collection.mutable.Map("Alice" -> 10, "Bob" -> 3,
"Cindy" -> 8)
```

如果想从一个空的映射开始，你需要选定一个映射实现并给出类型参数：

```
val scores = scala.collection.mutable.Map[String, Int]()
```

在Scala中，映射是对偶的集合。对偶简单地说就是两个值构成的组，这两个值并不一定是同一个类型的，比如("Alice", 10)。

->操作符用来创建对偶：

```
"Alice" -> 10
```

上述代码产出的值是：

```
("Alice", 10)
```

你也完全可以用下面这种方式来定义映射：

```
val scores = Map(("Alice", 10), ("Bob", 3), ("Cindy", 8))
```

只不过->操作符看上去比圆括号更易读一点，也更加符合大家对映射的直观感觉：映射这种数据结构是一种将键映射到值的函数。两者的区别在于通常的函数计算值，而映射只是做查询。

4.2 获取映射中的值

在Scala中，函数和映射之间的相似性尤为明显，因为你将使用()表示法来查找某个键对应的值。

```
val bobsScore = scores("Bob") // 类似于Java中的scores.get("Bob")
```

如果映射并不包含请求中使用的键，则会抛出异常。

要检查映射中是否有某个指定的键，可以用contains方法：

```
val bobsScore = if (scores.contains("Bob")) scores("Bob") else 0
```

由于这样的组合调用十分普遍，以下是一个快捷写法：

```
val bobsScore = scores.getOrElse("Bob", 0)
// 如果映射包含键"Bob"，返回对应的值；否则，返回0。
```

最后，映射.get(键) 这样的调用返回一个Option对象，要么是Some（键对应的值），要么是None。我们将在第14章详细介绍Option类。

说明： 拿到一个不可变映射，你可以通过给出对不存在的键的固定默认值，或计算默认值的函数，将它转换成一个映射。

```
val scores1 = scores.withDefaultValue(0)
val zeldasScore1 = scores1.get("Zelda")
  // 将交出0，因为"Zelda"不存在
val scores2 = scores.withDefault(_.length)
val zeldasScore2 = scores2.get("Zelda")
  // 将交出5，对不存在的这个键应用length函数得到的结果
```

4.3 更新映射中的值

在可变映射中，你可以更新某个映射的值，或者添加一个新的映射关系，做法是在=号的左侧使用()：

```
scores("Bob") = 10
  // 更新键"Bob"对应的值（假定scores是可变的）
scores("Fred") = 7
  // 增加新的键/值对偶到scores（假定它是可变的）
```

或者，你也可以用+=操作来添加多个关系：

```
scores += ("Bob" -> 10, "Fred" -> 7)
```

要移除某个键和对应的值，使用-=操作符：

```
scores -= "Alice"
```

你不能更新一个不可变的映射，但你可以做一些同样有用的操作——获取一个包

含所需要的更新的新映射：

```
val newScores = scores + ("Bob" -> 10, "Fred" -> 7) // 更新过的新映射
```

newScores映射包含了与scores相同的映射关系；此外，"Bob"被更新，"Fred"被添加了进来。

除了把结果作为新值保存，你还可以更新var变量：

```
var scores = ...
scores = scores + ("Bob" -> 10, "Fred" -> 7)
```

你甚至可以用+=操作符：

```
scores += ("Bob" -> 10, "Fred" -> 7)
```

同理，要从不可变映射中移除某个键，你可以用-操作符来获取一个新的去掉该键的映射：

```
scores = scores - "Alice"
```

或

```
scores -= "Alice"
```

你可能会觉得这样不停地创建新映射效率很低，不过实事并非如此。老的和新的映射共享大部分结构。（这样做之所以可行，是因为它们是不可变的。）

4.4 迭代映射

如下这段超简单的循环即可遍历映射中所有的键/值对偶：

```
for ((k, v) <- 映射) 处理 k 和 v
```

这里的魔法是你可以在Scala的for循环中使用模式匹配（第14章会讲到模式匹配的所有细节）。这样一来，不需要冗杂的方法调用，你就可以得到每一个对偶的键和值。

如果出于某种原因，你只需要访问键或值，像Java一样，则可以用keySet和values方法。values方法返回一个Iterable，你可以在for循环中使用这个Iterable。

```
scores.keySet // 一个类似于Set("Bob", "Cindy", "Fred", "Alice")这样的集
for (v <- scores.values) println(v) // 将打印出10 8 7 10或其他排列组合
```

要反转一个映射——即交换键和值的位置，可以用

```
for ((k, v) <- 映射) yield (v, k)
```

4.5 已排序映射

映射有两种常见的实现策略：哈希表和平衡树。哈希表使用键的哈希码来划定位置，因此遍历会以一种不可预期的顺序交出元素。默认而言，Scala给你的是基于哈希表的映射，因为它通常更高效。如果需要按照顺序依次访问映射中的键，可以使用`SortedMap`。

```
val scores = scala.collection.mutable.SortedMap("Alice" -> 10,
  "Fred" -> 7, "Bob" -> 3, "Cindy" -> 8)
```

提示：如果要按插入顺序访问所有键，则使用`LinkedHashMap`，例如：

```
val months = scala.collection.mutable.LinkedHashMap("January" -> 1,
  "February" -> 2, "March" -> 3, "April" -> 4, "May" -> 5, ...)
```

4.6 与Java的互操作

如果通过Java方法调用得到了一个Java映射，你可能想要把它转换成一个Scala映射，以便使用更便捷的Scala映射API。这对于需要操作Scala并未提供的可变树形映射的情况也很有用。

只需要增加如下引入语句：

```
import scala.collection.JavaConversions.mapAsScalaMap
```

然后通过指定Scala映射类型来触发转换：

```
val scores: scala.collection.mutable.Map[String, Int] =
  new java.util.TreeMap[String, Int]
```

此外，你还可以得到从java.util.Properties到Map[String, String]的转换：

```
import scala.collection.JavaConversions.propertiesAsScalaMap
val props: scala.collection.Map[String, String] = System.getProperties()
```

反过来讲，要把Scala映射传递给预期Java映射的方法，提供相反的隐式转换即可。例如：

```
import scala.collection.JavaConversions.mapAsJavaMap
import java.awt.font.TextAttribute._ // 引入下面的映射会用到的键
val attrs = Map(FAMILY -> "Serif", SIZE -> 12) // Scala映射
val font = new java.awt.Font(attrs) // 该方法预期一个Java映射
```

4.7 元组

映射是键/值对偶的集合。对偶是元组的最简单形态——元组是不同类型的值的聚集。

元组的值是通过将单个的值包含在圆括号中构成的。例如：

```
(1, 3.14, "Fred")
```

是一个元组，类型为：

```
Tuple3[Int, Double, java.lang.String]
```

类型定义也可以写为：

```
(Int, Double, java.lang.String)
```

如果你有一个元组，比如：

```
val t = (1, 3.14, "Fred")
```

你就可以用方法_1、_2、_3访问其组元，比如：

```
val second = t._2 // 将second设为3.14
```

和数组或字符串中的位置不同，元组的各组成部件从1开始，而不是从0开始的。

说明：你可以把t._2写为t _2（用空格而不是句点），但不能写成t_2。

通常，使用模式匹配来获取元组的组成部件，例如：

```
val (first, second, third) = t // 将first设为1, second设为3.14, third设为"Fred"
```

如果并不是所有的部件都需要，那么可以在不需要的部件位置上使用_：

```
val (first, second, _) = t
```

元组可以用于函数需要返回不止一个值的情况。举例来说，StringOps的partition方法返回的是一对字符串，分别包含了满足某个条件和不满足该条件的字符：

```
"New York".partition(_.isUpper) // 将交出对偶("NY", "ew ork")
```

4.8 拉链操作

使用元组的原因之一是把多个值绑在一起，以便它们能够被一起处理，这通常可以用zip方法来完成。举例来说，下面的代码：

```
val symbols = Array("<", "-", ">")
val counts = Array(2, 10, 2)
val pairs = symbols.zip(counts)
```

将交出对偶组成的数组：

```
Array(("<", 2), ("-", 10), (">", 2))
```

然后，这些对偶就可以被一起处理了：

```
for ((s, n) <- pairs) print(s * n) // 将打印出<<---------->>
```

提示：用toMap方法可以将对偶的集合转换成映射。

如果你有一个键的集合，以及一个与之平行对应的值的集合，就可以用拉链操作将它们组合成一个映射：

```
keys.zip(values).toMap
```

练习

1. 设置一个映射，其中包含你想要的一些装备及其价格。然后构建另一个映射，采用同一组键，但在价格上打9折。
2. 编写一段程序，从文件中读取单词。用一个可变映射来清点每一个单词出现的频率。读取这些单词的操作可以使用java.util.Scanner：

```
val in = new java.util.Scanner(new java.io.File("myfile.txt"))
while (in.hasNext()) 处理 in.next()
```

   或者翻到第9章看看更Scala的做法。

   最后，打印出所有单词和它们出现的次数。
3. 重复前一个练习，这次用不可变的映射。
4. 重复前一个练习，这次用已排序的映射，以便单词可以按顺序打印出来。
5. 重复前一个练习，这次用java.util.TreeMap并使之适用于Scala API。
6. 定义一个链式哈希映射，将"Monday"映射到java.util.Calendar.MONDAY，依此类推加入其他日期。展示元素是以插入的顺序被访问的。
7. 打印出所有Java系统属性的表格，类似于下面这样：

```
java.runtime.name      |Java(TM)SERuntimeEnvironment
sun.boot.library.path  |/home/apps/jdk1.6.0_21/jre/lib/i386
java.vm.version        |17.0-b16
java.vm.vendor         |SunMicrosystemsInc.
java.vendor.url        |http://java.sun.com/
path.separator         |:
java.vm.name           |JavaHotSpot(TM)ServerVM
```

   你需要找到最长的键，这样才能正确地打印出这张表格。
8. 编写一个函数minmax(values: Array[Int])，返回数组中最小值和最大值的对偶。

9. 编写一个函数`lteqgt(values: Array[Int], v: Int)`，返回数组中小于v、等于v和大于v的数量，要求三个值一起返回。
10. 当你将两个字符串拉链在一起时，比如`"Hello".zip("World")`，会是什么结果？想出一个讲得通的用例。

第5章　类

本章的主题 A1

Chapter 5

在本章中，你将会学习如何用Scala实现类。如果你了解Java或C++中的类，就不会觉得这有多难，并且你会很享受Scala更加精简的表示法带来的便利。

本章的要点包括：

- 类中的字段自动带有getter方法和setter方法。
- 你可以用定制的getter/setter方法替换掉字段的定义，而不必修改使用类的客户端——这就是所谓的“统一访问原则”。
- 用`@BeanProperty`注解来生成JavaBeans的`get`Xxx/`set`Xxx方法。
- 每个类都有一个主要的构造器，这个构造器和类定义“交织”在一起。它的参数直接成为类的字段。主构造器执行类体中所有的语句。
- 辅助构造器是可选的。它们叫作`this`。

5.1 简单类和无参方法

Scala类最简单的形式看上去和Java或C++中的很相似：

```
class Counter {
  private var value = 0 // 你必须初始化字段
  def increment() { value += 1 } // 方法默认是公有的
```

```
  def current() = value
}
```

在Scala中，类并不声明为public。Scala源文件可以包含多个类，所有这些类都具有公有可见性。

使用该类需要做的就是构造对象并按照通常的方式来调用方法：

```
val myCounter = new Counter // 或new Counter()
myCounter.increment()
println(myCounter.current)
```

调用无参方法（比如current）时，你可以写上圆括号，也可以不写：

```
myCounter.current // OK
myCounter.current() // 同样OK
```

应该用哪一种形式呢？我们认为对于改值器方法（即改变对象状态的方法）使用()，而对于取值器方法（不会改变对象状态的方法）去掉()是不错的风格。

这也是我们在示例中的做法：

```
myCounter.increment() // 对改值器使用()
println(myCounter.current) // 对取值器不使用()
```

你可以通过以不带()的方式声明current来强制这种风格：

```
class Counter {
  ...
  def current = value // 定义中不带()
}
```

这样一来类的使用者就必须用myCounter.current，不带圆括号。

5.2 带getter和setter的属性

编写Java类时，我们并不喜欢使用公有字段：

```
public class Person { // 这是Java
  public int age; // Java中不鼓励这样做
}
```

使用公有字段的话，任何人都可以写入fred.age，让Fred更年轻或更老。这就是我们更倾向于使用getter和setter方法的原因：

```
public class Person { // 这是Java
  private int age;
  public int getAge() { return age; }
  public void setAge(int age) { this.age = age; }
}
```

像这样的一对getter/setter通常被称作属性。我们会说Person类有一个age属性。

这到底好在哪里呢？仅从它自身来说，并不比公有字段来得更好。任何人都可以调用fred.setAge(21)，让他永远停留在21岁。

不过如果这是个问题，我们可以防止它发生：

```
public void setAge(int newValue) { if (newValue > age) age = newValue; }
  // 不能变年轻
```

之所以说getter和setter方法比公有字段更好，是因为它们让你可以从简单的get/set机制出发，并在需要的时候做改进。

说明： 仅仅因为getter和setter方法比公有字段更好，并不意味着它们总是好的。通常，如果每个客户端都可以对一个对象的状态数据进行获取和设置，这明显是很糟糕的。在本节中，我会向你展示如何用Scala实现属性。但要靠你自己决定可以取值和改值的字段是否是合理的设计。

Scala对每个字段都提供getter和setter方法。在这里，我们定义一个公有字段：

```
class Person {
  var age = 0
}
```

Scala生成面向JVM的类，其中有一个私有的age字段以及相应的getter和setter方法。这两个方法是公有的，因为我们没有将age声明为private。（对私有字段而言，getter和setter方法也是私有的。）

在Scala中，getter和setter分别叫作 age 和 age_=。例如：

```
println(fred.age) // 将调用方法fred.age()
fred.age = 21 // 将调用fred_=(21)
```

在Scala中，getter和setter方法并不是被命名为getXxx和setXxx，不过它们的用意是相同的。5.5节将会介绍如何生成Java风格的getXxx和setXxx方法，以使得你的Scala类可以与Java工具实现互操作。

说明： 如果想亲眼看到这些方法，可以编译Person类，然后用javap查看字节码：

```
$ scalac Person.scala
$ javap -private Person
Compiled from "Person.scala"
public class Person extends java.lang.Object implements scala.ScalaObject{
  private int age;
  public int age(); public void age_$eq(int);
  public Person();
}
```

正如你看到的那样，编译器创建了age和age_$eq方法。（=号被翻译成$eq，是因为JVM不允许在方法名中出现=。）

提示： 你可以在REPL内运行javap命令，就像下面这样：

```
:javap -private Person
```

在任何时候你都可以自己重新定义getter和setter方法。例如：

```
class Person {
  private var privateAge = 0 // 变成私有并改名

  def age = privateAge
  def age_=(newValue: Int) {
    if (newValue > privateAge) privateAge = newValue; // 不能变年轻
  }
}
```

你的类的使用者仍然可以访问fred.age，但现在Fred不能变年轻了：

```
val fred = new Person
fred.age = 30
fred.age = 21
println(fred.age) // 30
```

说明：颇具影响的Eiffel语言的发明者Bertrand Meyer提出了**统一访问原则**，内容如下："某个模块提供的所有服务都应该能通过统一的表示法访问到，至于它们是通过存储还是通过计算来实现的，从访问方式上应无从获知。"在Scala中，fred.age的调用者并不知道age是通过字段还是通过方法来实现的。（当然了，在JVM中，该服务总是通过方法来实现的，要么是编译器合成，要么由程序员提供。）

提示：Scala对每个字段生成getter和setter方法听上去有些恐怖。不过你可以控制这个过程。

- 如果字段是私有的，则getter和setter方法也是私有的。
- 如果字段是val，则只有getter方法被生成。
- 如果你不需要任何getter或setter，可以将字段声明为private[this]（参见5.4节）。

5.3 只带getter的属性

有时候你需要一个*只读属性*，有getter但没有setter。如果属性的值在对象构建完成后就不再改变，则可以使用val字段：

```
class Message {
  val timeStamp = java.time.Instant.now
  ...
}
```

Scala会生成一个私有的final字段和一个getter方法，但没有setter。

不过，有时你需要这样一个属性，客户端不能随意改值，但它可以通过某种其他的方式被改变。5.1节中的Counter类就是一个很好的例子。从概念上讲，counter有一个current属性，当increment方法被调用时更新，但并没有对应的setter。

你不能通过val来实现这样一个属性——val永不改变。你需要提供一个私有字段和一个属性的getter方法，像下面这样：

```
class Counter {
  private var value = 0
  def increment() { value += 1 }
  def current = value // 声明中没有()
}
```

注意，在getter方法的定义中并没有()。因此，你必须以不带圆括号的方式来调用：

```
val n = myCounter.current // myCounter.current()这样的调用方式是语法错误
```

总结一下，在实现属性时你有如下四个选择：

1. var foo: Scala自动合成一个getter方法和一个setter方法。
2. val foo: Scala自动合成一个getter方法。
3. 由你来定义foo和foo_=方法。
4. 由你来定义foo方法。

说明：在Scala中，你不能实现只写属性（即带有setter但不带getter的属性）。

提示：当你在Scala类中看到字段的时候，记住它和Java或C++中的字段不同。它是一个私有字段，加上getter方法（对val字段而言），或者getter方法和setter方法（对var字段而言）。

5.4 对象私有字段

在Scala中（在Java或C++中也一样），方法可以访问该类的所有对象的私有字段。

例如：

```
class Counter {
  private var value = 0
  def increment() { value += 1 }

  def isLess(other : Counter) = value < other.value
    // 可以访问另一个对象的私有字段
}
```

之所以访问other.value是合法的，是因为other也同样是Counter对象。

Scala允许我们定义更加严格的访问限制，通过private[this]这个修饰符来实现。

```
private[this] var value = 0 // 访问someObject.value将不被允许
```

这样一来，Counter类的方法只能访问到当前对象的value字段，而不能访问同样是Counter类型的其他对象的该字段。这样的访问有时被称为对象私有的，这在某些OO语言，比如SmallTalk中十分常见。

对于类私有的字段，Scala生成私有的getter和setter方法。但对于对象私有的字段，Scala根本不会生成getter或setter方法。

说明： Scala允许你将访问权赋予指定的类。private[*类名*]修饰符可以定义仅有指定类的方法可以访问给定的字段。这里的*类名*必须是当前定义的类，或者是包含该类的外部类。（关于内部类的讨论可参见5.8节。）

在这种情况下，编译器会生成辅助的getter和setter方法，允许外部类访问该字段。这些类将会是公有的，因为JVM并没有更细粒度的访问控制系统，并且它们的名称也会随着JVM实现不同而不同。

5.5 Bean属性 L1

正如你在前面的章节所看到的那样，Scala对于你定义的字段提供了getter和setter方法。不过，这些方法的名称并不是Java工具所预期的。JavaBeans规范（www.oracle.com/technetwork/articles/javaee/spec-136004.html）把Java属性定义为一对

getFoo/setFoo方法（或者对于只读属性而言，为单个getFoo方法）。许多Java工具都依赖这样的命名习惯。

当你将Scala字段标注为@BeanProperty时，这样的方法会自动生成。例如：

```
import scala.beans.BeanProperty

class Person {
  @BeanProperty var name: String = _
}
```

将会生成四个方法：

1. name: String
2. name_=(newValue: String): Unit
3. getName(): String
4. setName(newValue: String): Unit

表5-1显示了在各种情况下哪些方法会被生成。

表5-1 针对字段生成的方法

Scala字段	生成的方法	何时使用
val/var name	公有的name name_=（仅限于var）	实现一个可以被公开访问并且背后是以字段形式保存的属性
@BeanProperty val/var name	公有的name getName() name_=（仅限于var） setName(...)（仅限于var）	与JavaBeans互操作
private val/var name	私有的name name_=（仅限于var）	用于将字段访问限制在本类的方法，就和Java一样。尽量使用private，除非你真的需要一个公有的属性
private[this] val/var name	无	用于将字段访问限制在同一个对象上调用的方法。并不经常用到
private[类名] val/var name	依赖于具体实现	将访问权赋予外部类。并不经常用到

说明：如果你以主构造器参数的方式定义了某字段（参见5.7节），并且你需要JavaBeans版的getter和setter方法，像如下这样给构造器参数加上注解即可：

```
class Person(@BeanProperty var name: String)
```

5.6 辅助构造器

和Java或C++一样，Scala也可以有任意多的构造器。不过，Scala类有一个构造器比其他所有构造器都更为重要，它就是*主构造器*。除主构造器外，类还可以有任意多的*辅助构造器*。

我们将首先讨论辅助构造器，这是因为它们更容易被理解。它们同Java或C++的构造器十分相似，只有两处不同。

1. 辅助构造器的名称为`this`。（在Java或C++中，构造器的名称和类名相同——当你修改类名时就不那么方便了。）
2. 每一个辅助构造器都必须以一个对先前已定义的其他辅助构造器或主构造器的调用开始。

这里有一个带有两个辅助构造器的类。

```
class Person {
  private var name = ""
  private var age = 0

  def this(name: String) { // 一个辅助构造器
    this() // 调用主构造器
    this.name = name
  }

  def this(name: String, age: Int) { // 另一个辅助构造器
    this(name) // 调用前一个辅助构造器
    this.age = age
  }
}
```

我们将在下一节介绍主构造器。现阶段只需要知道一个类如果没有显式定义主构

造器，则自动拥有一个无参的主构造器即可。

你可以以三种方式构建对象：

```
val p1 = new Person // 主构造器
val p2 = new Person("Fred") // 第一个辅助构造器
val p3 = new Person("Fred", 42) // 第二个辅助构造器
```

5.7 主构造器

在Scala中，每个类都有主构造器。主构造器并不以this方法定义，而是与类定义交织在一起。

1. 主构造器的参数直接放置在类名之后。

```
class Person(val name: String, val age: Int) {
  // (...)中的内容就是主构造器的参数
  ...
}
```

主构造器的参数被编译成字段，其值被初始化成构造时传入的参数。在本例中，name和age成为Person类的字段。如new Person("Fred", 42)这样的构造器调用将设置name和age字段。

我们只用半行Scala就完成了七行Java代码的工作：

```
public class Person { // 这是Java
  private String name; private int age; public Person(String name, int age) {
    this.name = name; this.age = age;
  }
  public String name() { return this.name; } public int age() { return this.age; }
  ...
}
```

2. 主构造器会执行类定义中的所有语句。例如在以下类中：

```
class Person(val name: String, val age: Int) {
  println("Just constructed another person")
  def description = s"$name is $age years old"
}
```

println语句是主构造器的一部分。每当有对象被构造出来时，上述代码就会被执行。

当你需要在构造过程中配置某个字段时，这个特性特别有用。例如：

```
class MyProg {
  private val props = new Properties
  props.load(new FileReader("myprog.properties"))
    // 上述语句是主构造器的一部分
  ...
}
```

说明：如果类名之后没有参数，则该类具备一个无参主构造器。这样一个构造器仅仅是简单地执行类体中的所有语句而已。

提示：你通常可以通过在主构造器中使用默认参数来避免过多地使用辅助构造器。例如：

```
class Person(val name: String = "", val age: Int = 0)
```

主构造器的参数可以采用表5-1中列出的任意形态。例如：

```
class Person(val name: String, private var age: Int)
```

这段代码将声明并初始化如下字段：

```
val name: String
private var age: Int
```

构造参数也可以是普通的方法参数，不带val或var。这样的参数如何处理取决于它们在类中如何被使用。

- 如果不带val或var的参数至少被一个方法所使用，它将被升格为字段。例如：

```
class Person(name: String, age: Int) {
  def description = name + " is " + age + " years old"
}
```

上述代码声明并初始化了不可变字段name和age，而这两个字段都是对象私有的。

类似于这样的字段等同于`private[this] val` 字段的效果（参见5.4节）。

- 否则，该参数将不被保存为字段。它仅仅是一个可以被主构造器中的代码访问的普通参数。（严格地说，这是一个具体实现相关的优化。）

表5-2总结了不同类型的主构造器参数对应会生成的字段和方法。

表5-2 针对主构造器参数生成的字段和方法

主构造器参数	生成的字段/方法
`name: String`	对象私有字段，如果没有方法使用name，则没有该字段
`private val/var name: String`	私有字段，私有的getter/setter方法
`val/var name: String`	私有字段，公有的getter/setter方法
`@BeanProperty val/var name: String`	私有字段，公有的Scala版和JavaBeans版的getter/setter方法

如果主构造器的表示法让你困惑，则你不需要使用它。你只要按照常规的做法提供一个或多个辅助构造器即可，不过要记得调用`this()`（如果你不和其他辅助构造器串接的话）。

话虽如此，但许多程序员都喜欢主构造器这种精简的写法。Martin Odersky建议这样来看待主构造器：在Scala中，类也接受参数，就像方法一样。

说明：当你把主构造器的参数看作类参数时，不带`val`或`var`的参数就变得易于理解了。这样的参数的作用域涵盖了整个类。因此，你可以在方法中使用它们。而一旦你这样做了，编译器就自动帮你将它保存为字段。

提示：Scala设计者们认为每敲一个键都是珍贵的，因此他们让你可以把类定义和主构造器结合在一起。当你阅读一个Scala类时，你需要将它们分开。举例来说，当你看到如下代码时：

```
class Person(val name: String) {
  var age = 0
  def description = s"$name is $age years old"
}
```

把它拆开成一个类定义：

```
class Person(val name: String) {
  var age = 0
  def description = s"$name is $age years old"
}
```

和一个构造器定义：

```
class Person(val name: String) {
  var age = 0
  def description = s"$name is $age years old"
}
```

说明：如果想让主构造器变成私有的，可以像这样放置private关键字：

```
class Person private(val id: Int) { ... }
```

这样一来类用户就必须通过辅助构造器来构造Person对象了。

5.8 嵌套类 L1

在Scala中，你几乎可以在任何语法结构中内嵌任何语法结构。你可以在函数中定义函数，在类中定义类。以下代码是在类中定义类的一个示例：

```
import scala.collection.mutable.ArrayBuffer
class Network {
  class Member(val name: String) {
    val contacts = new ArrayBuffer[Member]
  }

  private val members = new ArrayBuffer[Member]

  def join(name: String) = {
    val m = new Member(name)
    members += m
    m
  }
}
```

考虑有如下两个网络：

```
val chatter = new Network
val myFace = new Network
```

在Scala中，每个实例都有它自己的Member类，就和它们有自己的members字段一样。也就是说，chatter.Member和myFace.Member是不同的两个类。

说明：这和Java不同，在Java中的内部类从属于外部类。
Scala采用的方式更符合常规。举例来说，要构建一个新的内部对象，你只需要简单地new这个类名：new chatter.Member。而在Java中，你需要使用一个特殊语法：chatter.new Member()。

拿我们的网络示例来讲，你可以在各自的网络中添加成员，但不能跨网添加成员。

```
val fred = chatter.join("Fred")
val wilma = chatter.join("Wilma")
fred.contacts += wilma // OK
val barney = myFace.join("Barney") // 类型为myFace.Member
fred.contacts += barney
  //不可以这样做——不能将一个myFace.Member添加到chatter.Member元素缓冲当中
```

对于社交网络而言，这样的行为是讲得通的。如果你不希望是这个效果，则有两种解决方式。

首先，你可以将Member类移到别处。一个不错的位置是Network的伴生对象。（我们将在第6章介绍伴生对象。）

```
object Network {
  class Member(val name: String) {
    val contacts = new ArrayBuffer[Member]
  }
}

class Network {
```

```
  private val members = new ArrayBuffer[Network.Member]
  ...
}
```

或者，你也可以使用类型投影（type projection）Network#Member，其含义是“任何Network的Member”。例如：

```
class Network {
  class Member(val name: String) {
    val contacts = new ArrayBuffer[Network#Member]
  }
  ...
}
```

如果你只想在某些地方，而不是所有地方，利用这个细粒度的“每个对象有自己的内部类”的特性，则可以考虑使用类型投影。关于类型投影的更多内容可参见第19章。

说明：在嵌套类中，你可以通过**外部类**.this的方式来访问外部类的this引用，就像Java那样。如果你觉得需要，也可以用如下语法建立一个指向该引用的别名：

```
class Network(val name: String) { outer =>
  class Member(val name: String) {
    ...
    def description = s"$name inside ${outer.name}"
  }
}
```

class Network { outer => 语法使得outer变量指向Network.this。对这个变量，你可以用任何合法的名称。self这个名称很常见，但用在嵌套类中可能会引发歧义。

这样的语法和“自身类型”语法相关，你将会在第19章看到更多内容。

练习

1. 改进5.1节的Counter类，让它不要在Int.MaxValue时变成负数。
2. 编写一个BankAccount类，加入deposit和withdraw方法，以及一个只读的balance属性。
3. 编写一个Time类，加入只读属性hours和minutes，以及一个检查某一时刻是否早于另一时刻的方法before(other: Time): Boolean。Time对象应该以new Time(hrs, min)方式构建，其中hrs小时数以军用时间格式呈现（介于0和23之间）。
4. 重新实现前一个练习中的Time类，将内部呈现改成自午夜起的分钟数（介于0到24×60−1之间）。不要改变公有接口。也就是说，客户端代码不应因你的修改而受到影响。
5. 创建一个Student类，加入可读写的JavaBeans属性name（类型为String）和id（类型为Long）。有哪些方法被生成？（用javap查看。）你可以在Scala中调用JavaBeans版的getter和setter方法吗？应该这样做吗？
6. 在5.1节的Person类中提供一个主构造器，将负年龄转换为0。
7. 编写一个Person类，其主构造器接受一个字符串，该字符串包含名字、空格和姓，比如new Person("Fred Smith")。提供只读属性firstName和lastName。主构造器参数应该是var、val还是普通参数呢？为什么？
8. 创建一个Car类，以只读属性对应制造商、型号名称、型号年份以及一个可读写的属性用于车牌。提供四组构造器。每一个构造器都要求制造商和型号名称为必填。型号年份以及车牌为可选，如果未填，则型号年份设置为−1，车牌设置为空字符串。你会选择哪一个作为你的主构造器？为什么？
9. 在Java、C#或C++（你自己选）中重做前一个练习。相比之下Scala精简了多少？

10. 考虑如下类：

```
class Employee(val name: String, var salary: Double) {
  def this() { this("John Q. Public", 0.0) }
}
```

重写该类，使用显式的字段定义和一个默认主构造器。你更倾向于使用哪一种形式？为什么？

第6章　对象

本章的主题 A1

Chapter 6

在本章中，你将会学到何时使用Scala的object语法结构。在你需要某个类的单个实例时，或者想为其他值或函数找一个可以挂靠的地方时，就会用到它。

本章的要点包括：

- 用对象作为单例或存放工具方法。
- 类可以拥有一个同名的伴生对象。
- 对象可以扩展类或特质。
- 对象的apply方法通常用来构造伴生类的新实例。
- 如果不想显式定义main方法，可以用扩展App特质的对象。
- 你可以通过扩展Enumeration对象来实现枚举。

6.1 单例对象

Scala没有静态方法或静态字段，你可以用object这个语法结构来达到同样的目的。对象定义了某个类的单个实例，包含了你想要的特性。例如：

```
object Accounts {
  private var lastNumber = 0
  def newUniqueNumber() = { lastNumber += 1; lastNumber }
}
```

当你在应用程序中需要一个新的唯一账号时，调用Account.newUniqueNumber()即可。

对象的构造器在该对象第一次被使用时调用。在本例中，Accounts的构造器在Accounts.newUniqueNumber()的首次调用时执行。如果一个对象从未被使用，那么其构造器也不会被执行。

对象本质上可以拥有类的所有特性——它甚至可以扩展其他类或特质（参见6.3节）。只有一个例外：你不能提供构造器参数。

对于任何你在Java或C++中会使用单例对象的地方，在Scala中都可以用对象来实现：

- 作为存放工具函数或常量的地方。
- 高效地共享单个不可变实例。
- 需要用单个实例来协调某个服务时（参考单例模式）。

说明：很多人都看低单例模式。其实Scala提供的是工具，利用工具可以做出好的设计，也可以做出糟糕的设计，你需要做出自己的判断。

6.2 伴生对象

在Java或C++中，你通常会用到既有实例方法又有静态方法的类。在Scala中，你可以通过类和与类同名的“伴生（companion）”对象来达到同样的目的。例如：

```
class Account {
  val id = Account.newUniqueNumber()
  private var balance = 0.0
  def deposit(amount: Double) { balance += amount }
  ...
}

object Account { // 伴生对象
  private var lastNumber = 0
  private def newUniqueNumber() = { lastNumber += 1; lastNumber }
}
```

类和它的伴生对象可以相互访问私有特性，它们必须存在于同一个源文件中。

注意，类的伴生对象的功能特性并不在类的作用域内。举例来说，Account类必须通过Account.newUniqueNumber()而不是直接用newUniqueNumber()来调用伴生对象的方法。

提示：在REPL中，要同时定义类和对象，你必须用粘贴模式。键入：

```
:paste
```

然后键入或粘贴类和对象的定义，按Ctrl+D组合键退出粘贴模式。

说明：伴生对象包含与类密切相关的功能特性。在第7章中，你将会看到如何用包对象（package object）给包添加功能特性。

6.3 扩展类或特质的对象

一个object可以扩展类以及一个或多个特质，其结果是一个扩展了指定类以及特质的类的对象，同时拥有在对象定义中给出的所有特性。

一个有用的使用场景是给出可被共享的默认对象。举例来说，考虑在程序中引入一个可撤销动作的类。

```
abstract class UndoableAction(val description: String) {
  def undo(): Unit
  def redo(): Unit
}
```

默认情况下可以是“什么都不做”。当然了，对于这个行为我们只需要一个实例即可。

```
object DoNothingAction extends UndoableAction("Do nothing") {
  override def undo() {}
  override def redo() {}
}
```

DoNothingAction对象可以被所有需要这个默认行为的地方共用。

```
val actions = Map("open" -> DoNothingAction, "save" -> DoNothingAction, ...)
  // 打开和保存功能尚未实现
```

6.4 apply方法

我们通常会定义和使用对象的apply方法。当遇到如下形式的表达式时，apply方法就会被调用：

Object(参数1，…，参数*N*)

通常，这样一个apply方法返回的是伴生类的对象。

举例来说，Array对象定义了apply方法，让我们可以用下面这样的表达式来创建数组：

```
Array("Mary", "had", "a", "little", "lamb")
```

为什么不用构造器呢？对于嵌套表达式而言，省去new关键字会方便很多，例如：

```
Array(Array(1, 7), Array(2, 9))
```

注意： Array(100)和new Array(100)很容易搞混。前一个表达式调用的是apply(100)，交出一个单元素（整数100）的Array[Int]；而第二个表达式调用的是构造器this(100)，结果是Array[Nothing]，包含了100个null元素。

这里有一个定义apply方法的示例：

```
class Account private (val id: Int, initialBalance: Double) {
  private var balance = initialBalance
  ...
}

object Account { // 伴生对象
  def apply(initialBalance: Double) =
    new Account(newUniqueNumber(), initialBalance)
  ...
}
```

这样一来你就可以用如下代码来构造账号了：

```
val acct = Account(1000.0)
```

6.5 应用程序对象

每个Scala程序都必须从一个对象的main方法开始，这个方法的类型为 Array[String] => Unit：

```
object Hello {
  def main(args: Array[String]) {
    println("Hello, World!")
  }
}
```

除了每次都提供自己的main方法，你还可以扩展App特质，然后将程序代码放入构造器方法体内：

```
object Hello extends App {
  println("Hello, World!")
}
```

如果你需要命令行参数，则可以通过args属性得到：

```
object Hello extends App {
  if (args.length > 0)
    println(f"Hello ${args(0)}")
  else
    println("Hello, World!")
}
```

如果你在调用该应用程序时设置了scala.time选项的话，程序退出时会显示逝去的时间。

```
$ scalac Hello.scala
$ scala -Dscala.time Hello Fred
Hello, Fred
[total 4ms]
```

所有这些涉及一些小小的魔法。App特质扩展自另一个特质DelayedInit，编译器对该特质有特殊处理。所有带有该特质的类，其初始化方法都会被挪到delayedInit方法中。App特质的main方法捕获到命令行参数，调用delayedInit方法，并且还可以根据要求打印出逝去的时间。

说明： 较早版本的Scala有一个Application特质来达到同样的目的。那个特质是在静态初始化方法中执行程序动作，并不被即时编译器优化。因此，应尽量使用新的App特质。

6.6 枚举

和Java或C++不同，Scala并没有枚举类型。不过，标准类库提供了一个Enumeration助手类，可以用于产出枚举。

定义一个扩展Enumeration类的对象并以Value方法调用初始化枚举中的所有可选值。例如：

```
object TrafficLightColor extends Enumeration {
  val Red, Yellow, Green = Value
}
```

在这里我们定义了三个字段：Red、Yellow和Green，然后用Value调用将它们初始化。这是如下代码的简写：

```
val Red = Value
val Yellow = Value
val Green = Value
```

每次调用Value方法都返回内部类的新实例，该内部类也叫作Value。

或者，你也可以向Value方法传入ID、名称，或两个参数都传：

```
val Red = Value(0, "Stop")
val Yellow = Value(10) // 名称为"Yellow"
val Green = Value("Go") // ID为11
```

如果不指定，则ID将在前一个枚举值的基础上加1，从0开始。默认名称为字段名。

定义完成后，你就可以用TrafficLightColor.Red、TrafficLightColor.Yellow等来引用枚举值了。如果这些变得冗长烦琐，则可以用如下语句直接引入枚举值：

```
import TrafficLightColor._
```

（关于引入类或对象的成员的更多信息，可参见第7章。）

记住枚举的类型是TrafficLightColor.Value而不是TrafficLightColor——后者是握有这些值的对象。有人推荐增加一个类型别名：

```
object TrafficLightColor extends Enumeration {
  type TrafficLightColor = Value
  val Red, Yellow, Green = Value
}
```

现在枚举的类型变成了TrafficLightColor.TrafficLightColor，但仅当你使用import语句时这样做才显得有意义。例如：

```
import TrafficLightColor._
def doWhat(color: TrafficLightColor) = {
  if (color == Red) "stop"
  else if (color == Yellow) "hurry up"
  else "go"
}
```

枚举值的ID可通过id方法返回，名称通过toString方法返回。

对TrafficLightColor.values的调用将交出所有枚举值的集：

```
for (c <- TrafficLightColor.values) println(s"${c.id}: $c")
```

最后，你可以通过枚举的ID或名称来进行查找定位，以下两段代码都将交出TrafficLightColor.Red对象：

```
TrafficLightColor(0) // 将调用Enumeration.apply
TrafficLightColor.withName("Red")
```

练习

1. 编写一个Conversions对象，加入inchesToCentimeters、gallonsToLiters

和milesToKilometers方法。

2. 前一个练习不是很面向对象。提供一个通用的超类UnitConversion并定义扩展该超类的InchesToCentimeters、GallonsToLiters和MilesToKilometers对象。
3. 定义一个扩展自java.awt.Point的Origin对象。为什么说这实际上不是一个好主意？（仔细看Point类的方法。）
4. 定义一个Point类和一个伴生对象，使得我们可以不用new而直接用Point(3, 4)来构造Point实例。
5. 编写一个Scala应用程序，使用App特质，以反序打印命令行参数，用空格隔开。举例来说，scala Reverse Hello World应该打印出World Hello。
6. 编写一个扑克牌四种花色的枚举，让其toString方法分别返回♣、♦、♥或♠。
7. 实现一个函数，检查某张牌的花色是否为红色。
8. 编写一个枚举，描述RGB立方体的八个角。ID使用颜色值（例如，红色/Red是0xff0000）。

第7章　包和引入

本章的主题 A1

Chapter 7

在本章中，你将会了解到Scala中的包和引入语句是如何工作的。与Java相比，Scala不论是包还是引入都更加符合常规，也更灵活一些。

本章的要点包括：

- 包也可以像内部类那样嵌套。
- 包路径不是绝对路径。
- 包声明链x.y.z并不自动将中间包x和x.y变成可见。
- 位于文件顶部不带花括号的包声明在整个文件范围内有效。
- 包对象可以持有函数和变量。
- 引入语句可以引入包、类和对象。
- 引入语句可以出现在任何位置。
- 引入语句可以重命名和隐藏特定成员。
- java.lang、scala和Predef总是被引入。

7.1 包

Scala的包和Java中的包或者C++中的命名空间的目的是相同的：管理大型程序中的名称。举例来说，Map这个名称可以同时出现在scala.collection.immutable和

scala.collection.mutable包中而不会冲突。要访问它们中的任何一个，你可以使用完全限定的名称scala.collection.immutable.Map或scala.collection.mutable.Map，也可以使用引入语句来提供一个更短小的别名——参见7.7节。

要添加条目到包中，你可以将其包含在包语句中，比如：

```
package com {
  package horstmann {
    package impatient {
      class Employee
      ...
    }
  }
}
```

这样一来类名Employee就可以在任意位置以com.horstmann.impatient.Employee访问到了。

与对象或类的定义不同，同一个包可以定义在多个文件中。前面这段代码可能出现在文件Employee.scala中，而另一个名为Manager.scala的文件可能会包含：

```
package com {
  package horstmann {
    package impatient {
      class Manager
      ...
    }
  }
}
```

说明：源文件的目录和包之间并没有强制的关联关系。你不需要将Employee.scala和Manager.scala放在com/horstmann/impatient目录中。

换个角度讲，你也可以在同一个文件中为多个包贡献内容。Employee.scala文件可以包含：

```
package com {
```

```
  package horstmann {
    package impatient {
      class Employee
      ...
    }
  }
}

package net {
  package bigjava {
    class Counter
    ...
  }
}
```

7.2 作用域规则

在Scala中，包的作用域比起Java来更加前后一致。Scala的包和其他作用域一样地支持嵌套。你可以访问上层作用域中的名称。例如：

```
package com {
  package horstmann {
    object Utils {
      def percentOf(value: Double, rate: Double) = value * rate / 100
      ...
    }

    package impatient {
      class Employee {
        ...
        def giveRaise(rate: scala.Double) {
          salary += Utils.percentOf(salary, rate)
        }
      }
    }
  }
}
```

注意Utils.percentOf修饰符。Utils类定义于父包。所有父包中的内容都在作用域内，因此没必要使用com.horstmann.Utils.precentOf。（如果你愿意，当然也可以这样用——毕竟com也在作用域内。）

不过，这里有一个瑕疵。假定有如下代码：

```
package com {
  package horstmann {
    package impatient {
      class Manager {
        val subordinates = new collection.mutable.ArrayBuffer[Employee]
        ...
      }
    }
  }
}
```

这里我们利用到一个特性，那就是scala包总是被引入。因此，collection包实际上指向的是scala.collection。

现在假定有人加入了如下的包，其可能位于另一个文件中：

```
package com {
  package horstmann {
    package collection {
      ...
    }
  }
}
```

这下Manager类将不再能通过编译。编译器尝试在com.horstmann.collection包中查找mutable成员未果。Manager类的本意是要使用顶级的scala包中的collection包，而不是随便什么存在于可访问作用域中的子包。

在Java中，这个问题不会发生，因为包名总是绝对的，其从包层级的最顶端开始。但是在Scala中，包名是相对的，就像内部类的名称一样。内部类通常不会遇到这个问题，因为所有代码都在同一个文件中，由负责该文件的人直接控制。但是包不一样，任何人都可以在任何时候向任何包添加内容。

解决方法之一是使用绝对包名，以_root_开始，例如：

```
val subordinates = new _root_.scala.collection.mutable.ArrayBuffer[Employee]
```

另一种做法是使用“串联式”包语句，在7.3节会详细讲到相关内容。

说明：大多数程序员都使用完整的包名，只是不加_root_前缀。只要大家都避免用scala、java、com、net等名称来命名嵌套的包，这样做就是安全的。

7.3 串联式包语句

包语句可以包含一个“串”，或者说路径区段，例如：

```
package com.horstmann.impatient {
  // com和com.horstmann的成员在这里不可见
  package people {
    class Person
    ...
  }
}
```

这样的包语句限定了可见的成员。现在com.horstmann.collection包不再能够以collection访问到了。

7.4 文件顶部标记法

除了我们到目前为止看到的嵌套标记法，你还可以在文件顶部使用package语句，不带花括号。例如：

```
package com.horstmann.impatient
package people

class Person
...
```

这等同于

```
package com.horstmann.impatient {
  package people {
    class Person
    ...
    // 直到文件末尾
  }
}
```

当文件中的所有代码属于同一个包时（这也是通常的情形），这是更好的做法。

注意，在上面的示例中，文件的所有内容都属于com.horstmann.impatient.people，但com.horstmann.impatient包的内容是可见的，可以被直接引用。

7.5 包对象

包可以包含类、对象和特质，但不能包含函数或变量的定义。很不幸，这是Java虚拟机的局限性。把工具函数或常量添加到包而不是某个Utils对象，这是更加合理的做法。包对象的出现正是为了解决这个局限性。

每个包都可以有一个包对象。你需要在父包中定义它，且名称与子包一样。例如：

```
package com.horstmann.impatient

package object people {
  val defaultName = "John Q. Public"
}

package people {
  class Person {
    var name = defaultName // 从包对象拿到的常量
  }
  ...
}
```

注意defaultName无须加限定词，因为它位于同一个包内。在其他地方，这个常量可以用com.horstmann.impatient.people.defaultName访问到。

在幕后，包对象被编译成带有静态方法和字段的JVM类，名为package.class，位于相应的包下。对应到本例中，就是com.horstmann.impatient.people.package，其中有一个静态字段defaultName。（在JVM中，你可以使用package作为类名。）

对源文件使用相同的命名规则是好习惯，可以把包对象放到文件com/horstmann/impatient/people/package.scala。这样一来，任何人想要对包增加函数或变量的话，都可以很容易地找到对应的包对象。

7.6 包可见性

在Java中，没有被声明为public、private或protected的类成员在包含该类的包中可见。在Scala中，你可以通过修饰符达到同样的效果。以下方法在它自己的包中可见：

```
package com.horstmann.impatient.people

class Person {
  private[people] def description = s"A person with name $name"
  ...
}
```

你可以将可见度延展到上层包：

```
private[impatient] def description = s"A person with name $name"
```

7.7 引入

引入语句让你可以使用更短的名称而不是原来较长的名称。写法如下：

```
import java.awt.Color
```

这样一来，你就可以在代码中写Color而不是java.awt.Color了。

这就是引入语句的唯一目的。如果你不介意长名称，则完全无须使用引入。

你可以引入某个包的全部成员：

```
import java.awt._
```

这和Java中的通配符*一样。（在Scala中，*是合法的标识符。你完全可以定义com.horstmann.*.people这样的包，但请别这样做。）

你也可以引入类或对象的所有成员。

```
import java.awt.Color._
val c1 = RED // Color.RED
val c2 = decode("#ff0000") // Color.decode
```

这就像Java中的import static。Java程序员似乎挺害怕这种写法，但在Scala中这样的引入很常见。

一旦你引入了某个包，就可以用较短的名称访问其子包。例如：

```
import java.awt._

def handler(evt: event.ActionEvent) { // java.awt.event.ActionEvent
  ...
}
```

event包是java.awt包的成员，因此引入语句把它也带进了作用域。

7.8 任何地方都可以声明引入

在Scala中，import语句可以出现在任何地方，而并不仅限于文件顶部。import语句的效果一直延伸到包含该语句的块末尾。例如：

```
class Manager {
  import scala.collection.mutable._
  val subordinates = new ArrayBuffer[Employee]
  ...
}
```

这是一个很有用的特性，尤其是对于通配引入而言。从多个源引入大量名称总是让人担心。事实上，有些Java程序员特别不喜欢通配引入，以至于从不使用这个特性，而是让IDE帮他们生成一长串引入语句。

通过将引入放置在需要这些引入的地方，你可以大幅减少可能的名称冲突。

7.9 重命名和隐藏方法

如果你想要引入包中的几个成员，可以像这样使用选取器（selector）：

```
import java.awt.{Color, Font}
```

选取器语法还允许你重命名选到的成员：

```
import java.util.{HashMap => JavaHashMap}
import scala.collection.mutable._
```

这样一来，`JavaHashMap`就是`java.util.HashMap`，而`HashMap`则对应`scala.collection.mutable.HashMap`。

选取器`HashMap => _`将隐藏某个成员而不是重命名它。这仅在你需要引入其他成员时有用：

```
import java.util.{HashMap => _, _}
import scala.collection.mutable._
```

现在，`HashMap`无二义地指向`scala.collection.mutable.HashMap`，因为`java.util.HashMap`被隐藏起来了。

7.10 隐式引入

每个Scala程序都隐式地以如下代码开始：

```
import java.lang._
import scala._
import Predef._
```

和Java程序一样，`java.lang`总是被引入。接下来，`scala`包也被引入，不过方式有些特殊。不像所有其他引入，这个引入被允许可以覆盖之前的引入。举例来说，`scala.StringBuilder`会覆盖`java.lang.StringBuilder`而不是与之冲突。

最后，`Predef`对象被引入。它包含了常用的类型、隐式转换和工具方法。（这些同样可以被放置在`scala`包对象中，不过`Predef`在Scala还没有加入包对象之前就存在了。）

由于`scala`包默认被引入，因此对于那些以`scala`开头的包，你完全无须写全这个前缀。例如：

```
collection.mutable.HashMap
```

上述代码和以下写法一样好：

```
scala.collection.mutable.HashMap
```

练习

1. 编写示例程序，展示为什么

   ```
   package com.horstmann.impatient
   ```

   不同于

   ```
   package com
   package horstmann
   package impatient
   ```

2. 编写一段让你的Scala朋友们感到困惑的代码，使用一个不在顶部的com包。
3. 编写一个包random，加入函数nextInt(): Int、nextDouble(): Double和setSeed(seed: Int): Unit。生成随机数的算法采用线性同余生成器：

   后值 = (前值 × $a + b$) mod 2^n

   其中，$a = 1664525$，$b = 1013904223$，$n = 32$，前值的初始值为seed。
4. 在你看来，Scala的设计者为什么要提供package object语法而不是简单地让你将函数和变量添加到包中呢？
5. private[com] def giveRaise(rate: Double)的含义是什么？有用吗？
6. 编写一段程序，将Java哈希映射中的所有元素复制到Scala哈希映射。用引入语句重命名这两个类。
7. 在前一个练习中，将所有引入语句移动到尽可能小的作用域里。
8. 以下代码的作用是什么？这是一个好主意吗？

   ```
   import java._
   import javax._
   ```

9. 编写一段程序，引入java.lang.System类，从user.name系统属性读取用户名，从StdIn对象读取一个密码。如果密码不是"secret"，则在标准错误流中打印一个消息；如果密码是"secret"，则在标准输出流中打印一个问候消息。不要使用任何其他引入，也不要使用任何限定词（带句点的那种）。
10. 除了StringBuilder，还有哪些java.lang的成员是被scala包覆盖的？

第8章　继承

本章的主题 A1

Chapter 8

在本章中，你将了解到Scala的继承与Java和C++最显著的不同。

本章的要点包括：

- extends、final关键字和Java中相同。
- 重写方法时必须用override。
- 只有主构造器可以调用超类的主构造器。
- 你可以重写字段。

在本章中，我们只探讨类继承自另一个类的情况。继承特质（trait）的内容参见第10章——特质是将Java接口变得更为通用的Scala概念。

8.1 扩展类

Scala扩展类的方式和Java一样——使用extends关键字：

```
class Employee extends Person {
  var salary = 0.0
  ...
}
```

和Java一样，你在定义中给出子类需要而超类没有的字段和方法，或者重写超类的方法。

和Java一样，你可以将类声明为final，这样它就不能被扩展。你还可以将单个方法或字段声明为final，以确保它们不能被重写（参见8.6节）。注意这和Java不同，在Java中，final字段是不可变的，类似于Scala中的val。

8.2 重写方法

在Scala中重写一个非抽象方法必须使用override修饰符（参见8.8节）。例如：

```
class Person {
  ...
  override def toString = s"${getClass.getName}[name=$name]"
}
```

override修饰符可以在多个常见情况下给出有用的错误提示，包括：

- 当你拼错了要重写的方法名。
- 当你不小心在新方法中使用了错误的参数类型。
- 当你在超类中引入了新的方法，而这个新的方法与子类的方法相抵触。

说明：最后一种情况是易违约基类问题的体现，超类的修改无法在不检查所有子类的前提下被验证。假定程序员Alice定义了一个Person类，在Alice完全不知情的情况下，程序员Bob定义了一个子类Student，和一个名为id的方法，返回学生ID。后来，Alice也定义了一个id方法，对应该人员的全国范围的ID。当Bob拿到这个修改后，Bob的程序可能会出问题（但在Alice的测试案例中不会有问题），因为Student对象返回的不再是预期的那个ID了。

在Java中，通常建议的“解决”方法是将所有方法声明为final——除非它们显式地被设计用于重写。这在理论上没有问题，但当程序员连最无伤大雅的修改都不能做时（比如增加日志输出），他们会很恼火。这也是为什么Java最终加入了可选的@Overrides注解。

在Scala中调用超类的方法和Java完全一样，使用super关键字：

```
class Employee extends Person {
  ...
```

```
  override def toString = s"${super.toString}[salary=$salary]"
}
```

super.toString会调用超类的toString方法——亦即Person.toString。

8.3 类型检查和转换

要测试某个对象是否属于某个给定的类，可以用isInstanceOf方法。如果测试成功，你就可以用asInstanceOf方法将引用转换为子类的引用：

```
if (p.isInstanceOf[Employee]) {
  val s = p.asInstanceOf[Employee] // s的类型为Employee
  ...
}
```

如果p指向的是Employee类及其子类（比如Manager）的对象，则p.isInstanceOf[Employee]将会成功。

如果p是null，则p.isInstanceOf[Employee]将返回false，且p.asInstanceOf[Employee]将返回null。

如果p不是一个Employee，则p.asInstanceOf[Employee]将抛出异常。

如果你想要测试p指向的是一个Employee对象但又不是其子类的话，可以用：

```
if (p.getClass == classOf[Employee])
```

classOf方法定义在scala.Predef对象中，因此会被自动引入。

表8-1显示了Scala和Java的类型检查和转换的对应关系。

表8-1 Scala和Java中的类型检查和转换

Scala	Java
obj.isInstanceOf[Cl]	obj instanceof Cl
obj.asInstanceOf[Cl]	(Cl) obj
classOf[Cl]	Cl.class

不过，与类型检查和转换相比，模式匹配通常是更好的选择。例如：

```
p match {
  case s: Employee => ... // 将s作为Employee处理
```

```
  case _ => ... // p不是Employee
}
```

关于模式匹配的更多内容可参见第14章。

8.4 受保护字段和方法

和Java或C++一样，你可以将字段或方法声明为`protected`。这样的成员可以被任何子类访问，但不能从其他位置看到。

与Java不同，`protected`的成员对于类所属的包而言，是不可见的。（如果你需要这样一种可见性，则可以用包修饰符——参见第7章。）

Scala还提供了一个`protected[this]`的变体，将访问权限定在当前的对象，这类似于第5章介绍过的`private[this]`。

8.5 超类的构造

你应该还记得在第5章我们曾提到，类有一个主构造器和任意数量的辅助构造器，而每个辅助构造器都必须以对先前定义的辅助构造器或主构造器的调用开始。

这样做带来的后果是，辅助构造器永远都不可能直接调用超类的构造器。

子类的辅助构造器最终都会调用主构造器。只有主构造器可以调用超类的构造器。

还记得吧，主构造器是和类定义交织在一起的。调用超类构造器的方式也同样交织在一起。这里有一个示例：

```
class Employee(name: String, age: Int, val salary : Double) extends
  Person(name, age)
```

这段代码定义了一个子类：

```
class Employee(name: String, age: Int, val salary : Double) extends
  Person(name, age)
```

和一个调用超类构造器的主构造器：

```
class Employee(name: String, age: Int, val salary : Double) extends
  Person(name, age)
```

将类和构造器交织在一起可以给我们带来更精简的代码。把主构造器的参数当作类的参数可能更容易理解。本例中的Employee类有三个参数：name、age和salary，其中的两个被"传递"到了超类。

在Java中，与上述定义等效的代码就要啰唆得多：

```
public class Employee extends Person { // Java
  private double salary;
  public Employee(String name, int age, double salary) {
    super(name, age);
    this.salary = salary;
  }
}
```

说明：在Scala的构造器中，你不能调用super(params)，不像Java，可以用这种方式来调用超类构造器。

Scala类可以扩展Java类。在这种情况下，它的主构造器必须调用Java超类的某一个构造方法。例如：

```
class PathWriter(p: Path, cs: Charset) extends
  java.io.PrintWriter(Files.newBufferedWriter(p, cs))
```

8.6 重写字段

你应该还记得在第5章我们介绍过，Scala的字段由一个私有字段和取值器/改值器方法构成。你可以用另一个同名的val字段重写一个val（或不带参数的def）。子类有一个私有字段和一个公有的getter方法，而这个getter方法重写了超类的getter方法。

例如：

```
class Person(val name: String) {
  override def toString = s"${getClass.getName}[name=$name]"
}

class SecretAgent(codename: String) extends Person(codename) {
```

```
  override val name = "secret" // 不想暴露真名……
  override val toString = "secret" // ……或类名
}
```

该示例展示了工作机制，但比较做作。更常见的案例是用val重写抽象的def，就像这样：

```
abstract class Person { // 关于抽象类的内容参见8.8节
  def id: Int // 每个人都有一个以某种方式计算出来的ID
  ...
}

class Student(override val id: Int) extends Person
  // 学生ID通过构造器输入
```

注意如下限制（同时参照表8-2）：

- def只能重写另一个def。
- val只能重写另一个val或不带参数的def。
- var只能重写另一个抽象的var（参见8.8节）。

表8-2 重写val、def和var

	用val	用def	用var
重写val	• 子类有一个私有字段（与超类的错误字段名字相同——这没问题） • getter方法重写超类的getter方法	错误	错误
重写def	• 子类有一个私有字段 • getter方法重写超类的方法	同Java	var可以重写getter/setter对。只重写getter会报错
重写var	错误	错误	仅当超类的var是抽象的才可以（参见8.8节）

说明： 在第5章中我曾经说过，用var没有问题，因为你随时都可以用getter/setter对来重新实现。不过，扩展你的类的程序员就没得选了。他们不能用getter/setter对重写var。换句话说，如果你给的是var，所有的子类都只能被动接受。

8.7 匿名子类

和Java一样，你可以通过包含带有定义或重写的代码块的方式创建一个匿名的子类，比如：

```
val alien = new Person("Fred") {
  def greeting = "Greetings, Earthling! My name is Fred."
}
```

从技术上讲，这将会创建出一个结构类型（structural type）的对象——详情参见第19章。该类型标记为Person{def greeting: String}。你可以用这个类型作为参数类型的定义：

```
def meet(p: Person{def greeting: String}) {
  println(s"${p.name} says: ${p.greeting}")
}
```

8.8 抽象类

和Java一样，你可以用abstract关键字来标记不能被实例化的类，通常这是因为它的某个或某几个方法没有被完整定义。例如：

```
abstract class Person(val name: String) {
  def id: Int // 没有方法体——这是一个抽象方法
}
```

在这里我们说每个人都有一个ID，不过我们并不知道如何计算它。每个具体的 Person子类都需要给出id方法。在Scala中，不像Java，你无须对抽象方法使用abstract关键字，你只是省去其方法体。但和Java一样，如果某个类至少存在一个抽象方法，则该类必须声明为abstract。

在子类中重写超类的抽象方法时，你无须使用override关键字。

```
class Employee(name: String) extends Person(name) {
  def id = name.hashCode // 无须使用override关键字
}
```

8.9 抽象字段

除抽象方法外，类还可以拥有抽象字段。抽象字段就是一个没有初始值的字段。例如：

```
abstract class Person {
  val id: Int
    // 没有初始化——这是一个带有抽象的getter方法的抽象字段
  var name: String
    // 另一个抽象字段，带有抽象的getter和setter方法
}
```

该类为id和name字段定义了抽象的getter方法，为name字段定义了抽象的setter方法。生成的Java类并不带字段。

具体的子类必须提供具体的字段，例如：

```
class Employee(val id: Int) extends Person { // 子类有具体的id属性
  var name = "" // 和具体的name属性
}
```

和方法一样，在子类中重写超类中的抽象字段时，不需要override关键字。

你可以随时用匿名类型来定制抽象字段：

```
val fred = new Person {
  val id = 1729
  var name = "Fred"
}
```

8.10 构造顺序和提前定义 L3

当你在子类中重写val并且在超类的构造器中使用该值的话，其行为并不那么显而易见。

有这样一个示例。动物可以感知其周围的环境。为简单起见，我们假定动物生活在一维的世界里，而感知数据以整数表示。动物在默认情况下可以看到前方10个单位那么远。

```
class Creature {
  val range: Int = 10
  val env: Array[Int] = new Array[Int](range)
}
```

不过蚂蚁是近视的：

```
class Ant extends Creature {
  override val range = 2
}
```

我们现在面临一个问题：range值在超类的构造器中用到了，而超类的构造器先于子类的构造器运行。确切地说，事情发生的过程是这样的：

1. Ant的构造器在做它自己的构造之前，调用Creature的构造器。
2. Creature的构造器将它的range字段设为10。
3. Creature的构造器为了初始化env数组，调用range()取值器。
4. 该方法被重写以交出（还未初始化的）Ant类的range字段值。
5. range方法返回0。（这是对象被分配空间时所有整型字段的初始值。）
6. env被设为长度为0的数组。
7. Ant构造器继续执行，将其range字段设为2。

尽管range字段看上去可能是10或者2，但env被设成了长度为0的数组。这里的教训是你在构造器内不应该依赖val的值。

在Java中，当你在超类的构造方法中调用方法时，会遇到相似的问题。被调用的方法可能被子类重写，因此它可能并不会按照你的预期行事。（事实上，这就是我们问题的核心所在——range表达式调用了getter方法。）

这里有如下几种解决方式：

- 将val声明为final。这样很安全但并不灵活。
- 在超类中将val声明为lazy（参见第2章）。这样很安全但并不高效。
- 在子类中使用*提前定义语法*——见下面的说明。

所谓的“提前定义”语法让你可以在超类的构造器执行*之前*初始化子类的val字段。这个语法简直难看到家了，估计没人会喜欢。你需要将val字段放在位于extends关键字之后的一个块中，就像这样：

```
class Ant extends { override val range = 2 } with Creature
```

注意超类的类名前的with关键字。这个关键字通常用于指定用到的特质——参见第10章。

提前定义的等号右侧只能引用之前已有的提前定义，而不能使用类中的其他字段或方法。

提示：你可以用-Xcheckinit编译器标志来调试构造顺序的问题。这个标志会生成相应的代码，以便在有未初始化的字段被访问的时候抛出异常（而不是交出默认值）。

说明：构造顺序问题的根本原因来自Java语言的一个设计决定——即允许在超类的构造方法中调用子类的方法。在C++中，对象的虚函数表的指针在超类构造方法执行的时候被设置成指向超类的虚函数表。之后，才指向子类的虚函数表。因此，在C++中，我们没有办法通过重写修改构造方法的行为。Java设计者们觉得这个细微差别是多余的，Java虚拟机因此在构造过程中并不调整虚函数表。

8.11 Scala类继承关系

图8-1展示了Scala的类继承关系。与Java中基本类型相对应的类，以及Unit类型，都扩展自AnyVal。你也可以定义你自己的值类（value class）——参见8.13节。

所有其他类都是AnyRef的子类。当编译到Java虚拟机时，AnyRef是java.lang.Object类的同义词。

AnyVal和AnyRef都扩展自Any类，而Any类是整个类继承关系中的根节点。

Any类定义了isInstanceOf、asInstanceOf方法，以及用于相等性判断和哈希码的方法，我们将在8.12节中介绍。

AnyVal并没有添加任何方法。它只是所有值类型的一个标记。

AnyRef类追加了来自Object类的监视方法wait和notify/notifyAll。其同时提供了一个带函数参数的方法synchronized。这个方法等同于Java中的synchronized

块。例如：

```
account.synchronized { account.balance += amount }
```

说明：和Java一样，我建议你远离wait、notify和synchronized——除非你有充分的理由使用这些关键字而不是更高层次的并发结构。

所有的Scala类都实现ScalaObject这个标记接口，这个接口没有定义任何方法。

在继承层级的另一端是Nothing和Null类型。

Null类型的唯一实例是null值。你可以将null赋值给任何引用，但不能赋值给值类型的变量。举例来说，我们不能将Int设为null。这比Java更好，在Java中我们可以将Integer包装类引用设为null。

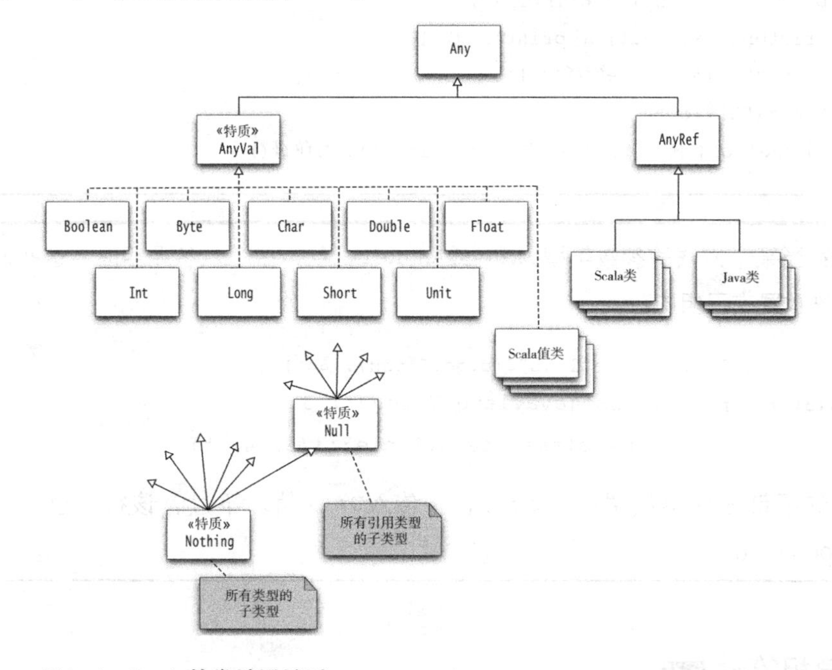

图8-1 Scala的类继承关系

Nothing类型没有实例。这个类型对于泛型结构而言时常是有用的。举例来说，空列表Nil的类型是List[Nothing]，它是List[T]的子类型，T可以是任何类。

???方法被声明为返回类型Nothing。它从不返回，而是在被调用时抛出

NotImplementedError。你可以将它用于你需要实现的那些方法：

```
class Person(val name: String) {
  def description = ???
}
```

Person类能够通过编译，因为Nothing是所有类型的子类型。你已经可以开始用这个类，只要你不调用description方法就没问题。

注意： Nothing类型和Java或C++中的void完全是两个概念。在Scala中，void由Unit类型表示，该类型只有一个值，那就是()。注意Unit并不是任何其他类型的超类型。但是，编译器依然允许任何值被替换成()。考虑如下代码：

```
def printAny(x: Any) { println(x) }
def printUnit(x: Unit) { println(x) }
printAny("Hello") // 将打印Hello
printUnit("Hello")
  // 将"Hello"替换成()，然后调用printUnit(())，打印出()
```

注意： 当某个方法的参数类型为Any或AnyRef，且用多个入参调用用时，这些入参会被放置在元组中：

```
def show(o: Any) { println(s"${o.getClass}: $o") }
show(3) // 将打印 class java.lang.Integer: 3
show(3, 4, 5) // 将打印 class scala.Tuple3: (3, 4, 5)
```

如果你不带任何参数调用show()，将传入Unit值。不过，该行为已过时（deprecated）。

8.12 对象相等性 L1

在Scala中，AnyRef的eq方法检查两个引用是否指向同一个对象。AnyRef的equals方法调用eq。当你实现类的时候，应该考虑重写equals方法，以提供一个自然的、与你的实际情况相称的相等性判断。

举例来说，如果你定义class Item(val description: String, val price: Double)，则可能会认为当两个物件有着相同描述和价格的时候它们就是相等的。以下是相应的equals方法定义：

```
final override def equals(other: Any) = {
  other.isInstanceOf[Item] && {
    val that = other.asInstanceOf[Item]
    description == that.description && price == that.price
  }
}
```

或者更好的做法，用模式匹配：

```
final override def equals(other: Any) = other match {
  case that: Item => description == that.description && price == that.price
  case _ => false
}
```

说明：我们将方法定义为final，是因为通常而言在子类中正确地扩展相等性判断非常困难。问题出在对称性上。你想让a.equals(b)和b.equals(a)的结果相同，尽管b属于a的子类。

注意：请确保定义的equals方法参数类型为Any。以下代码是错误的：

```
final def equals(other: Item) = { ... } // 别这样做!
```

这是另一个完全不相关的方法，并没有重写AnyRef的equals方法。

同样地，不要提供==方法。你不能重写定义在AnyRef的==方法，不过你可能会不小心以Item参数给出了不同的重载版本：

```
final def ==(other: Item) = { ... } // 别这样做!
```

当你定义equals时，记得同时也定义hashCode。在计算哈希码时，只应使用那些你用来做相等性判断的字段，以便相等的对象拥有相同的哈希码。拿Item这个示例来说，可以将两个字段的哈希码结合起来：

```
final override def hashCode = (description, price).##
```

##方法是hashCode的null值安全的版本，对null值交出0而不是抛出异常。

提示：你无须觉得重写equals和hashCode是义务。对很多类而言，将不同的对象看作不相等是很正常的。举例来说，如果你有两个不同的输入流或者单选按钮，则完全无须考虑它们是否相等的问题。

在应用程序中，你通常并不直接调用eq或equals，只要用==操作符就好。对于引用类型而言，它会在做完必要的null检查后调用equals方法。

8.13　值类 L2

某些类只有单个字段，比如对基本类型的包装类和那些Scala用来给已有类型添加方法的“富（rich）”包装类或“操作（ops）”包装类。对只持有一个值的对象分配空间并不是高效的做法。值类（value class）允许你定义“内联（inline）”的类，这样一来对应字段的值就可以直接被使用。

值类具备如下性质：

1. 扩展自AnyVal。
2. 主构造器有且只有一个参数，该参数是一个val，且没有方法体。
3. 没有其他字段或构造器。
4. 自动提供的equals与hashCode方法比较和散列（hash）背后对应的那个值。

作为示例，我们来定义一个包装了“军事时间（military time）”值的值类：

```
class MilTime(val time: Int) extends AnyVal {
  def minutes = time % 100
  def hours = time / 100
  override def toString = f"$time04d"
}
```

当你构建一个new MilTime(1230)时，编译器并不会分配一个新的对象。它将使用背后对应的值，即整数1230。你可以对该值调用minutes和hours方法，但同样重要的是，你不能调用Int的方法。

```
MilTime lunch = new MilTime(1230)
println(lunch.hours) // OK
println(lunch * 2) // 错误
```

为确保正确的初始化，将主构造器做成私有的，并在伴生对象中提供一个工厂方法：

```
class MilTime private(val time: Int) extends AnyVal ...
object MilTime {
  def apply(t: Int) =
    if (0 <= t && t < 2400 && t % 100 < 60) new MilTime(t)
    else throw new IllegalArgumentException
}
```

注意：在某些编程语言中，值类型指的是那些在运行时栈上分配的类型，包括带有多个字段的结构类型。在Scala中，值类只能有一个字段。

说明：如果你想要让值类实现某个特质（参见第10章），对应的特质必须显式地扩展Any，并且不能有字段。这样的特质被称为“**全称特质**（universal trait）”。

提示：值类型的设计是为了做高效的隐式转换，不过你可以用它们来实现自己的无额外开销的“小微类型（tiny types）”。例如，对于`class Book(val author: String, val title: String)`这样的类定义，你可以将每个字符串都包装成单独的值类：`Author`和`Title`。当类定义为`class Book(val author: Author, val title: Title)`时，构造Book对象的程序员就不会不小心搞反了作者和书名的位置。

练习

1. 扩展如下的`BankAccount`类，新类`CheckingAccount`对每次存款和取款都收取

1美元的手续费。

```
class BankAccount(initialBalance: Double) {
  private var balance = initialBalance
  def currentBalance = balance
  def deposit(amount: Double) = { balance += amount; balance }
  def withdraw(amount: Double) = { balance -= amount; balance }
}
```

2. 扩展前一个练习的BankAccount类，新类SavingsAccount每个月都有利息产生（earnMonthlyInterest方法被调用），并且有每月三次免手续费的存款或取款。在earnMonthlyInterest方法中重置交易计数。
3. 翻开你喜欢的Java或C++教科书，一定会找到用来讲解继承层级的示例，这些示例可能是员工、宠物、图形或类似的东西。用Scala来实现这个示例。
4. 定义一个抽象类Item，加入方法price和description。SimpleItem是一个在构造器中给出价格和描述的物件。利用val可以重写def这个事实。Bundle是一个可以包含其他物件的物件。其价格是打包中所有物件的价格之和。同时提供一个将物件添加到打包中的机制，以及一个合适的description方法。
5. 设计一个Point类，其x和y坐标可以通过构造器提供。提供一个子类LabeledPoint，其构造器接受一个标签值和x、y坐标，比如：

```
new LabeledPoint("Black Thursday", 1929, 230.07)
```

6. 定义一个抽象类Shape、一个抽象方法centerPoint，以及该抽象类的子类Rectangle和Circle。为子类提供合适的构造器，并重写centerPoint方法。
7. 提供一个Square类，其扩展自java.awt.Rectangle并且有三个构造器：一个以给定的端点和宽度构造正方形，一个以(0, 0)为端点和给定的宽度构造正方形，还有一个以(0, 0)为端点、0为宽度构造正方形。
8. 编译8.6节中的Person和SecretAgent类并使用javap分析类文件。总共有多少个name字段？总共有多少个对应name字段的getter方法？它们分别取什么值？（提示：可以用-c和-private选项。）
9. 在8.10节的Creature类中，将val range替换成一个def。如果你在Ant子类中也用def的话会有什么效果?如果在子类中使用val又会有什么效果？为什么？

10. 文件scala/collection/immutable/Stack.scala包含如下定义：

```
class Stack[A] protected (protected val elems: List[A])
```

请解释protected关键字的含义。（提示：回顾我们在第5章中关于私有构造器的讨论。）

11. 定义值类Point，将整数的*x*和*y*坐标打包成一个Long（你应该将这个Long做成私有的）。（译者注：在64位的Long中，两个整数各占32位。）

第9章　文件和正则表达式

本章的主题 A1

Chapter 9

在本章中，你将学习如何执行常用的文件处理任务，比如从文件中读取所有行或单词，或者读取包含数字的文件等。

本章的要点包括：

- `Source.fromFile(...).getLines.toArray`将交出文件的所有行。
- `Source.fromFile(...).mkString`将以字符串形式交出文件内容。
- 将字符串转换为数字，可以用`toInt`或`toDouble`方法。
- 使用Java的`PrintWriter`来写入文本文件。
- `"正则".r`是一个`Regex`对象。
- 如果你的正则表达式包含反斜杠或引号的话，用`"""..."""`。
- 如果正则模式包含分组，你可以用如下语法来提取它们的内容`for (regex(变量1, …, 变量n) <- 字符串)`。

9.1 读取行

要读取文件中的所有行，可以调用`scala.io.Source`对象的`getLines`方法：

```
import scala.io.Source
val source = Source.fromFile("myfile.txt", "UTF-8")
```

```
  // 第一个参数可以是字符串或者是java.io.File
  // 如果你知道文件使用的是当前平台默认的字符编码，则可以略去第二个字符编码参数
val lineIterator = source.getLines
```

结果是一个迭代器（参见第13章）。你可以用它来逐条处理这些行：

```
for (l <- lineIterator) 处理 l
```

或者你也可以对迭代器应用toArray或toBuffer方法，将这些行放到数组或数组缓冲当中：

```
val lines = source.getLines.toArray
```

有时候，你只想把整个文件读取成一个字符串。那就更简单了：

```
val contents = source.mkString
```

注意：在用完Source对象后，记得调用close。

9.2 读取字符

要从文件中读取单个字符，你可以直接把Source对象当作迭代器，因为Source类扩展自Iterator[Char]：

```
for (c <- source) 处理 c
```

如果你想查看某个字符但又不处理掉它的话（类似于C++中的istream::peek或Java中的PushbackInputStreamReader），可调用source对象的buffered方法。这样你就可以用head方法查看下一个字符，但同时并不把它当作已处理的字符。

```
val source = Source.fromFile("myfile.txt", "UTF-8")
val iter = source.buffered
while (iter.hasNext) {
  if (iter.head 是符合预期的)
    处理 iter.next
  else
    ...
```

```
}
source.close()
```

或者，如果文件不是很大，你也可以把它读取成一个字符串进行处理：

```
val contents = source.mkString
```

9.3 读取词法单元和数字

这里有一个快而脏的方式来读取源文件中所有以空格隔开的词法单元：

```
val tokens = source.mkString.split("\\s+")
```

而要把字符串转换成数字，可以用toInt或toDouble方法。举例来说，如果你有一个包含了浮点数的文件，则可以将它们统统读取到数组中：

```
val numbers = for (w <- tokens) yield w.toDouble
```

或者

```
val numbers = tokens.map(_.toDouble)
```

提示：记住——你总是可以使用java.util.Scanner类来处理同时包含文本和数字的文件。

最后，注意你也可以从scala.io.StdIn读取数字：

```
print("How old are you? ")
val age = Scala.io.readInt()
  // 或者使用readDouble或readLong
```

注意：这些方法假定下一行输入包含单个数字，且前后都没有空格；否则，会报 NumberFormatException。

9.4 从URL或其他源读取

Source对象有读取非文件源的方法：

```
val source1 = Source.fromURL("http://horstmann.com", "UTF-8")
val source2 = Source.fromString("Hello, World!")
  // 从给定的字符串读取——对调试很有用
val source3 = Source.stdin
  // 从标准输入读取
```

注意：当你从URL读取时，你需要事先知道字符集，可能是通过HTTP头获取。更多信息参见www.w3.org/International/O-charset。

9.5 读取二进制文件

Scala并没有提供读取二进制文件的方法。你需要使用Java类库。以下展示了如何将文件读取成字节数组：

```
val file = new File(filename)
val in = new FileInputStream(file)
val bytes = new Array[Byte](file.length.toInt)
in.read(bytes)
in.close()
```

9.6 写入文本文件

Scala没有内建的对写入文件的支持。要写入文本文件，可使用java.io.PrintWriter，例如：

```
val out = new PrintWriter("numbers.txt")
for (i <- 1 to 100) out.println(i)
out.close()
```

所有的逻辑都像我们预期的那样（除了printf方法）。当你传递数字给printf时，编译器会抱怨说你需要将它转换成AnyRef：

```
out.printf("%6d %10.2f",
  quantity.asInstanceOf[AnyRef], price.asInstanceOf[AnyRef]) // 啊!
```

换一种方式，你可以使用f字符串插值器：

```
out.print(f"$quantity%6d $price%10.2f")
```

9.7 访问目录

Scala并没有“正式的”用来访问某个目录中所有文件或者递归遍历所有目录的类。

最简单的方式是使用`java.nio.file`包里的`Files.list`和`Files.walk`方法。`list`方法只访问目录的直接后代，而`walk`方法访问所有后代。这些方法交出的是Java的`Path`对象流。你可以这样使用这些方法：

```
import java.nio.file._
String dirname = "/home/cay/scala-impatient/code"
val entries = Files.walk(Paths.get(dirname)) // 或者 Files.list
try {
  entries.forEach(p => Process the path p)
} finally {
  entries.close()
}
```

9.8 序列化

在Java中，我们用序列化来将对象传输到其他虚拟机，或临时存储。(对于长期存储而言，序列化可能会比较笨拙——随着类的演进更新，处理不同版本间的对象是一件很烦琐的事。)

以下是如何在Java和Scala中声明一个可被序列化的类。

Java：

```
public class Person implements java.io.Serializable {
  private static final long serialVersionUID = 42L;
  ...
}
```

Scala：

```
@SerialVersionUID(42L) class Person extends Serializable
```

Serializable特质定义在scala包中，因此无须显式引入。

说明：如果你能接受默认的ID的话，也可略去@SerialVersionUID注解。

你可以按照常规的方式对对象进行序列化和反序列化：

```
val fred = new Person(...)
import java.io._
val out = new ObjectOutputStream(new FileOutputStream("/tmp/test.obj"))
out.writeObject(fred)
out.close()
val in = new ObjectInputStream(new FileInputStream("/tmp/test.obj"))
val savedFred = in.readObject().asInstanceOf[Person]
```

Scala集合类都是可序列化的，因此你可以把它们用作你的可序列化类的成员：

```
class Person extends Serializable {
  private val friends = new ArrayBuffer[Person]
    // OK——ArrayBuffer是可序列化的……
  ...
}
```

9.9 进程控制 A2

按照传统习惯，程序员使用shell脚本执行日常处理任务，比如把文件从一处移动到另一处，或者将一组文件拼接在一起。shell语言使得我们可以很容易地指定所需要的文件子集，以及将某个程序的输出以管道方式作为另一个程序的输入。话虽如此，但从编程语言的角度看，大多数shell语言并不是那么完美。

Scala的设计目标之一就是能在简单的脚本化任务和大型程序之间保持良好的伸缩性。scala.sys.process包提供了用于与shell程序交互的工具。你可以用Scala编写shell脚本，同时充分利用Scala提供的所有威力。

如下是一个简单的示例：

```
import scala.sys.process._
"ls -al ..".!
```

这样做的结果是，ls -al .. 命令被执行，显示上层目录的所有文件。执行结果被打印到标准输出。

scala.sys.process包包含了一个从字符串到ProcessBuilder对象的隐式转换。!操作符执行的就是这个ProcessBuilder对象。

!操作符返回的结果是被执行程序的返回值：程序成功执行的话就是0，否则就是表示错误的非0值。

如果你使用!!而不是!的话，输出会以字符串的形式返回：

```
val result = "ls -al /".!!
```

说明：!和!!操作符最初的打算是被当作后置操作符来使用，而不是用方法调用的语法来写：

```
"ls -al /" !!
```

不过，正如你在第11章看到的那样，后置语法被废弃了，因为它可能会引发解析错误。

你可以将一个程序的输出以管道形式作为输入传送到另一个程序，做法是用#|操作符：

```
("ls -al /" #| "grep u").!
```

说明：正如你看到的那样，进程类库使用的是底层操作系统的命令。在本例中，我用的是bash命令，因为bash在Linux、Mac OS X和Windows中都能找到。

要把输出重定向到文件，使用#>操作符：

```
("ls -al /" #> new File("filelist.txt")).!
```

要追加到文件末尾而不是从头覆盖的话，使用#>>操作符：

```
("ls -al /etc" #>> new File("filelist.txt")).!
```

要把某个文件的内容作为输入，使用#<：

```
("grep u" #< new File("filelist.txt")).!
```

你还可以从URL重定向输入：

```
("grep Scala" #< new URL("http://horstmann.com/index.html")).!
```

你可以将进程组合在一起使用，比如p #&& q（如果p成功，则执行q）和p #|| q（如果p不成功，则执行q）。不过Scala可比shell的流转控制强多了，为何不用Scala实现流转控制呢？

说明：进程库使用人们熟悉的shell操作符 | > >> < && ||，只不过给它们加上了#前缀，因此它们的优先级是相同的。

如果你需要在不同的目录下运行进程，或者使用不同的环境变量，可用Process对象的apply方法来构造ProcessBuilder，给出命令和起始目录，以及一串(名称, 值)对偶来设置环境变量：

```
val p = Process(cmd, new File(dirName), ("LANG", "en_US"))
```

然后用!操作符执行它：

```
("echo 42" #| p).!
```

说明：如果你想从UNIX/Linux/Mac OS环境使用Scala来编写shell脚本，可以像这样来开始自己的脚本文件：

```
#!/bin/sh
exec scala "$0" "$@"
!#
Scala命令
```

说明： 你也可以从Java程序通过javax.script包的脚本集成功能来运行Scala脚本。可以这样来获取脚本引擎：

```
ScriptEngine engine =
  new ScriptEngineManager().getScriptEngineByName("scala")
```

9.10 正则表达式

当你在处理输入的时候，经常会想要用正则表达式来分析它。scala.util.matching.Regex类会让这件事情变得简单。要构造一个Regex对象，用String类的r方法即可：

```
val numPattern = "[0-9]+".r
```

如果正则表达式包含反斜杠或引号的话，那么最好使用“原始”字符串语法"""..."""。例如：

```
val wsnumwsPattern = """\s+[0-9]+\s+""".r
  // 和"\\s+[0-9]+\\s+".r相比要更易读一些
```

findAllIn方法返回遍历所有匹配项的迭代器。你可以在for循环中使用它：

```
for (matchString <- numPattern.findAllIn("99 bottles, 98 bottles"))
  println(matchString)
```

或者将迭代器转成数组：

```
val matches = numPattern.findAllIn("99 bottles, 98 bottles").toArray
  // Array("99", "98")
```

要找到字符串中的首个匹配项，可使用findFirstIn。你得到的结果是一个Option[String]。（Option类的内容参见第14章。）

```
val firstMatch = wsnumwsPattern.findFirstIn("99 bottles, 98 bottles")
  // Some(" 98 ")
```

说明： 并没有方法可以测试某个字符串是否整个与正则表达式匹配，不过你可以添加行首尾的锚定（anchor）：

```
val anchoredPattern = "^[0-9]+$".r
if (anchoredPattern.findFirstIn(str) != None) ...
```

或者使用String.matches方法：

```
if (str.matches("[0-9]+")) ...
```

你可以替换首个匹配、所有匹配或某些匹配。对于最后一种情形，提供一个Match => Option[String]的函数。Match类有关于具体匹配的信息（细节参考下一节）。如果该函数返回Some(str)，那么这个匹配就会被替换成str。

```
numPattern.replaceFirstIn("99 bottles, 98 bottles", "XX")
  // "XX bottles, 98 bottles"
numPattern.replaceAllIn("99 bottles, 98 bottles", "XX")
  // "XX bottles, XX bottles"
numPattern.replaceSomeIn("99 bottles, 98 bottles",
  m => if (m.matched.toInt % 2 == 0) Some("XX") else None)
  // "99 bottles, XX bottles"
```

这里有一个对replaceSomeIn方法更有用的应用场景。我们想用一组参数依次替换某个消息字符串中的占位符$0、$1等。我们可以制作一个对下标分组的模式，并将分组映射到序列元素。

```
val varPattern = """\$[0-9]+""".r
def format(message: String, vars: String*) =
  varPattern.replaceSomeIn(message, m => vars.lift(
    m.matched.tail.toInt))
format("At $1, there was $2 on $0.",
  "planet 7", "12:30 pm", "a disturbance of the force")
  // At 12:30 pm, there was a disturbance of the force on planet 7.
```

这里的lift方法将Seq[String]转换成函数。表达式vars.lift(i)在i是合法下标时求值得到Some(vars(i)，而在i不是合法下标时求值得到None。

9.11 正则表达式组

分组可以让我们方便地获取正则表达式的子表达式。在你想要提取的子表达式两侧加上圆括号，例如：

```
val numitemPattern = "([0-9]+) ([a-z]+)".r
```

你可以从Match对象中获取分组的内容。findAllMatchIn和findFirstMatchIn方法类似于findAllIn和findFirstIn，其分别返回Iterator[Match]或Option[Match]。

如果m是一个Match对象，那么m.matched就是整个匹配的字符串，而m.group(i)是第i个分组。这些子串在原字符串的起始和终止下标分别是m.start、m.end、m.start(i)和m.end(i)。

```
for (m <- numitemPattern.findAllMatchIn("99 bottles, 98 bottles"))
  println(m.group(1)) // 打印99和98
```

注意：Match类有方法可以用名称来获取分组。不过，这对于正则表达式当中的组名就无能为力了，比如"(?<num>[0-9]+)(?<item>[a-z]+)".r。我们需要给r方法（显式）提供这些名称："([0-9]+)([a-z]+)".r("num", "item")。

还有一种方便的手段可以提取匹配项。可以把正则表达式对象当作“提取器”（参见第14章）来使用，就像这样：

```
val numitemPattern(num, item) = "99 bottles"
  // 将num设为"99"，item设为"bottles"
```

当你把模式（正则）当作提取器时，它必须要能匹配你打算提取匹配项的字符串，且对于每个变量都要有对应的组。

如果要从多个匹配中提取分组内容，可以像这样使用for语句：

```
for (numitemPattern(num, item) <- numitemPattern.findAllIn("99 bottles, 98 bottles"))
  处理num和item
```

练习

1. 编写一小段Scala代码，将某个文件中的行倒转顺序（将最后一行作为第一行，依此类推）。

2. 编写Scala程序，从一个带有制表符的文件读取内容，将每个制表符替换成一组空格，使得制表符隔开的*n*列仍然保持纵向对齐，并将结果写入同一个文件。
3. 编写一小段Scala代码，从一个文件读取内容并把所有字符数大于12的单词打印到控制台。如果你能用单行代码完成会有额外奖励。
4. 编写Scala程序，从包含浮点数的文本文件读取内容，打印出文件中所有浮点数之和、平均值、最大值和最小值。
5. 编写Scala程序，向文件中写入2的*n*次方及其倒数，指数*n*从0到20。对齐各列：

```
1           1
2           0.5
4           0.25
...         ...
```

6. 编写正则表达式，匹配Java或C++程序代码中类似于`"like this, maybe with \" or \\"`这样的带引号的字符串。编写Scala程序将某个源文件中所有类似的字符串打印出来。
7. 编写Scala程序，从文本文件读取内容，并打印出所有非浮点数的词法单元。要求使用正则表达式。
8. 编写Scala程序，打印出某个网页中所有`img`标签的`src`属性。使用正则表达式和分组。
9. 编写Scala程序，盘点给定目录及其子目录中总共有多少以`.class`为扩展名的文件。
10. 扩展9.8节的示例。构造出一些`Person`对象，让其中的一些人成为朋友，然后将`Array[Person]`保存到文件。将这个数组从文件中重新读出来，校验朋友关系是否完好。

第10章　特质

本章的主题 A1

Chapter 10

在本章中，你将学习如何使用特质。一个类扩展自一个或多个特质，以便使用这些特质提供的服务。特质可能会要求使用它的类支持某个特定的特性。不过，和Java接口不同，Scala特质可以给出这些特性的默认实现，因此，与接口相比，特质要有用得多。

本章的要点包括：

- 类可以实现任意数量的特质。
- 特质可以要求实现它们的类具备特定的字段、方法或超类。
- 和Java接口不同，Scala特质可以提供方法和字段的实现。
- 当你将多个特质叠加在一起时，顺序很重要——其方法先被执行的特质排在更后面。

10.1 为什么没有多重继承

Scala和Java一样不允许类从多个超类继承。一开始，这听上去像是一个很不幸的局限性。为什么类就不能从多个类进行扩展呢？某些编程语言，特别是C++，允许多重继承——但代价也是出人意料地高。

如果你只是要把毫不相干的类组装在一起，多重继承没什么问题。但如果这些类具备某些共通的方法或字段，麻烦就来了。这里有一个典型的示例。某助教既是学生也是员工：

```
class Student {
  def id: String = ...
  ...
}

class Employee {
  def id: String = ...
  ...
}
```

假定我们可以有：

```
class TeachingAssistant extends Student, Employee { // 并非实际的Scala代码……
  ...
}
```

很不走运，这个TeachingAssistant类继承了两个id方法。myTA.id应该返回什么呢？学生ID？员工ID？都返回？（在C++中，你需要重新定义id方法以澄清自己的意图。）

接下来，假定Student和Employee都扩展自同一个超类Person：

```
class Person {
  var name: String = _
}

class Student extends Person { ... }
class Employee extends Person { ... }
```

这就引出了*菱形继承*（diamond inheritance）问题（如图10-1所示）。在TeachingAssistant中我们只想要一个name字段，而不是两个。这两个字段如何能并到一起呢？又如何被构造呢？在C++中，你需要用“虚拟基类”——一个复杂而脆弱的特性来解决这个问题。

Java的设计者们对这些复杂性心生畏惧，因而其采取了非常强的限制策略。类只能扩展自一个超类；它可以实现任意数量的*接口*（interface），但接口只能包含抽象方法、静态方法或默认方法，不能包含字段。

Java的默认方法（default method）颇有局限性。它们可以调用其他接口的方法，但它们没法使用对象状态。因此，在Java中我们经常看到同时提供接口和抽象基类的做法，但这样做治标不治本。如果你想要同时扩展这两个抽象基类呢？

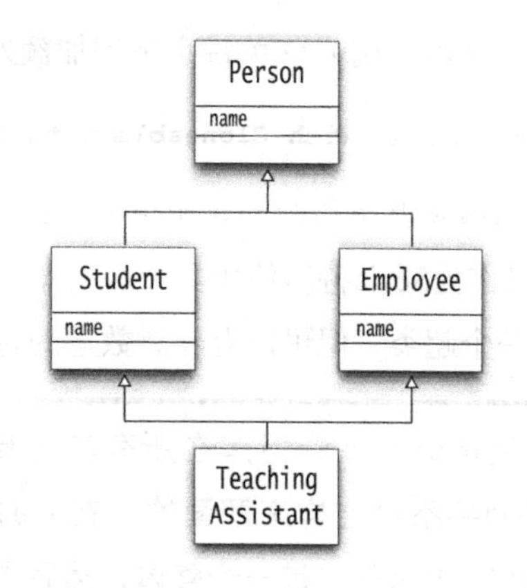

图10-1 菱形继承必须合并共通的字段

Scala提供“特质（trait）”而非接口。特质可以同时拥有抽象方法和具体方法，以及状态；而类可以实现多个特质。这个设计干净利落地解决了Java接口的问题。在本章后续部分你将会看到Scala是如何处理存在冲突的方法和字段的。

10.2 当作接口使用的特质

让我们从熟悉的内容开始。Scala特质完全可以像Java的接口那样工作。例如：

```
trait Logger {
  def log(msg: String) // 这是一个抽象方法
}
```

注意，你无须将方法声明为abstract——特质中未被实现的方法默认就是抽象的。子类可以给出实现：

```
class ConsoleLogger extends Logger { // 用extends，而不是implements
  def log(msg: String) { println(msg) } // 无须写override
}
```

在重写特质的抽象方法时无须给出override关键字。

说明： Scala并没有一个特殊的关键字用来标记对特质的实现。通观本章，你会看到，比起Java接口，特质跟类更为相像。

如果你需要的特质不止一个，则可以用with关键字来添加额外的特质：

```
class ConsoleLogger extends Logger with Cloneable with Serializable
```

在这里我们用了Java类库的Cloneable和Serializable接口，这仅仅是为了展示语法的需要。所有Java接口都可以作为Scala特质使用。

和Java一样，Scala类只能有一个超类，但可以有任意数量的特质。

说明： 在第一个特质前使用extends但是在所有其他特质前使用with看上去可能有些奇怪，但Scala并不是这样来解读的。在Scala中，Logger with Cloneable with Serializable首先是一个整体，然后再由类来扩展。

10.3 带有具体实现的特质

在Scala中，特质中的方法并不需要一定是抽象的。举例来说，我们可以把自己的ConsoleLogger变成一个特质：

```
trait ConsoleLogger {
  def log(msg: String) { println(msg) }
}
```

ConsoleLogger特质提供了一个带有实现的方法——在本例中，该方法将日志信息打印到控制台。

以下是如何使用这个特质的示例：

```
class SavingsAccount extends Account with ConsoleLogger {
  def withdraw(amount: Double) {
    if (amount > balance) log("Insufficient funds")
    else balance -= amount
  }
```

```
  ...
}
```

注意SavingsAccount是如何从ConsoleLogger获取到具体实现的。在Java中，我们也可以通过接口的默认方法来做到。不过，你很快就会看到，特质还能有状态，用Java接口的话，这是不可能做到的。

在Scala（以及其他允许我们这样做的编程语言）中，我们说ConsoleLogger的功能被“混入”了SavingsAccount类。

说明：恐怕，“混入”这个提法和冰淇淋有关。在冰淇淋语里，“混入”指的是在交给顾客之前，往冰淇淋球中揉进去的一些添加物——至于这样做是美味还是恶心，见仁见智吧。

10.4 带有特质的对象

在构造单个对象时，你可以为它添加特质。我们先定义这样一个类：

```
abstract class SavingsAccount extends Account with Logger {
  def withdraw(amount: Double) {
    if (amount > balance) log("Insufficient funds")
    else ...
  }
  ...
}
```

这个类是抽象的，因为它还不能做任何日志输出的动作，这看上去好像完全没意义。不过，你可以在构造对象时“混入”一个具体的日志记录器实现：

```
trait ConsoleLogger extends Logger {
  def log(msg: String) { println(msg) }
}

val acct = new SavingsAccount with ConsoleLogger
```

当我们调用acct对象的log方法时，ConsoleLogger特质的log方法就会被执行。

当然了，另一个对象可以加入完全不同的特质：

```
val acct2 = new SavingsAccount with FileLogger
```

10.5 叠加在一起的特质

你可以为类或对象添加多个互相调用的特质，从最后一个开始。这对于需要分阶段加工处理某个值的场景很有用。

以下是一个简单示例。我们可能想给所有日志消息添加时间戳：

```
trait TimestampLogger extends ConsoleLogger {
  override def log(msg: String) {
    super.log(s"${java.time.Instant.now()} $msg")
  }
}
```

同样地，假定我们想要截断过于冗长的日志消息：

```
trait TimestampLogger extends ConsoleLogger {
  override def log(msg: String) {
    super.log(s"${java.time.Instant.now()} $msg")
  }
}
```

注意上述log方法每一个都将修改过的消息传递给super.log。

对特质而言，super.log并不像类那样拥有相同的含义。实际上，super.log调用的是另一个特质的log方法，具体是哪一个特质取决于特质被添加的顺序。

为了更好地理解为什么顺序是重要的，对比如下的两个例子：

```
val acct1 = new SavingsAccount with TimestampLogger with ShortLogger
val acct2 = new SavingsAccount with ShortLogger with TimestampLogger
```

如果我们从acct1取款，将得到这样一条消息：

```
Sun Feb 06 17:45:45 ICT 2011 Insufficient...
```

正如你看到的那样，ShortLogger的log方法首先被执行，然后它的super.log调用的是TimestampLogger。

但是，从acct2取款时，程序交出的是：

```
Sun Feb 06 1...
```

这里，TimestampLogger在特质列表中最后出现。其log方法首先被调用，其结果在之后被截断。

对于简单的混入序列而言，“从后往前”的规则会带给你正确的直觉判断。参见10.10节，那里会介绍当所用到的特质组成一棵任意形态的树/图，而不是简单的链时，那些“血淋淋”的细节。

说明：对特质而言，你无法从源码判断super.*someMethod*会执行哪里的方法。确切的方法依赖于使用这些特质的对象或类给出的顺序。这使得super相比在传统的继承关系中要灵活得多。

提示：如果你需要控制具体是哪一个特质的方法被调用，则可以在方括号中给出名称：super[ConsoleLogger].log(...)。这里给出的类型必须是直接超类型；你不能使用继承层级中更远的特质或类。

10.6 在特质中重写抽象方法

在前一节，TimestampLogger和ShortLogger特质扩展自ConsoleLogger。让我们回到自己的Logger特质，在那里我们并没有提供log方法的实现。

```
trait Logger {
  def log(msg: String) // 这是一个抽象方法
}
```

现在，TimestampLogger类不能编译了。

```
trait TimestampLogger extends Logger {
  override def log(msg: String) { // 重写抽象方法
    super.log(s"${java.time.Instant.now()} $msg") // super.log定义了吗?
  }
}
```

编译器将super.log调用标记为错误。

根据正常的继承规则，这个调用永远都是错的——Logger.log方法没有实现。但实际上，就像你在前一节看到的，我们没法知道哪个log方法最终被调用——这取决于特质被混入的顺序。

Scala认为TimestampLogger依旧是抽象的——它需要混入一个具体的log方法。因此你必须给方法打上abstract关键字以及override关键字，就像这样：

```
abstract override def log(msg: String) {
  super.log(s"${java.time.Instant.now()} $msg")
}
```

10.7 当作富接口使用的特质

特质可以包含大量工具方法，而这些工具方法可以依赖一些抽象方法来实现。例如Scala的Iterator特质就利用抽象的next和hasNext定义了几十个方法。

让我们来丰富一下自己功能少得可怜的日志API吧。通常，日志API允许你为每一个日志消息指定一个级别以区分信息类的消息和警告、错误等。我们可以很容易地添加这个功能而不规定日志消息要记录到哪里去。

```
trait Logger {
  def log(msg: String)
  def info(msg: String) { log(s"INFO: $msg") }
  def warn(msg: String) { log(s"WARN: $msg") }
  def severe(msg: String) { log(s"SEVERE: $msg") }
}
```

注意我们是怎样把抽象方法和具体方法结合在一起的。

这样一来，使用Logger特质的类就可以任意调用这些日志消息方法了，例如：

```
abstract class SavingsAccount extends Account with Logger {
  def withdraw(amount: Double) {
    if (amount > balance) severe("Insufficient funds")
    else ...
  }
  ...
}
```

在Scala中像这样在特质中使用具体和抽象方法十分普遍。在Java中，你可以通过默认方法达到同样的效果。

10.8 特质中的具体字段

特质中的字段可以是具体的，也可以是抽象的。如果你给出了初始值，那么字段就是具体的。

```
trait ShortLogger extends Logger {
  val maxLength = 15 // 具体的字段
  abstract override def log(msg: String) {
    super.log(
      if (msg.length <= maxLength) msg
      else s"${msg.substring(0, maxLength - 3)}...")
  }
}
```

混入该特质的类将自动获得一个maxLength字段。一般而言，对于特质中的每一个具体字段，使用该特质的类都会获得一个字段与之对应。这些字段不是被继承的；它们只是简单地被加到了子类当中。这看上去像是一个很细微的差别，但这个区别很重要。让我们把这个过程看得更仔细些，用下面这个版本的SavingsAccount类：

```
class SavingsAccount extends Account with ConsoleLogger with ShortLogger {
  var interest = 0.0
  def withdraw(amount: Double) {
    if (amount > balance) log("Insufficient funds")
    else ...
  }
```

注意我们的子类有一个字段interest。这是子类中一个普普通通的字段。

假定Account也有一个字段。

```
class Account {
  var balance = 0.0
}
```

SavingsAccount类按正常的方式继承了这个字段。SavingsAccount对象由所有超类的字段，以及任何子类中定义的字段构成。你可以这样来看待SavingsAccount对象：它“首先是”一个超类对象（参见图10-2）。

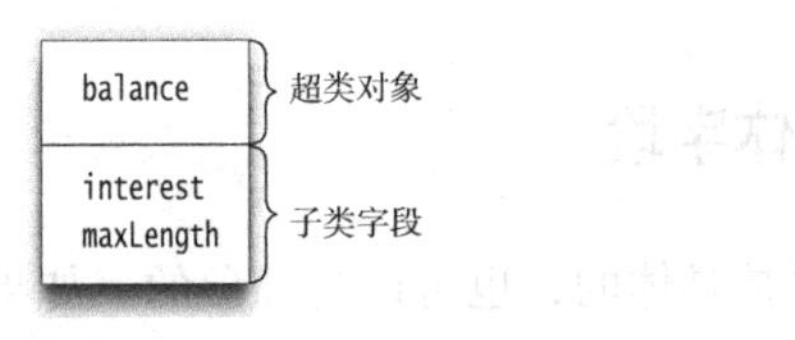

图10-2 来自特质的字段被放置在子类中

在JVM中，一个类只能扩展一个超类，因此来自特质的字段不能以相同的方式继承。由于这个限制，maxLength被直接加到了SavingsAccount类中，跟interest字段排在一起。

注意：当你扩展某个类然后修改超类时，子类无须重新编译，因为虚拟机知道继承是怎么回事。不过当特质改变时，所有混入该特质的类都必须被重新编译。

你可以把具体的特质字段当作针对使用该特质的类的“装配指令”。任何通过这种方式被混入的字段都自动成为该类自己的字段。

10.9 特质中的抽象字段

特质中未被初始化的字段在具体的子类中必须被重写。

举例来说，如下maxLength字段是抽象的：

```
trait ShortLogger extends Logger {
  val maxLength: Int // 抽象字段
  abstract override def log(msg: String) { ... }
    super.log(
      if (msg.length <= maxLength) msg
      else s"${msg.substring(0, maxLength - 3)}...")
        // 在这个实现中用到了maxLength字段
  }
  ...
}
```

当你在一个具体的类中使用该特质时，必须提供maxLength字段：

```
class SavingsAccount extends Account with ConsoleLogger with ShortLogger {
  val maxLength = 20 // 无须写override
  ...
}
```

这样一来，所有日志消息都将在第20个字符处被截断。

这种提供特质参数值的方式在你临时要构造某种对象时尤为便利。我们回到最初的储蓄账户：

```
class SavingsAccount extends Account with Logger { ... }
```

现在，在如下这样的一个实例中，我们也可以截断日志消息了：

```
val acct = new SavingsAccount with ConsoleLogger with ShortLogger {
  val maxLength = 20
}
```

10.10 特质构造顺序

和类一样，特质也可以有构造器，其由字段的初始化和其他特质体中的语句构成。例如：

```
trait FileLogger extends Logger {
  val out = new PrintWriter("app.log") // 这是特质构造器的一部分
  out.println(s"# ${java.time.Instant.now()}") // 这同样是特质构造器的一部分

  def log(msg: String) { out.println(msg); out.flush() }
}
```

这些语句在任何混入该特质的对象于构造时都会被执行。

构造器以如下顺序执行：

1. 首先调用超类的构造器。
2. 特质构造器在超类构造器之后、类构造器之前执行。
3. 特质由左到右被构造。

4. 在每个特质当中，父特质先被构造。
5. 如果多个特质共有一个父特质，而那个父特质已经被构造，则该父特质不会被再次构造。
6. 所有特质构造完毕，子类被构造。

举例来说，考虑如下这样一个类：

```
class SavingsAccount extends Account with FileLogger with ShortLogger
```

构造器将按照如下顺序执行：

1. Account（超类）。
2. Logger（第一个特质的父特质）。
3. FileLogger（第一个特质）。
4. ShortLogger（第二个特质）。注意它的父特质Logger已被构造。
5. SavingsAccount（类）。

说明：构造器的顺序是类的线性化的反向。线性化是描述某个类型的所有超类型的一种技术规格，其按照以下规则定义：

If C extends C_1 with C_2 with ... with C_n, then $lin(C) = C$ » $lin(C_n)$ » ... » $lin(C_2)$ » $lin(C_1)$

这里»的意思是“串接并去掉重复项，右侧胜出”。例如：

lin(SavingsAccount)
= SavingsAccount » *lin*(ShortLogger) » *lin*(FileLogger) » *lin*(Account)
= SavingsAccount » (ShortLogger » Logger) » (FileLogger » Logger) » *lin*(Account)
= SavingsAccount » ShortLogger » FileLogger » Logger » Account

（为简单起见，我略去了如下这些位于任何线性化末端的类型：ScalaObject、AnyRef和Any。）

线性化给出了在特质中super被解析的顺序。举例来说，在ShortLogger中调用super会执行FileLogger的方法，而在FileLogger中调用super会执行Logger的方法。

10.11 初始化特质中的字段

特质不能有构造器参数。每个特质都有一个无参数的构造器。

说明： 有意思的是，缺少构造器参数是特质与类之间唯一的技术差别。除此之外，特质可以具备类的所有特性，比如具体的和抽象的字段，以及超类。

这个局限性对于那些需要某种定制才有用的特质来说会是一个问题。考虑一个文件日志生成器。我们想要指定日志文件，但又不能用构造参数：

```
val acct = new SavingsAccount with FileLogger("myapp.log")
  // 错误：特质不能使用构造器参数
```

在前一节，你看到了一个可行的方案。`FileLogger`可以有一个抽象的字段用来存放文件名。

```
trait FileLogger extends Logger {
  val filename: String
  val out = new PrintStream(filename)
  def log(msg: String) { out.println(msg); out.flush() }
}
```

使用该特质的类可以重写`filename`字段。不过很可惜，这里有一个陷阱。像这样直截了当的方案并不可行：

```
val acct = new SavingsAccount with FileLogger {
  val filename = "myapp.log" // 这样行不通
}
```

问题出在构造顺序上。`FileLogger`构造器先于子类构造器执行。这里的子类并不那么容易看得清楚：`new`语句构造的其实是一个扩展自`SavingsAccount`（超类）并混入了`FileLogger`特质的匿名类的实例。`filename`的初始化只发生在这个匿名子类中。实际上，它根本不会发生——在轮到子类之前，`FileLogger`的构造器就会抛出一个空指针异常。

解决办法之一是采用我们在第8章介绍过的一个很隐晦的特性：提前定义（early definition）。以下是正确的版本：

```
val acct = new { // new之后的提前定义块
  val filename = "myapp.log"
} with SavingsAccount with FileLogger
```

这段代码并不漂亮，但它解决了我们的问题。提前定义发生在常规的构造序列之前。在FileLogger被构造时，filename已经是初始化过的了。

如果你需要在类中做同样的事情，语法会像如下这个样子：

```
class SavingsAccount extends { // extends后是提前定义块
  val filename = "savings.log"
} with Account with FileLogger {
  ... // SavingsAccount的实现
}
```

另一个解决办法是在FileLogger构造器中使用懒值，就像这样：

```
trait FileLogger extends Logger {
  val filename: String
  lazy val out = new PrintStream(filename)
  def log(msg: String) { out.println(msg) } // 无须写override
}
```

如此一来，out字段将在初次被使用时才会初始化。而在那个时候，filename字段应该已经被设好值了。不过，由于懒值在每次使用前都会检查是否已经初始化，因此它们用起来并非那么高效。

10.12 扩展类的特质

正如你所看到的那样，特质可以扩展另一个特质，而由特质组成的继承层级也很常见。不那么常见的一种用法是，特质也可以扩展类。这个类将会自动成为所有混入该特质的超类。

以下是一个示例。LoggedException特质扩展自Exception类：

```
trait LoggedException extends Exception with ConsoleLogger {
  def log() { log(getMessage()) }
}
```

LoggedException有一个log方法用来记录异常的消息。注意log方法调用了从Exception超类继承下来的getMessage()方法。

现在让我们创建一个混入该特质的类：

```
class UnhappyException extends LoggedException { // 该类扩展自一个特质
  override def getMessage() = "arggh!"
}
```

特质的超类也自动地成为我们的类的超类（参见图10-3）。

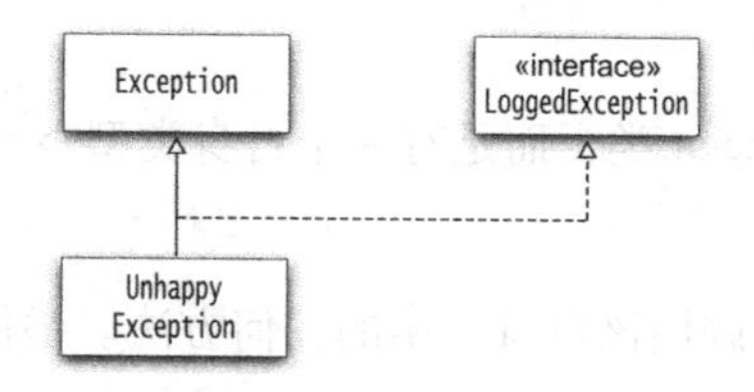

图10-3 特质的超类自动成为任何混入该特质的类的超类

如果我们的类已经扩展了另一个类怎么办？没关系，只要那是特质的超类的一个子类即可。例如：

```
class UnhappyException extends IOException with LoggedException
```

这里的UnhappyException扩展自IOException，而这个IOException已经是扩展自Exception了。在混入特质时，它的超类已经在那里了，因此无须额外再添加。

不过，如果我们的类扩展自一个不相关的类，那么就不可能混入这个特质了。举例来说，你不能构建出如下这样的类：

```
class UnhappyFrame extends JFrame with LoggedException
  // 错误：不相关的超类
```

我们无法同时将JFrame和Exception作为超类。

10.13 自身类型 L2

当特质扩展类时，编译器能够确保的一件事是，所有混入该特质的类都将这个类作为超类。Scala还有另一套机制可以保证这一点：自身类型（self type）。

当特质以如下代码开始定义时，

```
this: 类型 =>
```

它便只能被混入指定类型的子类。

接下来给我们的LoggedException用上这个特性吧：

```
trait LoggedException extends ConsoleLogger {
  this: Exception =>
    def log() { log(getMessage()) }
}
```

注意该特质并不扩展Exception类，而是有一个自身类型Exception。这意味着，它只能被混入Exception的子类。

在特质的方法中，我们可以调用该自身类型的任何方法。举例来说，log方法中的getMessage()调用就是合法的，因为我们知道this必定是一个Exception。

如果你想把这个特质混入一个不符合自身类型要求的类，就会报错。

```
val f = new JFrame with LoggedException
  // 错误：JFrame不是Exception的子类型，而Exception是LoggedException的自身类型
```

带有自身类型的特质和带有超类型的特质很相似。这两种情况都可确保混入该特质的类能够使用某个特定类型的特性。

在某些情况下自身类型这种写法比超类型版的特质更灵活。自身类型可以解决特质间的循环依赖。如果你有两个彼此需要的特质时，循环依赖就会产生。

自身类型也同样可以处理“结构类型（structural type）”——这种类型只给出类必须拥有的方法，而不是类的名称。以下是使用结构类型的LoggedException定义：

```
trait LoggedException extends ConsoleLogger {
  this: { def getMessage() : String } =>
    def log() { log(getMessage()) }
}
```

这个特质可以被混入任何拥有getMessage方法的类。我们将在第19章中详细介绍自身类型和结构类型。

10.14 背后发生了什么

Scala需要将特质翻译成JVM的类和接口。你无须知道这是如何做到的，但了解其背后的原理对于理解特质会有帮助。

只有抽象方法的特质被简单地变成一个Java接口。例如：

```
trait Logger {
  def log(msg: String)
}
```

直接被翻译成

```
public interface Logger { // 生成的Java接口
  void log(String msg);
}
```

特质的方法对应的是Java的默认方法。例如：

```
trait ConsoleLogger {
  def log(msg: String) { println(msg) }
}
```

将成为

```
public interface ConsoleLogger {
  default void log(String msg) { ... }
}
```

如果特质有字段，对应的Java接口就有getter和setter方法。

```
trait ShortLogger extends Logger {
  val maxLength = 15 // 这是一个具象化的字段
  ...
}
```

会被翻译成

```
public interface ShortLogger extends Logger {
  int maxLength();
  void weird_prefix$maxLength_$eq(int);
```

```
  default void log(String msg) { ... } // 将调用maxLength()
  default void $init$() { weird_prefix$maxLength_$eq(15); }
}
```

当然了，接口没有任何字段，并且getter和setter方法也没有被实现。不过在需要该字段值的时候，会调用getter方法。

我们需要这个奇怪的setter方法来初始化字段。这个过程发生在`$init$`方法当中。

当特质被混入类时，对应的类会得到一个`maxLength`字段，并且getter方法和setter方法也被定义用于获取和设置字段值。该类的构造器将调用特质的`$init$`方法。例如：

```
class SavingsAccount extends Account with ConsoleLogger with ShortLogger
```

将被翻译成

```
public class SavingsAccount extends Account
    implements ConsoleLogger, ShortLogger {
  private int maxLength;
  public int maxLength() { return maxLength; }
  public void weird_prefix$maxLength_$eq(int arg) { maxLength = arg; }
  public SavingsAccount() {
    super();
    ConsoleLogger.$init$();
    ShortLogger.$init$();
  }
  ...
}
```

如果特质扩展自某个超类，该特质依然会被翻译成接口。当然了，混入该特质的类也会扩展自这个超类。

练习

1. `java.awt.Rectangle`类有两个很有用的方法`translate`和`grow`，但可惜的是像`java. awt.geom.Ellipse2D`这样的类中没有。在Scala中，你可以解决这个

问题。定义一个RectangleLike特质，加入具体的translate和grow方法。提供任何你需要用来实现的抽象方法，以便你可以像如下代码这样混入该特质：

```
val egg = new java.awt.geom.Ellipse2D.Double(5, 10, 20, 30) with RectangleLike
egg.translate(10, -10)
egg.grow(10, 20)
```

2. 通过把scala.math.Ordered[Point]混入java.awt.Point的方式，定义OrderedPoint类。按词典顺序排序，也就是说，如果$x < x'$或者$x = x'$且$y < y'$则$(x, y) < (x', y')$。
3. 查看BitSet类，将它的所有超类和特质绘制成一张图。忽略类型参数（[...]中的所有内容）。然后给出该特质的线性化规格说明。
4. 提供一个CryptoLogger类，将日志消息以凯撒密码的方式加密。默认情况下密钥为3，不过使用者也可以重写它。提供默认密钥和-3作为密钥时的使用示例。
5. JavaBeans规范里有一种提法叫作“属性变更监听器（property change listener）”，这是bean用来通知其属性变更的标准方式。PropertyChangeSupport类对于任何想要支持属性变更监听器的bean而言是一个便捷的超类。但可惜已有其他超类的类（比如JComponent）必须重新实现相应的方法。将PropertyChangeSupport重新实现为一个特质，然后把它混入java.awt.Point类。
6. 在Java AWT类库中，我们有一个Container类，一个可以用于各种组件的Component子类。举例来说，Button是一个Component，但Panel是Container。这是一个运转中的组合模式。Swing有JComponent和JContainer，但如果你仔细看的话，就会发现一些奇怪的细节。尽管把其他组件添加到比如JButton这样的组件当中毫无意义，但JComponent依然被设计为扩展自Container。Swing的设计者们理想情况下应该会更倾向于图10-4中的设计。

但在Java中那是不可能的。请解释这是为什么。在Scala中如何用特质来设计出这样的效果呢？

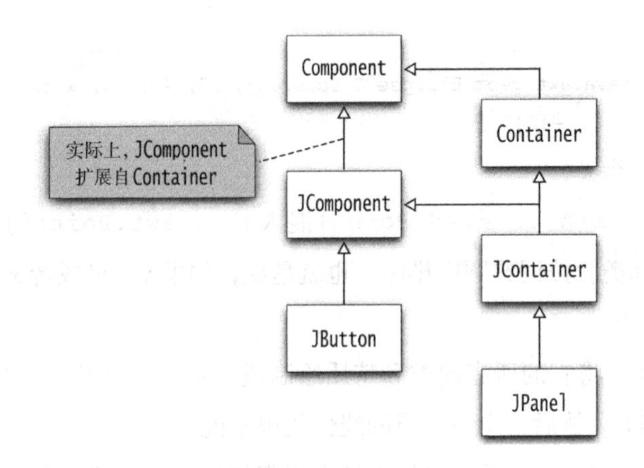

图10-4 一个更好的Swing容器设计

7. 构造一个类需要在某个混入改变时重新编译的例子。从`class SavingsAcount extends Account with ConsoleLogger`开始。将每个类和特质放在单独的源文件中。对`Account`添加一个字段。在`Main`（同样是一个单独的源文件）中，构造一个`SavingsAccount`并访问这个新的字段。重新编译除`SavingsAccount`外的所有文件并验证程序是否能继续工作。现在添加一个新的字段到`ConsoleLogger`，并从`Main`访问这个新字段。同样地，重新编译除`SavingsAccount`外的所有文件。这时会发生什么？为什么会这样？
8. 市面上有不下数十种关于Scala特质的教程，用的都是些“在叫的狗”啦、“讲哲学的青蛙”啦之类的傻乎乎的示例。阅读和理解这些机巧的继承层级很乏味且对于理解问题没什么帮助；但自己设计一套继承层级就不同了，这会很有启发。做一个你自己的关于特质的继承层级，要求体现出叠加在一起的特质、具体的和抽象的方法，以及具体的和抽象的字段。
9. 在`java.io`类库中，你可以通过`BufferedInputStream`修饰器来给输入流增加缓冲机制。用特质来重新实现缓冲。为简单起见，重写`read`方法。
10. 使用本章的日志生成器特质，给前一个练习中的方案增加日志功能，要求体现出缓冲的效果。

11. 实现一个`IterableInputStream`类，扩展`java.io.InputStream`并混入`Iterable[Byte]`特质。
12. 用`javap -c -private`分析`super.log(msg)`是如何被翻译成Java的。根据混入的顺序不同，同样的方法调用是如何分别调用了两个不同的方法的？

第11章　操作符

本章的主题 A1

Chapter 11

本章将详细介绍如何实现你自己的操作符（operator）——与我们熟悉的数学操作符有着相同语法的方法。操作符通常用来构建*领域特定语言*（domain-specific language）——内嵌在Scala中的迷你语言。*隐式转换*（自动被应用的类型转换）是另一个我们在创建领域特定语言时用到的工具。本章还将介绍`apply`、`update`和`unapply`这些特殊的方法。在本章的最后，我们将探讨*动态调用*（dynamic invocation）——即那些能够在运行期被拦截，从而可以根据方法名和入参采取任意行动的方法调用。

本章的要点包括：

- 标识符由字母、数字或运算符构成。
- 一元和二元操作符其实是方法调用。
- 操作符优先级取决于第一个字符，而结合性取决于最后一个字符。
- `apply`和`update`方法在对*expr(args)*表达式求值时被调用。
- 提取器从输入中提取元组或值的序列。L2
- 扩展自`Dynamic`特质的类型可以在运行期检视方法名和入参。L2

11.1 标识符

变量、函数、类等的名称被统称为*标识符*。在Scala中，你在选择标识符时相比于

Java有更多选择。当然了，你完全可以遵照经典的模式：即字母和数字字符的序列，并以字母或下画线开头，比如input1或者next_token。

和Java一样，你可以使用Unicode字符。例如，quantité或者ποσό都是合法的标识符。

此外，你还可以使用任意序列的操作符字符。

- 除字母、数字、下画线、分隔符.,;、括号()[]{}或引号'`"之外的ASCII字符：!#%&*+-/:<=>?@\^|~。
- Unicode的数学符号，或Unicode的Sm和So类别中的其他符号。

举例来说，**和√都是合法的标识符。给定如下定义：

```
val √ = scala.math.sqrt _
```

你就可以用√(2)来计算平方根。这是一个不错的主意，前提是在我们的编程环境中要能很容易键入这个符号。

说明：这些标识符在语言规范中是保留字，你不能重新定义它们：

@ # : = _ => <- <: <% >: ⇒ ←

你也可以用字母数字字符加上下画线再加上一系列的操作符字符来命名标识符，比如：

```
val happy_birthday_!!! = "Bonne anniversaire!!!"
```

这恐怕不是一个好主意。

最后，你可以在反引号中包含几乎任何字符序列。例如：

```
val `val` = 4
```

这个示例很糟糕，但反引号有时确实可以成为“逃生舱门”。举例来说，在Scala中，yield是一个保留字，但你可能需要访问Java中一个同样命名的方法。让反引号来拯救你：Thread.`yield`()。

11.2 中置操作符

你可以这样写：

```
a 标识符 b
```

其中，标识符代表一个带有两个参数的方法（一个隐式的参数和一个显式的参数）。例如：

```
1 to 10
```

上述表达式实际上是一个方法调用：

```
1.to(10)
```

这样的表达式被称作中置（infix）表达式，因为操作符位于两个参数之间。操作符包含字母，就像to，或者也可以包含操作符字符——例如：

```
1 -> 10
```

等同于方法调用：

```
1 .->(10)
```

要在你自己的类中定义操作符很简单，只要以你想要用作操作符的名称来定义一个方法即可。举例来说，这里有一个Fraction类，根据以下法则来计算两个分数的乘积：

$$(n1\ /\ d_1) \times (n_2\ /\ d_2) = (n_1 n_2\ /\ d_1 d_2)$$

```
class Fraction(n: Int, d: Int) {
  private val num = ...
  private val den = ...
  ...
  def *(other: Fraction) = new Fraction(num * other.num, den * other.den)
}
```

11.3 一元操作符

中置操作符是二元的——它们有两个参数。只有一个参数的操作符被称为一元操作符。

如下四个操作符+、-、!、~可以作为前置（prefix）操作符，出现在参数之前。它们被转换成对名为 unary_操作符 的方法调用。例如：

```
-a
```

上面代码的意思和a.unary_-一样。

如果某个一元操作符跟在参数后面，它就是后置（postfix）操作符。如下表达式

```
a 标识符
```

等同于方法调用a.标识符()。例如：

```
42 toString
```

等同于：

```
42.toString()
```

注意：后置操作符可能会引发解析错误。例如如下的代码：

```
val result = 42 toString
println(result)
```

将交出错误消息“too many arguments for method toString（对方法toString而言入参过多）”。由于解析优先级高于类型推断和重载判定，编译器在这个时候并不知道toString是个一元方法。上述代码会被解析成：

```
val result = 42.toString(println(result))
```

因此，如果你使用后置操作符，编译器就会向你发出警告。你可以用编译器选项-language:postfixOps来关闭这个警告，或者在源码中添加：

```
import scala.language.postfixOps
```

11.4 赋值操作符

赋值操作符的名称形式为操作符=，以下表达式

```
a 操作符= b
```

等同于：

```
a = a 操作符 b
```

举例来说，`a += b` 等同于`a = a + b`。

关于赋值操作符，有以下一些技术细节要注意。

- <=、>=和!=不是赋值操作符。
- 以=开头的操作符不是赋值操作符（==、===、=/=）。
- 如果a有一个名为操作符=的方法，那么该方法会被直接调用。

11.5 优先级

当你一次性使用两个或更多操作符，而又没有给出括号时，首先执行的是高优先级的操作符。举例来说：

```
1 + 2 * 3
```

上述表达式中被先求值的是*操作符。Java、C++等语言有固定数量的操作符，语言本身规定了哪些操作符的优先级比另一些高。Scala可随意定义操作符，因此它需要用一套优先级判定方案，对所有操作符生效，但同时保留人们所熟悉的标准操作符的优先级顺序。

除赋值操作符外，优先级由操作符的首字符决定。

最高优先级：除以下字符外的操作符字符
* / %
+-
:
< >
! =
&
^
|
非操作符的其他符号
最低优先级：赋值操作符

出现在同一行字符产出的操作符优先级相同。举例来说，+和->有着相同的优先级。

后置操作符的优先级低于中置操作符：

```
a 中置操作符 b 后置操作符
```

上述代码等同于：

```
(a 中置操作符 b) 后置操作符
```

11.6 结合性

当你有一系列相同优先级的操作符时，操作符的*结合性*决定了它们是从左到右求值还是从右到左求值。举例来说，在表达式 17 − 2 − 9 中，我们的计算方式是 (17 − 2) − 9。−操作符是左结合的。

在Scala当中，所有操作符都是*左结合*的，除了：

- 以冒号（:）结尾的操作符。
- 赋值操作符。

尤其值得一提的是，用于构造列表的::操作符是右结合的。例如：

```
1 :: 2 :: Nil
```

的意思是

```
1 :: (2 :: Nil)
```

本就应该这样——我们首先要创建出包含2的列表，这个列表又被作为尾部拼到以1作为头部的列表当中。

右结合的二元操作符是其第二个参数的方法。例如：

```
2 :: Nil
```

的意思是

```
Nil.::(2)
```

11.7 apply和update方法

Scala允许你将如下的函数调用语法

```
f(arg1, arg2, ...)
```

扩展到可以应用于函数之外的值。如果f不是函数或方法，那么这个表达式就等同于调用

```
f.apply(arg1, arg2, ...)
```

除非它出现在赋值语句的等号左侧。表达式

```
f(arg1, arg2, ...) = value
```

对应如下调用

```
f.update(arg1, arg2, ..., value)
```

这个机制被用于数组和映射。例如：

```
val scores = new scala.collection.mutable.HashMap[String, Int]
scores("Bob") = 100 // 调用scores.update("Bob", 100)
val bobsScore = scores("Bob") // 调用scores.apply("Bob")
```

apply方法同样被经常用在伴生对象中，用来构造对象而不用显式地使用new。举例来说，假定我们有一个Fraction类。

```
class Fraction(n: Int, d: Int) {
  ...
}

object Fraction {
  def apply(n: Int, d: Int) = new Fraction(n, d)
}
```

因为有了这个apply方法，我们就可以用Fraction(3, 4)构造出一个分数，而不用new Fraction(3, 4)。这听上去很“小儿科”，但当你有大量Fraction的值要构造时，这个改进还是挺有用的：

```
val result = Fraction(3, 4) * Fraction(2, 5)
```

11.8 提取器 L2

所谓提取器就是一个带有unapply方法的对象。你可以把unapply方法当作伴生对象中apply方法的反向操作。apply方法接受构造参数，然后将它们变成对象。而unapply方法接受一个对象，然后从中提取值——通常这些值就是当初用来构造该对象的值。

考虑前一节中的Fraction类。apply方法从分子和分母创建出一个分数。而unapply方法则是去取出分子和分母。你可以在变量定义时使用它：

```
var Fraction(a, b) = Fraction(3, 4) * Fraction(2, 5)
  // a和b分别被初始化成运算结果的分子和分母
```

或者用于模式匹配：

```
case Fraction(a, b) => ... // a和b分别被绑定到分子和分母
```

（有关模式匹配更详细的内容参见第14章。）

通常而言，模式匹配可能会失败。因此unapply方法返回的是一个Option。它包含一个元组，每个匹配到的变量各有一个值与之对应。在本例中，我们返回一个Option[(Int, Int)]。

```
object Fraction {
  def unapply(input: Fraction) =
    if (input.den == 0) None else Some((input.num, input.den))
}
```

只是为了显示这种可能，该方法在分母为0时返回None，表示无匹配。

如下的声明：

```
val Fraction(a, b) = f;
```

会被翻译成：

```
val tupleOption = Fraction.unapply(f)
if (tupleOption == None) throw new MatchError
// tupleOption 是 Some((t1,t2))
val a = t1
val b = t1
```

说明：需要留意，在这个声明中

```
val Fraction(a, b) = f;
```

Fraction.apply方法和Fraction构造器均没有被调用。这个语句的含义是："初始化a和b，使其满足这样一个条件，即它们传入Fraction.apply时得到结果f。"

在前例中，apply和unapply互为反向，但这并不是必需的。你可以用提取器从任何类型的对象中提取信息。

举例来说，假定你想要从字符串中提取名字和姓氏：

```
val author = "Cay Horstmann"
val Name(first, last) = author // 调用Name.unapply(author)
```

提供一个对象Name，其unapply方法返回一个Option[(String , String)]。如果匹配成功，返回名字和姓氏的对偶。该对偶的两个组成部分将会分别绑定到模式中的两个变量。如果匹配失败，则返回None。

```
object Name {
  def unapply(input: String) = {
    val pos = input.indexOf(" ")
    if (pos == -1) None
    else Some((input.substring(0, pos), input.substring(pos + 1)))
  }
}
```

说明：在本例中，我们并没有定义Name类。Name对象是针对String对象的一个提取器。

每一个样例类都自动具备apply和unapply方法。（我们将在第14章中介绍样例类。）举例来说，假定我们有：

```
case class Currency(value: Double, unit: String)
```

则可以这样构造Currency实例：

```
Currency(29.95, "EUR") //将调用Currency.apply
```

你也可以从Currency对象提取值：

```
case Currency(amount, "USD") => println(s"$$$amount") // 将调用Currency.unapply
```

11.9 带单个参数或无参数的提取器 L2

在Scala中，并没有只带一个组件的元组。如果unapply方法要提取单值，则它应该返回一个目标类型的Option。例如：

```
object Number {
  def unapply(input: String): Option[Int] =
    try {
      Some(input.trim.toInt)
    } catch {
      case ex: NumberFormatException => None
    }
}
```

用这个提取器，你可以从字符串中提取数字：

```
val Number(n) = "1729"
```

提取器也可以只是测试其输入而并不真的将值提取出来。这样的话，unapply方法应返回Boolean。例如：

```
object IsCompound {
  def unapply(input: String) = input.contains(" ")
}
```

你可以用这个提取器给模式增加一个测试，例如：

```
author match {
  case Name(first, IsCompound()) => ...
    // 如果姓氏是组合词则匹配，比如van der Linden
  case Name(first, last) => ...
}
```

11.10 unapplySeq方法 L2

要提取任意长度的值的序列，我们应该用unapplySeq来命名我们的方法。它返回一个Option[Seq[A]]，其中A是被提取的值的类型。举例来说，Name提取器可以产出名字中所有组成部分的序列：

```
object Name {
  def unapplySeq(input: String): Option[Seq[String]] =
    if (input.trim == "") None else Some(input.trim.split("\\s+"))
}
```

这样一来，你就能匹配并取到任意数量的变量了：

```
author match {
  case Name(first, last) => ...
  case Name(first, middle, last) => ...
  case Name(first, "van", "der", last) => ...
  ...
}
```

注意：不要同时提供相同入参类型的unapply和unapplySeq方法。

11.11 动态调用 L2

Scala是一个强类型的语言，在编译期而不是运行期就会报告类型错误。如果你有一个表达式x.f(args)，而你的程序通过了编译，那么你就确切地知道x有一个方法f，可以接受给定的入参。不过，有时候我们也想在程序的运行期定义方法。这在诸如Ruby或JavaScript等动态语言的对象关系映射的场景下十分常见。用来表示数据库表的对象有findByName、findById等方法，这些方法的名称跟表中的列名相匹配。对于数据库实体，列名可以被用于获取和设置字段，比如person.lastName = "Doe"。

在Scala中，你也可以这么干。如果某个类型扩展自scala.Dynamic这个特质，那么它的方法调用、getter和setter等都会被重写成对特殊方法的调用，这些特殊的方法可以检视原始调用的方法名和参数，并采取任意的行动。

说明：动态类型是个“外来的”特性，在实现这样的类型时，编译器需要得到你的明确许可。做法是添加如下的引入：

```
import scala.language.dynamics
```

动态类型的使用方无须提供这个import语句。

以下是重写过程的细节。以obj.name为例，其中obj属于一个Dynamic子类型的类。以下是Scala编译器对它的处理：

1. 如果name是obj已知的方法或字段，就按正常的方式处理。
2. 如果obj.name后面跟上了(arg1, arg2, ...)，
   a. 如果入参都不是带名参数（形式如 *name=arg*），将入参传给applyDynamic：

   ```
   obj.applyDynamic("name")(arg1, arg2, ...)
   ```

   b. 如果入参中至少有一个是带名的，将名称/值传给applyDynamicNamed：

   ```
   obj.applyDynamicNamed("name")((name1, arg1), (name2, arg2), ...)
   ```

   这里的name1、name2等是入参名称的字符串；或者对于不带名称的参数，就是""。
3. 如果obj.name位于=的左边，调用：

   ```
   obj.updateDynamic("name")(rightHandSide)
   ```

4. 否则，调用：

   ```
   obj.selectDynamic("sel")
   ```

说明：对updateDynamic、applyDynamic和applyDynamicNamed的调用有两组圆括号：一个对应选择器的名称，另一个对应入参。该语法结构将在第12章中详细讲解。

我们来看一些例子。假定person是扩展自Dynamic的类型的实例。如下语句

```
person.lastName = "Doe"
```

将被替换成如下调用：

```
person.updateDynamic("lastName")("Doe")
```

Person类必须有这样一个方法：

```
class Person {
  ...
  def updateDynamic(field: String)(newValue: String) { ... }
}
```

接下来由你来实现updateDynamic方法。例如，如果你在实现一个对象关系映射器，你可能会更新这个被缓存起来的实体，并将它标为已改变，让它能被持久化到数据库。

反过来，这样的语句

```
val name = person.lastName
```

会被翻译成

```
val name = name.selectDynamic("lastName")
```

selectDynamic方法只需要简单地查出字段的值。

那些并不涉及带名参数的方法调用会被翻译成applyDynamic的调用。例如：

```
val does = people.findByLastName("Doe")
```

会被翻译成

```
val does = people.applyDynamic("findByLastName")("Doe")
```

而如下代码

```
val johnDoes = people.find(lastName = "Doe", firstName = "John")
```

会被翻译成

```
val johnDoes = people.applyDynamicNamed("find")
  (("lastName", "Doe"), ("firstName", "John"))
```

然后轮到你来实现applyDynamic和applyDynamicNamed，获取匹配的对象。

以下是一个具体的例子。假定我们想要用句点表示法动态地查找和设置某个java.util.Properties实例的元素：

```
val sysProps = new DynamicProps(System.getProperties)
sysProps.username = "Fred" // 将"username"属性设为"Fred"
val home = sysProps.java_home // 获取"java.home"属性的值
```

为简单起见，我们将属性名称中的句点替换成下画线。（练习11展示了如何保留句点。）

DynamicProps类扩展自Dynamic特质，并且实现了updateDynamic和selectDynamic方法：

```
class DynamicProps(val props: java.util.Properties) extends Dynamic {
  def updateDynamic(name: String)(value: String) {
    props.setProperty(name.replaceAll("_", "."), value)
  }
  def selectDynamic(name: String) =
    props.getProperty(name.replaceAll("_", "."))
}
```

还有一个额外的优化点，我们可以通过add方法用带名参数来批量添加键/值对：

```
sysProps.add(username="Fred", password="Secret")
```

这样我们就需要在DynamicProps类中提供applyDynamicNamed方法。注意这个方法的名称是固定的。我们只对那些随意填写的参数名感兴趣。

```
class DynamicProps(val props: java.util.Properties) extends Dynamic {
  ...
  def applyDynamicNamed(name: String)(args: (String, String)*) {
    if (name != "add") throw new IllegalArgumentException
    for ((k, v) <- args)
      props.setProperty(k.replaceAll("_", "."), v)
  }
}
```

这些例子只是用来说明机制——我认为使用句点表示法来访问映射并不是个好主意。就像操作符重载，我们对动态调用这个特性的使用最好有所节制。

练习

1. 根据优先级规则，`3 + 4 -> 5`和`3 -> 4 + 5`是如何被求值的？
2. `BigInt`类有一个`pow`方法，但没有用操作符字符。Scala类库的设计者为什么没有选用`**`（像Fortran那样）或者`^`（像Pascal那样）作为乘方操作符呢？
3. 实现`Fraction`类，支持`+ - * /`操作。支持约分，例如将15/–6变成–5/2。除以最大公约数，像这样：

```
class Fraction(n: Int, d: Int) {
  private val num: Int = if (d == 0) 1 else n * sign(d) / gcd(n, d);
  private val den: Int = if (d == 0) 0 else d * sign(d) / gcd(n, d);
  override def toString = s"$num/$den"
  def sign(a: Int) = if (a > 0) 1 else if (a < 0) -1 else 0
  def gcd(a: Int, b: Int): Int = if (b == 0) abs(a) else gcd(b, a % b)
  ...
}
```

4. 实现一个`Money`类，加入美元和美分字段。提供`+`、`-`操作符以及比较操作符`==`和`<`。举例来说，`Money(1, 75) + Money(0, 50) == Money(2, 25)`应为`true`。你应该同时提供`*`和`/`操作符吗？为什么？
5. 提供操作符用于构造HTML表格。例如：

```
Table() | "Java" | "Scala" || "Gosling" | "Odersky" || "JVM" | "JVM, .NET"
```

应交出

```
<table><tr><td>Java</td><td>Scala</td></tr><tr><td>Gosling...
```

6. 提供一个`ASCIIArt`类，其对象包含类似于这样的图形：

```
 /\_/\
( ' ' )
(  -  )
 | | |
(__|__)
```

提供将两个`ASCIIArt`图形横向或纵向结合的操作符。选用适当优先级的操作符命名。横向结合的示例：

```
 /\_/\      -----
( ' ' )   / Hello \
(  -  ) <  Scala |
 | | |    \ Coder /
(__|__)     -----
```

7. 实现一个BigSequence类，将64个bit的序列打包在一个Long值中。提供apply和update操作来获取和设置某个具体的bit。
8. 提供一个Matrix类——你可以选择需要的是一个2×2的矩阵，任意大小的正方形矩阵，或是$m \times n$的矩阵。支持+和*操作。*操作应同样适用于单值，例如mat * 2。单个元素可以通过mat(row, col)得到。
9. 定义一个PathComponents对象，其unapply操作从一个java.nio.file.Path中提取目录路径和文件名。例如，/home/cay/readme.txt文件的目录路径为/home/cay而文件名为readme.txt。
10. 修改前一个练习中的PathComponents对象，定义一个unapplySeq操作来提取所有的路径片段。例如，对于文件/home/cay/readme.txt，你应该产出一个带有三个片段的序列：home、cay和readme.txt。
11. 改进11.11节的动态属性选择器，让我们可以不必一定使用下画线。例如，sysProps.java.home应该选中键为"java.home"的属性。可以使用一个助手类，同样扩展自Dynamic，包含部分完成的路径。
12. 定义一个XMLElement类，对带有名称、属性和子元素的XML元素建模。使用动态选择和方法调用，允许选择类似于rootElement.html.body.ul(id="42").li这样的路径，返回html的body的id属性为42的ul的所有li元素。
13. 提供一个XMLBuilder类来动态构建XML元素，比如builder.ul(id="42", style="list-style: lower-alpha;")，其中方法名将变成元素名，而带名参数将变成属性。想出一个便捷的方式来构建嵌套的元素。

第12章　高阶函数

本章的主题 L1

Chapter 12

Scala混合了面向对象和函数式的特性。在函数式编程语言中，函数是“头等公民”，可以像任何其他数据类型一样被传递和操作。每当你想要给算法传入明细动作时，这个特性就会变得非常有用。在函数式编程语言中，你只需要将明细动作包在函数当中作为参数传入即可。在本章中，你将会看到如何通过那些使用或返回函数的函数来提高我们的工作效率。

本章的要点包括：

- 在Scala中函数是“头等公民”，就和数字一样。
- 你可以创建匿名函数，通常还会把它们交给其他函数。
- 函数参数可以给出需要稍后执行的行为。
- 许多集合方法都接受函数参数，将函数应用到集合中的值。
- 有很多语法上的简写让你以简短且易读的方式表达函数参数。
- 你可以创建操作代码块的函数，它们看上去就像是内建的控制语句。

12.1 作为值的函数

在Scala中，函数是“头等公民”，就和数字一样。你可以在变量中存放函数：

```
import scala.math._
val num = 3.14
val fun = ceil _
```

这段代码将num设为3.14，fun设为ceil函数。

ceil函数后的_意味着你确实指的是这个函数，而不是碰巧忘记了给它送参数。

当你在REPL中尝试这段代码时，毫不意外，num的类型是Double。fun的类型被报告为(Double) => Double；也就是说，接受并返回Double的函数。

说明：从技术上讲，_将ceil*方法*变成了函数。在Scala中，你没法随意操纵方法，只能操纵函数。这个函数的类型是(Double) => Double，中间有个箭头。对比而言，ceil方法的类型是(Double)Double，中间没有箭头。你没法直接使用这样的类型，不过你可以在编译器和REPL消息中找到它们。

在一个预期需要函数的上下文里使用方法名时，_后缀不是必需的。例如，如下代码是合法的：

```
val f: (Double) => Double = ceil // 不需要下画线
```

说明：ceil方法是scala.math这个包对象的方法。如果你有一个来自类的方法，将它变成函数的方式略微不同：

```
val f = (_: String).charAt(_: Int)
  // 这是一个类型为 (String, Int) => Char 的函数
```

或者，你也可以指定函数的类型，而不是参数类型：

```
val f: (String, Int) => Char = _.charAt(_)
```

你能对函数做些什么呢？两件事：

- 调用它。
- 传递它，存放在变量中，或者作为参数传递给另一个函数。

以下是如何调用存放在fun中的函数：

```
fun(num) // 4.0
```

正如你所看到的那样，这里用的是普通的函数调用语法。唯一的区别是，fun是一个包含函数的变量，而不是一个固定的函数。

以下展示了如何将fun传递给另一个函数：

```
Array(3.14, 1.42, 2.0).map(fun) // Array(4.0, 2.0, 2.0)
```

map方法接受一个函数参数，将它应用到数组中的所有值，然后返回结果的数组。在本章中，你将会看到许多其他接受函数参数的方法。

12.2 匿名函数

在Scala中，你无须给每一个函数命名，正如你无须给每个数字命名一样。以下是一个匿名函数：

```
(x: Double) => 3 * x
```

该函数将传给它的参数乘以3。

你当然可以将这个函数存放到变量中：

```
val triple = (x: Double) => 3 * x
```

这就跟你用def一样：

```
def triple(x: Double) = 3 * x
```

但是你无须给函数命名。你可以直接将它传递给另一个函数：

```
Array(3.14, 1.42, 2.0).map((x: Double) => 3 * x)
  // Array(9.42, 4.26, 6.0)
```

在这里，我们告诉map方法："将每个元素乘以3"。

说明：如果你愿意，也可以将函数参数包在花括号当中而不是用圆括号，例如：

```
Array(3.14, 1.42, 2.0).map{ (x: Double) => 3 * x }
```

在使用中置表示法时（没有句点），这样的写法比较常见。

```
Array(3.14, 1.42, 2.0) map { (x: Double) => 3 * x }
```

说明：任何以def定义的（不论在REPL中、类中，还是在对象中）都是方法，不是函数：

```
scala> def triple(x: Double) = 3 * x
triple: (x: Double)Double
```

注意方法类型(x: Double)Double。相对应地，函数定义有一个函数类型：

```
scala> val triple = (x: Double) => 3 * x
triple: Double => Double
```

12.3 带函数参数的函数

在本节中，你将会看到如何实现接受另一个函数作为参数的函数。以下是一个示例：

```
def valueAtOneQuarter(f: (Double) => Double) = f(0.25)
```

注意，这里的参数可以是任何接受Double并返回Double的函数。valueAtOneQuarter函数将计算那个函数在0.25位置的值。

例如：

```
valueAtOneQuarter(ceil _) // 1.0
valueAtOneQuarter(sqrt _) // 0.5 （因为 0.5 × 0.5 = 0.25）
```

valueAtOneQuarter的类型是什么呢？它是一个带有单个参数的函数，因为它的类型写作：

```
(参数类型) => 结果类型
```

结果类型很显然是Double，而参数类型已经在函数头部以(Double) => Double给出了。因此，valueAtOneQuarter的类型为：

```
((Double) => Double) => Double
```

由于valueAtOneQuarter是一个接受函数参数的函数，因此它被称作“高阶函数（higher-order function）”。

高阶函数也可以产出另一个函数。以下是一个简单示例：

```
def mulBy(factor : Double) = (x : Double) => factor * x
```

举例来说，mulBy(3)返回函数(x: Double) => 3 * x，这个函数在前一节你已经见过了。mulBy的威力在于，它可以产出能够乘以任何数额的函数：

```
val quintuple = mulBy(5)
quintuple(20) // 100
```

mulBy函数有一个类型为Double的参数，返回一个类型为(Double) => Double的函数。因此，它的类型为：

```
(Double) => ((Double) => Double)
```

12.4 参数（类型）推断

当你将一个匿名函数传递给另一个函数或方法时，Scala会尽可能帮助你推断出类型信息。举例来说，你无须将代码写成：

```
valueAtOneQuarter((x: Double) => 3 * x) // 0.75
```

由于valueAtOneQuarter方法知道你会传入一个类型为(Double) => Double的函数，你可以简单地写成：

```
valueAtOneQuarter((x) => 3 * x)
```

作为额外奖励，对于只有一个参数的函数，你可以略去参数外围的()：

```
valueAtOneQuarter(x => 3 * x)
```

还有更好的方式。如果参数在=>右侧只出现一次，你可以用_替换掉它：

```
valueAtOneQuarter(3 * _)
```

从舒适度上讲，这是终极版本了，并且阅读起来也很容易：一个将某值乘以3的函数。请注意这些简写方式仅在参数类型已知的情况下有效。

```
val fun = 3 * _ // 错误：无法推断出类型
val fun = 3 * (_: Double) // OK
val fun: (Double) => Double = 3 * _ // OK，因为我们给出了fun的类型
```

当然，最后一个定义很造作。不过它展示了函数是如何被作为参数（刚好是那个类型）传入的。

说明：给出_的类型有助于将方法变成函数。例如，`(_: String).length`是一个类型为`String => Int`的函数，而`(_: String).substring(_: Int, _: Int)`是一个类型为`(String, Int, Int) => String`的函数。

12.5 一些有用的高阶函数

要熟悉和适应高阶函数，一个不错的途径是练习使用Scala集合库中一些常用的（也显然是很有用的）接受函数参数的方法。

你已经见过map方法了，这个方法将一个函数应用到某个集合的所有元素并返回结果。以下是一个快速地产出包含0.1，0.2，…，0.9的集合的方式：

```
(1 to 9).map(0.1 * _)
```

说明：这里有一个通用的原则。如果你要的是一个序列的值，那么想办法从一个简单的序列转化得出。

让我们用它来打印一个三角形：

```
(1 to 9).map("*" * _).foreach(println _)
```

结果是：

```
*
**
***
****
*****
******
*******
********
*********
```

在这里，我们还用到了foreach，它和map很像，只不过它的函数并不返回任何值。foreach只是简单地将函数应用到每个元素而已。

filter方法交出所有匹配某个特定条件的元素。举例来说，以下展示了如何得到一个序列中的所有偶数：

```
(1 to 9).filter(_ % 2 == 0) // 2, 4, 6, 8
```

当然，这并不是得到该结果最高效的方式。

reduceLeft方法接受一个二元函数——即一个带有两个参数的函数——并将它应用到序列中的所有元素（从左到右）。例如：

```
(1 to 9).reduceLeft(_ * _)
```

等同于

```
1 * 2 * 3 * 4 * 5 * 6 * 7 * 8 * 9
```

或者，更加严格地说

```
(...((1 * 2) * 3) * ... * 9)
```

注意乘法函数的紧凑写法_ * _，每个下画线分别代表一个参数。

你还需要一个二元函数来做排序。例如：

```
"Mary had a little lamb".split(" ").sortWith(_.length < _.length)
```

这段代码交出一个按长度递增排序的数组：Array("a", "had", "Mary", "lamb", "little")。

12.6 闭包

在Scala中，你可以在任何作用域内定义函数：包、类甚至是另一个函数或方法。在函数体内，你可以访问到相应作用域内的任何变量。这听上去没什么大不了的，但请注意，你的函数可以在变量不再处于作用域内的时候被调用。

这里有一个示例：12.3节的mulBy函数。

```
def mulBy(factor : Double) = (x : Double) => factor * x
```

以如下调用为例：

```
val triple = mulBy(3)
val half = mulBy(0.5)
println(s"${triple(14)} ${half(14)}") // 将打印42 7
```

让我们慢动作回放一下：

1. mulBy的首次调用将参数变量factor设为3。该变量在(x: Double) => factor * x函数的函数体内被引用，该函数被存入triple。然后参数变量factor从运行时的栈上被弹出。
2. 接下来，mulBy再次被调用，这次factor被设为了0.5。该变量在(x: Double) => factor * x函数的函数体内被引用，该函数被存入half。

每一个返回的函数都有自己的factor设置。

这样一个函数被称作“闭包（closure）”。闭包由代码和代码用到的任何非局部变量定义构成。

这些函数实际上是以类的对象方式实现的，该类有一个实例变量factor和一个包含了函数体的apply方法。

闭包如何实现并不重要。Scala编译器会确保你的函数可以访问非局部变量。

说明： 如果闭包是语言中很自然的组成部分，就并不会难以理解或让人感到意外。许多现代的语言，比如JavaScript、Ruby和Python都支持闭包。Java从Java 8开始通过lambda表达式的形式也支持了闭包。

12.7 SAM转换

在Scala中，每当你想要告诉另一个函数做某件事时，你都会传一个函数参数给它。在Java 8之前，要达到同样的目的，Java只能针对这个动作定义一个类和方法。例如，要实现一个按钮的回调，我们必须使用这样的Scala代码（或与之等效的Java版本）：

```
var counter = 0

val button = new JButton("Increment")
```

```
button.addActionListener(new ActionListener {
  override def actionPerformed(event: ActionEvent) {
    counter += 1
  }
})
```

在Java 8中，我们可以用lambda表达式来指定这样的动作。lambda表达式跟Scala的函数关系密切。幸运的是，这意味着从Scala 2.12开始，我们可以将Scala函数传给预期接受一个“SAM接口”——任何带有单个抽象方法（single **a**bstract **m**ethod）的Java接口——的Java代码。（Java中这类接口的正式名称为“函数式接口（functional interfaces）”。）

只需要简单地将函数传给addActionListener方法，就像这样：

```
button.addActionListener(event => counter += 1)
```

需要注意的是，从Scala函数到Java SAM接口的转换只对函数字面量（function literal）有效，对持有函数值的变量没有用。如下代码并不能正常工作：

```
val listener = (event: ActionListener) => println(counter)
button.addActionListener(listener)
  // 不能将非字面量的函数转换为Java的SAM接口
```

最简单的修复方案是将持有函数值的这个变量声明为Java SAM接口类型的：

```
val listener: ActionListener = event => println(counter)
button.addActionListener(listener) // Ok
```

或者，你也可以将函数变量改成函数字面量的表达式：

```
val exit = (event: ActionEvent) => if (counter > 9) System.exit(0)
button.addActionListener(exit(_))
```

12.8 柯里化

柯里化（currying，以逻辑学家Haskell Brooks Curry的名字命名）指的是将原来接受两个参数的函数变成新的接受一个参数的函数的过程。新的函数返回一个以原有第二个参数作为参数的函数。

嗯？我们来看一个示例吧。如下函数接受两个参数：

```
val mul = (x: Int, y: Int) => x * y
```

以下函数接受一个参数，生成另一个接受单个参数的函数：

```
val mulOneAtATime = (x: Int) => ((y: Int) => x * y)
```

要计算两个数的乘积，你需要调用：

```
mulOneAtATime(6)(7)
```

严格地讲，mulOneAtATime(6)的结果是函数 (y: Int) => 6 * y。而这个函数又被应用到7，因此最终交出42。

Scala支持如下简写来定义这样的柯里化函数：

```
def mulOneAtATime(x: Int)(y: Int) = x * y
```

说明：还记得吗？任何以def定义的（不论在REPL中、类中，还是在对象中）都是方法，不是函数。你在用def定义柯里化方法时，可以用多组圆括号：

```
scala> def mulOneAtATime(x: Int)(y: Int) = x * y
mulOneAtATime: (x: Int)(y: Int)Int
```

注意方法类型(x: Int)(y: Int)Int。与此相对应地，当你定义函数时，必须用多个箭头，而不是多组圆括号：

```
scala> val mulOneAtATime = (x: Int) => (y: Int) => x * y
mulOneAtATime: Int => (Int => Int)
```

如你所见，多参数不过是个虚饰，并不是编程语言的什么根本性的特质。这是个很有意思的理论，但同时在Scala中也有很实际的用途。有时候，你想要用柯里化来把某个函数参数单拎出来，以提供更多用于类型推断的信息。

这里有一个典型的示例。corresponds方法可以比较两个序列是否在某个比对条件下相同。例如：

```
val a = Array("Hello", "World")
val b = Array("hello", "world")
a.corresponds(b)(_.equalsIgnoreCase(_))
```

注意函数_.equalsIgnoreCase(_)是以一个经过柯里化的参数的形式传递的，有自己独立的(...)。如果你去查看Scaladoc，则会看到corresponds的类型声明如下：

```
def corresponds[B](that: Seq[B])(p: (A, B) => Boolean): Boolean
```

在这里，that序列和前提函数p是分开的两个柯里化的参数。类型推断器可以分析出B出自that的类型，因此就可以利用这个信息来分析作为参数p传入的函数。

拿本例来说，that是一个String类型的序列。因此，前提函数应有的类型为 (String, String) => Boolean。有了这个信息，编译器就可以接受_.equalsIgnoreCase(_)作为(a: String, b: String) => a.equalsIgnoreCase(b)的简写了。

12.9 控制抽象

在Scala中，我们可以将一系列语句归组成不带参数也没有返回值的函数。举例来说，如下函数在线程中执行某段代码：

```
def runInThread(block: () => Unit) {
  new Thread {
    override def run() { block() }
  }.start()
}
```

这段代码以类型为() => Unit的函数的形式给出。不过，当你调用该函数时，需要写一段不那么美观的() =>：

```
runInThread { () => println("Hi"); Thread.sleep(10000); println("Bye") }
```

要想在调用中省掉() =>，可以使用换名（call-by-name）调用表示法：在参数声明和调用该函数参数的地方略去()，但保留=>：

```
def runInThread(block: => Unit) {
  new Thread {
    override def run() { block }
  }.start()
}
```

于是调用代码就变成了只是：

```
runInThread { println("Hi"); Thread.sleep(10000); println("Bye") }
```

这看上去很棒。Scala程序员可以构建控制抽象（control abstraction）：看上去像是编程语言的关键字的函数。举例来说，我们可以实现一个用起来完全像是在使用while语句那样的函数。或者，我们也可以再发挥一下，定义一个until语句，工作原理类似于while，只不过把条件反过来用：

```
def until(condition: => Boolean)(block: => Unit) {
  if (!condition) {
    block
    until(condition)(block)
  }
}
```

以下是使用until的示例：

```
var x = 10
until (x == 0) {
  x -= 1
  println(x)
}
```

这样的函数参数有一个专业术语，叫作*换名调用参数*。和一个常规（或者说换值调用）的参数不同，函数在被调用时，参数表达式不会被求值。毕竟，在调用until时，我们并不希望x == 0被求值得到false。与之相反，表达式成为无参函数的函数体，而该函数被当作参数传递下去。

仔细看一下until函数的定义。注意它是柯里化的：函数首先处理掉condition，然后把block当作完全独立的另一个参数。如果没有柯里化，调用就会变成这个样子：

```
until(x == 0, { ... })
```

其用起来就没那么漂亮了。

12.10 return表达式

在Scala中，你无须用return语句来返回函数值。函数的返回值就是函数体的值。

不过，你可以用return来从一个匿名函数中返回值给包含这个匿名函数的带名函数。这对于控制抽象是很有用的。举例来说，如下函数：

```
def indexOf(str: String, ch: Char): Int = {
  var i = 0
  until (i == str.length) {
    if (str(i) == ch) return i
    i += 1
  }
  return -1
}
```

在这里，匿名函数{ if (str(i) == ch) return i; i += 1 }被传递给until。当return表达式被执行时，包含它的带名函数indexOf终止并返回给定的值。

如果你要在带名函数中使用return的话，则需要给出其返回类型。举例来说，在上述indexOf函数中，编译器没法推断出它会返回Int。

控制流程的实现依赖于一个在匿名函数的return表达式中抛出的特殊异常，该异常从until函数传出，并被indexOf函数捕获。

注意：如果异常在被送往带名函数值前，在一个try代码块中被捕获了，那么相应的值就不会被返回。

练习

1. 编写函数values(fun: (Int) => Int, low: Int, high: Int)，该函数需要交出一个集合，对应给定区间内给定函数的输入和输出。比如，values(x => x * x, -5, 5)应该产出一个对偶的集合(-5, 25)，(-4, 16)，(-3, 9)，…，(5, 25)。
2. 如何用reduceLeft得到数组中的最大元素？
3. 用to和reduceLeft实现阶乘函数，不得使用循环或递归。
4. 前一个实现需要处理一个特殊情况，即$n < 1$的情况。展示如何用foldLeft来免除这个必要。（在Scaladoc中查找foldLeft的说明。它和reduceLeft很像，只

不过所有需要结合在一起的这些值的首值在调用的时候给出。）

5. 编写函数`largest(fun: (Int) => Int, inputs: Seq[Int])`，输出在给定输入序列中给定函数的最大值。举例来说，`largest(x => 10 * x - x * x, 1 to 10)`应该返回25。不得使用循环或递归。
6. 修改前一个函数，返回最大的输出对应的输入。举例来说，`largestAt(x => 10 * x - x * x, 1 to 10)`应该返回5。不得使用循环或递归。
7. 要得到一个序列的对偶很容易，比如：

```
val pairs = (1 to 10) zip (11 to 20)
```

假定你想要对这个序列做某种操作——比如，给对偶中的值求和。但你不能直接用：

```
pairs.map(_ + _)
```

函数`_ + _`接受两个`Int`作为参数，而不是`(Int, Int)`对偶。编写函数`adjustToPair`，该函数接受一个类型为`(Int, Int) => Int`的函数作为参数，并返回一个等效的、可以以对偶作为参数的函数。举例来说就是：`adjustToPair(_ * _)((6, 7))`应得到42。

然后用这个函数通过`map`计算出各个对偶的元素之和。

8. 在12.8节中，你看到了用于两组字符串数组的`corresponds`方法。做出一个对该方法的调用，让它帮我们判断某字符串数组里的所有元素的长度是否和某个给定的整数数组相对应。
9. 不使用柯里化实现`corresponds`。然后尝试从前一个练习的代码来调用。你遇到了什么问题？
10. 实现一个`unless`控制抽象，工作机制类似于`if`，但条件是反过来的。第一个参数需要是换名调用的参数吗？需要柯里化吗？

第13章 集合

本章的主题 A2

Chapter 13

在本章中，你将从类库使用者的角度学习Scala的集合库。除了你之前已经接触到的数组和映射，你还会看到其他有用的集合类型。有很多方法可以被应用到集合上，本章将依次介绍它们。

本章的要点包括：

- 所有集合都扩展自`Iterable`特质。
- 集合有三大类，分别为序列、集和映射。
- 对于几乎所有集合类，Scala都同时提供了可变的和不可变的版本。
- Scala列表要么是空的，要么拥有一头一尾，其中尾部本身又是一个列表。
- 集是无先后次序的集合。
- 用`LinkedHashSet`保留插入顺序，或者用`SortedSet`按顺序进行迭代。
- `+`将元素添加到无先后次序的集合中；`+:`和`:+`向前或向后追加到序列；`++`将两个集合串接在一起；`-`和`--`移除元素。
- `Iterable`和`Seq`特质有数十个用于常见操作的方法。在编写冗长烦琐的循环之前，先看看这些方法是否满足你的需要。
- 映射、折叠和拉链操作是很有用的技巧，用来将函数或操作应用到集合中的元素。

13.1　主要的集合特质

图13-1显示了构成Scala集合类继承关系最重要的特质。

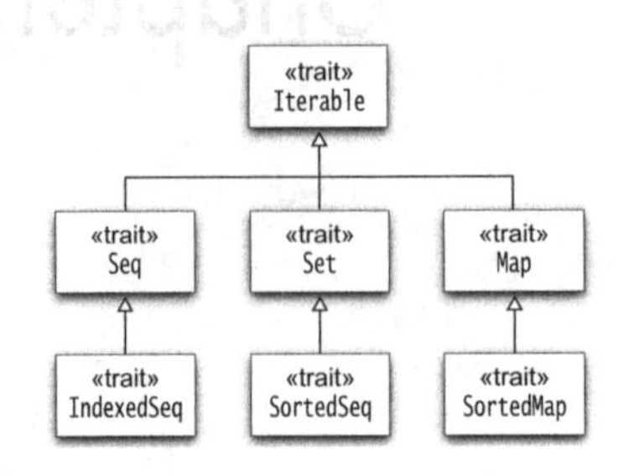

图13-1　Scala集合类继承关系中的关键特质

Iterable指的是那些能交出用来访问集合中所有元素的Iterator的集合：

```
val coll = ... // 某种Iterable
val iter = coll.iterator
while (iter.hasNext)
  对 iter.next() 执行某种操作
```

这是遍历一个集合最基本的方式。不过，你将在本章看到，通常还有更加便捷的做法。

Seq是一个有先后次序的值的序列，比如数组或列表。IndexedSeq允许我们通过整型的下标快速地访问任意元素。举例来说，ArrayBuffer是带下标的，但链表不是。

Set是一组没有先后次序的值。在SortedSet中，元素以某种排过序的顺序被访问。

Map是一组（键，值）对偶。SortedMap按照键的排序访问其中的实体。更多信息参见第4章。

这个类继承关系和Java很相似，同时其有一些不错的改进：

1. 映射隶属于同一个类继承关系而不是一个单独的层级关系。
2. IndexedSeq是数组的超类型，但不是列表的超类型，以便区分。

说明： 在Java中，ArrayList和LinkedList实现同一个List接口，使得编写那种需要优先考虑随机访问效率的代码十分困难，例如，在一个已排序的序列中

进行查找的时候。这是最初的Java集合框架中一个有问题的设计决定。后来的版本加入了RandomAccess这个标记接口来应对这个缺陷。

每个Scala集合特质或类都有一个带有apply方法的伴生对象，这个apply方法可以用来构建该集合中的实例。例如：

```
Iterable(0xFF, 0xFF00, 0xFF0000)
Set(Color.RED, Color.GREEN, Color.BLUE)
Map(Color.RED -> 0xFF0000, Color.GREEN -> 0xFF00, Color.BLUE -> 0xFF)
SortedSet("Hello", "World")
```

这样的设计叫作“统一创建原则”。

可以用来在不同集合类型间转换的方法有toSeq、toSet、toMap等，以及一个泛型的to[C]方法。

```
val coll = Seq(1, 1, 2, 3, 5, 8, 13)
val set = coll.toSet
val buffer = coll.to[ArrayBuffer]
```

说明：你可以用==操作符来将任何序列、集或映射跟同类的集合做比较。例如，Seq(1, 2, 3) == (1 to 3)将交出true。但如果是跟不同类的集合做比较，例如，Seq(1, 2, 3) == Set(1, 2, 3)将总是交出false。在这种情况下，你可以使用sameElements方法。

13.2 可变和不可变集合

Scala同时支持可变的和不可变的集合。不可变的集合从不改变，因此你可以安全地共享其引用，甚至是在一个多线程的应用程序当中也没问题。举例来说，既有scala.collection.mutable.Map，也有scala.collection.immutable.Map。它们有一个共有的超类型scala.collection.Map（当然了，这个超类型没有定义任何改值操作）。

说明： 当你握有一个指向scala.collection.immutable.Map的引用时，你知道没人能修改这个映射。如果你有的是一个scala.collection.Map，那么你不能改变它，但别人也许会。

Scala优先采用不可变集合。scala.collection包中的伴生对象产出不可变的集合。举例来说，scala.collection.Map("Hello" -> 42)是一个不可变的映射。

不只如此，总被引入的scala包和Predef对象里还有指向不可变特质的类型别名List、Set和Map。举例来说，Predef.Map和scala.collection.immutable.Map是一回事。

提示： 使用如下语句：

```
import scala.collection.mutable
```

你就可以用Map得到不可变的映射，用mutable.Map得到可变的映射。

如果之前没有接触过不可变集合，你可能会想，如何用它们来做有用的工作呢？问题的关键在于，你可以基于老的集合创建新集合。举例来说，如果numbers是一个不可变的集，那么

```
numbers + 9
```

就是一个包含了numbers和9的新集。如果9已经在集中，则你得到的是指向老集的引用。这在递归计算中特别自然。举例来说，我们可以计算某个整数中所有出现过的阿拉伯数字的集：

```
def digits(n: Int): Set[Int] =
  if (n < 0) digits(-n)
  else if (n < 10) Set(n)
  else digits(n / 10) + (n % 10)
```

这个方法从包含单个数字的集开始，每一步，添加进另外一个数字。不过，添加某个数字并不会改变原有的集，而是构造出一个新的集。

13.3 序列

图13-2显示了最重要的不可变序列。

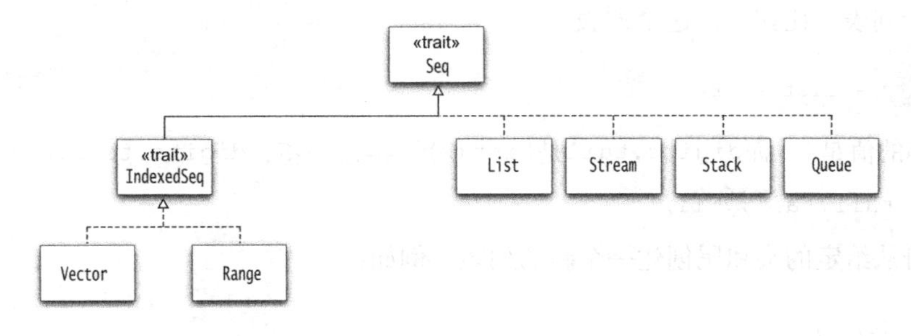

图13-2 不可变序列

Vector是ArrayBuffer的不可变版本：一个带下标的序列，其支持快速的随机访问。向量是以树形结构的形式实现的，每个节点可以有不超过32个子节点。对于一个有100万个元素的向量而言，我们只需要4层节点（因为$10^3 \approx 2^{10}$，而$10^6 \approx 32^4$）。访问这样一个列表中的某个元素只需要4跳；而在链表中，同样的操作平均需要500 000跳。

Range表示一个整数序列，比如0,1,2,3,4,5,6,7,8,9或10,20,30。当然了，Range对象并不存储所有值而只是存储起始值、结束值和增值。你可以用to和until方法来构造Range对象，就像第3章中介绍的那样。

我们将在下一节介绍列表，然后在13.12节中介绍流。最有用的可变序列参见图13-3。

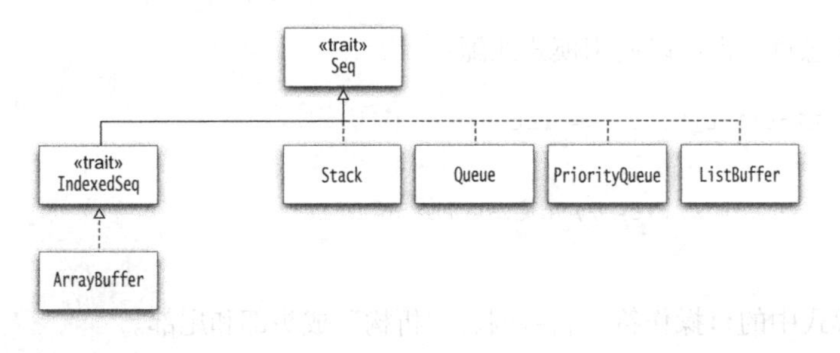

图13-3 可变序列

我们在第3章中介绍了数组缓冲。而栈、队列、优先级队列等都是标准的数据结构，用来实现特定算法。如果你熟悉这些结构的话，Scala的实现不会让你感到意外。

13.4 列表

在Scala中，列表要么是Nil（即空表），要么是一个head元素加上一个tail，而tail又是一个列表。比如下面这个列表

```
val digits = List(4, 2)
```

digits.head的值是4，而digits.tail是List(2)。再进一步，digits.tail.head是2，而digits.tail.tail是Nil。

::操作符从给定的头和尾创建一个新的列表。例如：

```
9 :: List(4, 2)
```

就是List(9, 4, 2)。你也可以将这个列表写作：

```
9 :: 4 :: 2 :: Nil
```

注意::是右结合的。通过::操作符，列表将从末端开始构建：

```
9 :: (4 :: (2 :: Nil))
```

在Java或C++中，我们用迭代器来遍历链表。在Scala中你也可以这样做，但使用递归会更加自然。例如，如下函数计算整型链表中的所有元素之和：

```
def sum(lst: List[Int]): Int =
  if (lst == Nil) 0 else lst.head + sum(lst.tail)
```

或者，如果你愿意，也可以使用模式匹配：

```
def sum(lst: List[Int]): Int = lst match {
  case Nil => 0
  case h :: t => h + sum(t) // h是lst.head而t是lst.tail
}
```

注意第二个模式中的::操作符，它将列表“析构”成头部和尾部。

说明：递归之所以那么自然，是因为列表的尾部正好又是一个列表。

当然了，就这个特定的例子而言，你完全无须使用递归。Scala类库已经提供了一个sum方法：

```
List(9, 4, 2).sum // 将交出15
```

如果你想要当场修改可变列表的元素，可以用ListBuffer，这是一个由链表支撑的数据结构，包含一个指向最后一个节点的引用。这让它可以高效地从任意一端添加或移除元素。

不过，在当中添加或移除元素并不高效。例如，假定你想要移除可变列表中每两个元素的第二个。用Java的LinkedList，你可以每隔一次调用next时调用remove。这在ListBuffer中没有对等的操作。当然了，对链表而言，按指定下标移除多个元素是非常低效的。你的最佳选择是用结果生成一个新的列表（参见练习3）。

说明： Scala有LinkedList和DoubleLinkedList类（它们都过时了），还有一个内部的MutableList类，这些是你不应该用的。

13.5 集

集是不重复元素的集合。尝试将已有元素加入没有效果。例如：

```
Set(2, 0, 1) + 1
```

和Set(2, 0, 1)是一样的。

与列表不同，集并不保留元素插入的顺序。默认情况下，集是以哈希集实现的，其元素根据hashCode方法的值进行组织。（Scala和Java一样，每个对象都有hashCode方法。）

举例来说，如果你遍历

```
Set(1, 2, 3, 4, 5, 6)
```

元素被访问到的次序为：

```
5 1 6 2 3 4
```

你可能会觉得奇怪：为什么集不保持元素的顺序。实际情况是，如果你允许集对它们的元素重新排列的话，就可以以快得多的速度找到元素。在哈希集中查找元素要比在数组或列表中快得多。

链式哈希集（linked hash set）可以记住元素被插入的顺序。它会维护一个链表来达到这个目的。例如：

```
val weekdays = scala.collection.mutable.LinkedHashSet("Mo", "Tu", "We",
  "Th", "Fr")
```

如果你想要按照已排序的顺序来访问集中的元素，用已排序的集（sorted set）：

```
val numbers = scala.collection.mutable.SortedSet(1, 2, 3, 4, 5)
```

位组（bit set）是集的一种实现，其以一个字位序列的方式存放非负整数。如果位组中有*i*，则第*i*个字位是1。这是个很高效的实现（只要最大元素不是特别大）。Scala提供了可变的和不可变的两个`BitSet`类。

`contains`方法检查某个集是否包含给定的值。`subsetOf`方法检查某个集当中的所有元素是否都被另一个集包含。

```
val digits = Set(1, 7, 2, 9)
digits contains 0 // false
Set(1, 2) subsetOf digits // true
```

`union`、`intersect`和`diff`方法执行通常的集操作。如果你愿意，也可以将它们写作`|`、`&`和`&~`。你也可以将并集（union）写作`++`，将差集（diff）写作`--`。举例来说，如果我们有如下的集：

```
val primes = Set(2, 3, 5, 7)
```

则`digits union primes`等于`Set(1, 2, 3, 5, 7, 9)`，`digits & primes`等于`Set(2, 7)`，而`digits -- primes`等于`Set(1, 9)`。

13.6 用于添加或去除元素的操作符

当你想添加或删除某个元素或某些元素时，要用的操作符取决于集合类型。表13-1给出了一个总览。

表13–1 用于添加和移除元素的操作符

操作符	描述	集合类型
coll(k) 即coll.apply(k)	排在第k位的序列元素，或键k对应的映射值	Seq, Map
coll :+ elem elem +: coll	向后追加或向前追加了elem的与coll类型相同的集合	Seq
coll + elem coll + (e1, e2, ...)	添加了给定元素的与coll类型相同的集合	Set, Map
coll - elem coll - (e1, e2, ...)	移除了给定元素的与coll类型相同的集合	Set, Map, ArrayBuffer
coll ++ coll2 coll2 ++: coll	与coll类型相同的集合，同时包含了两个集合的元素	Iterable
coll -- coll2	与coll类型相同的集合，移除了coll2中的所有元素（对序列使用diff）	Set, Map, ArrayBuffer
elem :: lst lst2 ::: lst	带有该元素的列表，或在lst之前追加了给定列表的列表。同+:和++:	List
list ::: list2	同list ++: list2	List
set | set2 set & set2 set &~ set2	并集、交集、差集。|等同于++，而&~等同于--	Set
coll += elem coll += (e1, e2, ...) coll ++= coll2 coll -= elem coll -= (e1, e2, ...) coll --= coll2	通过添加或移除元素来修改coll	可变集合
elem +=: coll coll2 ++=: colll	通过向前追加给定元素或集合来修改coll	ArrayBuffer

一般而言，+用于将元素添加到无先后次序的集合，而+:和:+则是将元素添加到有先后次序的集合的开头或末尾。

```
Vector(1, 2, 3) :+ 5 // 将交出Vector(1, 2, 3, 5)
1 +: Vector(1, 2, 3) // 将交出Vector(1, 1, 2, 3)
```

注意，和其他以冒号结尾的操作符一样，+:是右结合的，是右侧操作元的方法。

这些操作符都返回新的集合（和原集合类型保持一致），不会修改原有的集合。

而可变集合有+=操作符用于修改左侧操作元。例如：

```
val numbers = ArrayBuffer(1, 2, 3)
numbers += 5 // 将5添加到numbers
```

对于不可变集合，你可以在var上使用+=或:+=，就像这样：

```
var numbers = Set(1, 2, 3)
numbers += 5 // 将numbers设为不可变的集numbers + 5
var numberVector = Vector(1, 2, 3)
numberVector :+= 5 // 在这里我们没法用+=，因为向量没有+操作符
```

要移除元素，使用-操作符：

```
Set(1, 2, 3) - 2 // 将交出Set(1, 3)
```

你可以用++来一次添加多个元素：

```
coll ++ coll2
```

这将交出一个与coll类型相同，且包含了coll和coll2中所有元素的集合。类似地，--操作符将一次移除多个元素。

提示： 如你所见，Scala提供了许多用于添加和移除元素的操作符。汇总如下：

1. 向后（:+）或向前（+:）追加元素到序列当中。
2. 添加（+）元素到无先后次序的集合中。
3. 用-操作符移除元素。
4. 用++和--来批量添加或移除元素。
5. 改值操作有+=、++=、-=和--=。
6. 对于列表，许多Scala程序员都优先选择::和:::操作符。
7. 尽量别用++:、+=:和++=:。

说明： 对于列表，你可以用+:而不是::来保持与其他集合操作的一致性，但有一个例外：模式匹配（case h::t）不认+:操作符。

13.7 常用方法

表13-2给出了Iterable特质最重要方法的概览，其按功能点排列。

表13-2 Iterable特质的重要方法

方法	描述
head, last, headOption, lastOption	返回第一个或最后一个元素；或者，以Option返回
tail, init	返回除第一个或最后一个元素外其余的部分
length, isEmpty	返回集合长度；长度为零时返回true
map(f), flatMap(f), foreach(f), transform(f), collect(pf)	将函数应用到所有元素；参见13.8节
reduceLeft(op), reduceRight(op), foldLeft(init) (op), foldRight(init)(op)	以给定顺序将二元操作应用到所有元素；参见13.9节
reduce(op), fold(init)(op), aggregate(init)(op,combineOp)	以非特定顺序将二元操作应用到所有元素；参见13.15节
sum, product, max, min	返回和或乘积（前提是元素类型可以被隐式转换成Numeric特质）；返回最大值或最小值（前提是元素类型可以被转换成Ordered特质）
count(pred), forall(pred), exists(pred)	返回满足前提表达式的元素计数；所有元素都满足时返回true，或至少有一个元素满足时返回true
filter(pred), filterNot(pred), partition(pred)	返回所有满足前提表达式的元素；所有不满足的元素；或这两组元素组成的对偶
takeWhile(pred), dropWhile(pred), span(pred)	返回满足前提表达式的一组元素（直到遇到第一个不满足的元素）；所有其他元素；或这两组元素组成的对偶
take(n), drop(n), splitAt(n)	返回头n个元素；所有其他元素；或这两组元素组成的对偶
takeRight(n), dropRight(n)	返回最后n个元素；或所有其他元素
slice(from, to), view(from, to)	返回位于从from开始到to结束这个区间内的所有元素；或视图；参见13.13节
zip(coll2), zipAll(coll2, fill, fill2), zipWithIndex	返回由本集合元素和另一个集合的元素组成的对偶；参见13.10节

续表

方法	描述
grouped(n), sliding(n)	返回长度为n的子集合迭代器；grouped交出的是下标为0 until n的元素，然后是下标为n until 2 * n的元素，依此类推；sliding交出的是下标为0 until n的元素，然后是下标为1 until n + 1的元素，依此类推
groupBy(k)	交出的是一个映射，采用的键是所有元素x的k(x)。每个键对应的值是由带有该键的元素组成的集合
mkString(before, between, after), addString(sb, before, between, after)	做出一个由所有元素组成的字符串，将给定字符串分别添加到首个元素之前、每个元素之间，以及最后一个元素之后。第二个方法将该字符串追加到字符串构建器（string builder）中
toIterable, toSeq, toIndexedSeq, toArray, toBuffer, toList, toStream, toSet, toVector, toMap, to[C]	将集合转换成指定类型的集合

Seq特质在Iterable特质的基础上又额外添加了一些方法。表13-3展示了最重要的方法。

表13-3 Seq特质的重要方法

方法	描述
contains(elem), containsSlice(seq), startsWith(seq), endsWith(seq)	返回true，如果该序列包含给定元素，或包含给定序列；以给定序列开始；或以给定序列结束
indexOf(elem), lastIndexOf(elem), indexOfSlice(seq), lastIndexOfSlice(seq)	返回给定元素或序列在当前序列中的首次或末次出现的下标
indexWhere(pred)	返回满足pred的首个元素的下标
prefixLength(pred), segmentLength(pred, n)	返回满足pred的最长元素序列的长度，从当前序列的下标0或n开始查找
padTo(n, fill)	返回当前序列的一个拷贝，将fill的内容向后追加，直到新序列长度达到n

续表

方法	描述
intersect(seq), diff(seq)	返回“多重集合”的交集，或序列之间的差异。举例来说，如果a包含五个1而b包含两个1，则a intersect b包含两个1（较小的那个计数），而a diff b包含三个1（它们之间的差异）
reverse	当前序列的反向
sorted, sortWith(less), sortBy(f)	使用元素本身的大小、二元函数less，或者将每个元素映射成一个带先后次序的类型的值的函数f，对当前序列进行排序后的新序列
permutations, combinations(n)	返回一个遍历所有排列或组合（长度为n的子序列）的迭代器

说明：注意这些方法从不改变原有集合。它们返回一个与原集合类型相同的新集合。这有时被叫作“统一返回类型”原则。

13.8 将函数映射到集合

你可能会想要对集合中的所有元素进行变换。map方法可以将某个函数应用到集合中的每个元素并交出其结果的集合。举例来说，给定一个字符串的列表：

```
val names = List("Peter", "Paul", "Mary")
```

你可以用如下代码得到一个全大写的字符串列表：

```
names.map(_.toUpperCase) // List("PETER", "PAUL", "MARY")
```

这和下面的代码效果完全一样：

```
for (n <- names) yield n.toUpperCase
```

如果函数交出的是一个集合而不是单个值的话，你可能会想要将所有的值串接在一起。如果有这个要求，则用flatMap。例如有如下函数：

```
def ulcase(s: String) = Vector(s.toUpperCase(), s.toLowerCase())
```

则names.map(ulcase)将得到

```
List(Vector("PETER", "peter"), Vector("PAUL", "paul"), Vector("MARY", "mary"))
```

而names.flatMap(ulcase)将得到

```
List("PETER", "peter", "PAUL", "paul", "MARY", "mary")
```

提示： 如果你使用flatMap并传入返回Option的函数的话，最终返回的集合将包含所有的值*v*，前提是函数返回Some(*v*)。

说明： map和flatMap方法很重要，因为它们被用来翻译for表达式。例如，如下表达式

```
for (i <- 1 to 10) yield i * i
```

将被翻译成

```
(1 to 10).map(i => i * i)
```

而

```
for (i <- 1 to 10; j <- 1 to i) yield i * j
```

将被翻译成

```
(1 to 10).flatMap(i => (1 to i).map(j => i * j))
```

为什么是flatMap？参见练习9。

transform方法是map的等效操作，只不过是当场执行（而不是交出新的集合）。它应用于可变集合，并将每个元素都替换成函数的结果。例如，如下代码将所有的缓冲元素改成大写：

```
val buffer = ArrayBuffer("Peter", "Paul", "Mary")
buffer.transform(_.toUpperCase)
```

如果你应用某个函数只是为了副作用，并不关心函数的值，那么可以用foreach：

```
names.foreach(println)
```

collect方法用于偏函数（partial function）——那些并没有对所有可能的输入值进

行定义的函数。它交出的是被定义的所有参数的函数值的集合。例如：

```
"-3+4".collect { case '+' => 1 ; case '-' => -1 } // Vector(-1, 1)
```

groupBy方法交出的是这样一个映射：它的键是函数（求值后）的值，而值是那些函数求值得到给定键的元素的集合。例如：

```
val words = ...
val map = words.groupBy(_.substring(0, 1).toUpper)
```

构建的是一个将"A"映射到所有以A打头的单词（依此类推）的映射。

13.9 化简、折叠和扫描 A3

map方法将一元函数应用到集合的所有元素。我们在本节介绍的方法将会用二元函数来组合集合中的元素。类似于c.reduceLeft(op)这样的调用将op相继应用到元素，就像这样：

```
              .
             .
            .
           op
          /  \
         op   coll(3)
        /  \
       op   coll(2)
      /  \
coll(0)  coll(1)
```

例如：

```
List(1, 7, 2, 9).reduceLeft(_ - _)
```

将得到

```
            -
           / \
          -   9
         / \
        -   2
       / \
      1   7
```

或

```
((1 - 7) - 2) - 9 = 1 - 7 - 2 - 9 = -17
```

reduceRight方法做同样的事，只不过它从集合的尾部开始。例如：

```
List(1, 7, 2, 9).reduceRight(_ - _)
```

将得到

```
1 - (7 - (2 - 9)) = 1 - 7 + 2 - 9 = -13
```

通常，以不同于集合首元素的初始元素开始计算也很有用。对coll.foldLeft(init)(op)的调用将会计算：

```
          .
         .
        .
       op
      /  \
    op    coll(2)
   /  \
  op    coll(1)
 /  \
init   coll(0)
```

例如：

```
List(1, 7, 2, 9).foldLeft(0)(_ - _)
```

将得到

```
0 - 1 - 7 - 2 - 9 = -19
```

说明：初始值和操作符是两个分开定义的“柯里化”参数，这样Scala就能用初始值的类型来推断出操作符的类型定义。举例来说，在`List(1, 7, 2, 9).foldLeft("")(_ + _)`中，初始值是一个字符串，因此操作符必定是一个类型定义为`(String, Int) => String`的函数。

你也可以用`/:`操作符来写`foldLeft`操作，就像这样：

```
(0 /: List(1, 7, 2, 9))(_ - _)
```

`/:`操作符的本意是想让你联想到一棵树的样子。

说明：对`/:`操作符而言，初始值是第一个操作元。注意，由于操作符以冒号结尾，它对应的是第二个操作元的方法。

Scala同样也提供了`foldRight`或`:\`的变体，用于计算

```
      .
       .
        .
        op
       /  \
coll(n-3)  op
          /  \
   coll(n-2)  op
             /  \
      coll(n-1)  init
```

这些示例看上去并不是很有用。`coll.reduceLeft(_ + _)`或者`coll.foldLeft(0)(_ + _)`当然会计算出集合中的所有元素之和，但你也可以通过调用`coll.sum`直接得到这个结果。

折叠有时候可以作为循环的替代，这也是它吸引人的地方。假定我们想要计算某个字符串中字母出现的频率。方式之一是访问每个字母，然后更新一个可变映射。

```
val freq = scala.collection.mutable.Map[Char, Int]()
for (c <- "Mississippi") freq(c) = freq.getOrElse(c, 0) + 1
// 现在freq是Map('i' -> 4, 'M' -> 1, 's' -> 4, 'p' -> 2)
```

以下是另一种思考方式。在每一步，将频率映射和新遇到的字母结合在一起，交出一个新的频率映射。这就是折叠：

```
              .
              .
              .
             op
            /  \
          op    's'
         /  \
       op    'i'
      /  \
empty map  'M'
```

op是什么呢？左操作元是一个部分填充的映射，右操作元是新字母。结果是扩编后的映射。该映射又被作为下一个op调用的输入，最后的结果是包含所有计数的映射。代码是：

```
(Map[Char, Int]() /: "Mississippi") {
  (m, c) => m + (c -> (m.getOrElse(c, 0) + 1))
}
```

注意这是一个不可变映射。我们在每一步都计算出一个新的映射。

说明： 任何while循环都可以用折叠来替代。构建一个把循环中被更新的所有变量结合在一起的数据结构，然后定义一个操作，实现循环中的一步。我并不是说这样做总是好的，但你可能会觉得循环和改值可以像这样被消除是一件很有趣的事。

最后，scanLeft和scanRight方法将折叠和映射操作结合在一起。你得到的是包含所有中间结果的集合。例如：

```
(1 to 10).scanLeft(0)(_ + _)
```

交出的是所有中间结果和最后的和：

```
Vector(0, 1, 3, 6, 10, 15, 21, 28, 36, 45, 55)
```

13.10 拉链操作

前一节的方法是将操作应用到同一个集合中相邻的元素。有时，你握有两个集合，而你想把相互对应的元素结合在一起。举例来说，假定你有一个产品价格的列表，以及相应的数量：

```
val prices = List(5.0, 20.0, 9.95)
val quantities = List(10, 2, 1)
```

zip方法让你将它们组合成一个个对偶的列表。例如：

```
prices zip quantities
```

将得到一个List[(Double, Int)]：

```
List[(Double, Int)] = List((5.0, 10), (20.0, 2), (9.95, 1))
```

这个方法之所以叫作“拉链（zip）”，是因为它就像拉链的齿状结构一样将两个集合结合在一起。

这样一来对每个对偶应用函数就很容易了。

```
(prices zip quantities) map { p => p._1 * p._2 }
```

结果是一个包含了价格的列表：

```
List(50.0, 40.0, 9.95)
```

所有物件的总价就是：

```
((prices zip quantities) map { p => p._1 * p._2 }) sum
```

如果一个集合比另一个集合短，那么结果中的对偶数量和较短的那个集合的元素数量相同。例如：

```
List(5.0, 20.0, 9.95) zip List(10, 2)
```

将得到

```
List((5.0, 10), (20.0, 2))
```

zipAll方法让你指定较短列表的默认值：

```
List(5.0, 20.0, 9.95).zipAll(List(10, 2), 0.0, 1)
```

将得到

```
List((5.0, 10), (20.0, 2), (9.95, 1))
```

zipWithIndex方法返回对偶的列表，其中每个对偶中第二个组成部分是每个元素的下标。例如：

```
"Scala".zipWithIndex
```

将得到

```
Vector(('S', 0), ('c', 1), ('a', 2), ('l', 3), ('a', 4))
```

这在计算具备某种属性的元素的下标时很有用。例如：

```
"Scala".zipWithIndex.max
```

将得到('l', 3)。具备最大编码的值的下标可以用如下代码得出：

```
"Scala".zipWithIndex.max._2
```

13.11 迭代器

你可以用iterator方法从集合获得一个迭代器。这种做法并不像在Java或C++中那样普遍，因为通过前面章节介绍的方法，你通常可以更容易地得到你所需要的结果。

不过，对于那些完整构造需要很大开销的集合而言，迭代器就很有用了。举例来说，Source.fromFile产出一个迭代器，是因为将整个文件都读取到内存可能并不是很高效的做法。Iterable中有一些方法可以产出迭代器，比如grouped或sliding。

有了迭代器，你就可以用next和hasNext方法来遍历集合中的元素了。

```
while (iter.hasNext)
  对 iter.next() 执行某种操作
```

如果你愿意，也可以用for循环：

```
for (elem <- iter)
  对 elem 执行某种操作
```

上述两种循环都会将迭代器移动到集合的末尾，在此之后它就不能再被使用了。

有时，你想要查看下一个元素是什么，然后再决定是否要消费它。在这种情况下，你可以用buffered方法来将迭代器转换成一个BufferedIterator。它的head方法将交出下一个元素，同时并不将迭代器前移。

```
val iter = scala.io.Source.fromFile(filename).buffered
while (iter.hasNext && iter.head.isWhitespace) iter.next
  // 现在iter指向第一个非空白字符
```

Iterator类定义了一些与集合方法使用起来完全相同的方法。具体而言，13.7节中列出的所有Iterable方法，除head、headOption、last、lastOption、tail、init、takeRight 和dropRight外，都支持。在调用了诸如map、filter、count、sum甚至是length方法后，迭代器将位于集合的尾端，你不能再继续使用它。而对于其他方法而言，比如find或take，迭代器位于已找到元素或已取得元素之后。

如果你感到操作迭代器很烦琐，则可以用诸如toArray、toIterable、toSeq、toSet或toMap来将相应的值复制到一个新的集合中。

13.12 流 A3

在前面，你看到了迭代器相对于集合而言是一个“懒”的替代品。你只有在需要时才去取元素。如果你不需要更多元素，则不会付出计算剩余元素的代价。

话虽如此，迭代器也是很脆弱的。每次对next的调用都会改变迭代器的指向。流（stream）提供的是一个不可变的替代品。流是一个尾部被懒计算的不可变列表——也就是说，只有当你需要时它才会被计算。

以下是一个典型的示例：

```
def numsFrom(n: BigInt): Stream[BigInt] = n #:: numsFrom(n + 1)
```

#::操作符很像是列表的::操作符，只不过它构建出来的是一个流。

当你调用

```
val tenOrMore = numsFrom(10)
```

时，得到的是一个被显示为

```
Stream(10, ?)
```

的流对象。其尾部是未被求值的。如果你调用

```
tenOrMore.tail.tail.tail
```

得到的将会是

```
Stream(13, ?)
```

流的方法是懒执行的。例如：

```
val squares = numsFrom(1).map(x => x * x)
```

将交出

```
Stream(1, ?)
```

你需要调用squares.tail来强制对下一个元素求值。

如果你想得到多个答案，则可以调用take，然后调用force，这将强制对所有元素求值。例如：

```
squares.take(5).force
```

将产出Stream(1, 4, 9, 16, 25)。

当然了，你不会想要调用

```
squares.force // 别这样做!
```

这个调用将尝试对一个无穷流的所有元素进行求值，引发OutOfMemoryError。

你可以从迭代器构造一个流。举例来说，Source.getLines方法返回一个Iterator[String]。用这个迭代器，对于每一行你只能访问一次。而流将缓存访问过的行，允许你重新访问它们：

```
val words = Source.fromFile("/usr/share/dict/words").getLines.toStream
words // Stream(A, ?)
words(5) // Aachen
words // Stream(A, A's, AOL, AOL's, Aachen, ?)
```

说明： Scala的流跟Java 8的流很不一样。不过，下一节介绍的懒视图从概念上相当于Java 8的流。

13.13 懒视图 A3

在前面，你看到了流方法是懒执行的，仅当结果被需要时才计算。你可以对其他集合应用view方法来得到类似的效果。该方法交出的是一个其方法总是被懒执行的集合。例如：

```
val palindromicSquares = (1 to 1000000).view
  .map(x => x * x)
  .filter(x => x.toString == x.toString.reverse)
```

将交出一个未被求值的集合（不像流，这里连第一个元素都未被求值）。当你执行如下代码时：

```
palindromicSquares.take(10).mkString(",")
```

那么，足够多的二次方会被生成出来，直到我们找到了10个回文，然后计算会停止。跟流不同，视图并不会缓存任何值。如果你再次调用palindromicSquares.take(10).mkString(",")，整个计算会重新开始。

和流一样，用force方法可以对懒视图强制求值。你将得到与原集合相同类型的新集合。

注意：apply方法会强制对整个视图求值。所以不要直接调用lazyView(i)，而是应该调用lazyView.take(i).last。

当你获得了一个可变集合中的某一切片的视图时，任何修改都会影响原集合。例如：

```
ArrayBuffer buffer = ...
buffer.view(10, 20).transform(x => 0)
```

将清除给定的切片，同时保留其他元素不变。

13.14 与Java集合的互操作

有时候，你可能需要使用Java集合，你多半会怀念Scala集合上那些丰富的处理方法。反过来，你也可能会想要构建出一个Scala集合，然后传递给Java代码。

JavaConversions对象提供了用于在Scala和Java集合之间来回转换的一组方法。

给目标值显式地指定一个类型来触发转换。例如：

```
import scala.collection.JavaConversions._
val props: scala.collection.mutable.Map[String, String] = System.getProperties()
```

如果你担心那些不需要的隐式转换也被引入的话，只引入需要的即可。例如：

```
import scala.collection.JavaConversions.propertiesAsScalaMap
```

表13-4展示了从Scala到Java集合的转换。

表13-5展示了反过来从Java到Scala集合的转换。

注意这些转换产出的是包装器，让你可以使用目标接口来访问原本的值。举例来说，如果你用

```
val props: scala.collection.mutable.Map[String, String] = System.getProperties()
```

那么props就是一个包装器，其方法将调用底层的Java对象。如果你调用

```
props("com.horstmann.scala") = "impatient"
```

那么包装器将调用底层Properties对象的put("com.horstmann.scala", "impatient")。

表13-4 从Scala集合到Java集合的转换

隐式函数	从scala.collection的类型	到java.util的类型
asJavaCollection	Iterable	Collection
asJavaIterable	Iterable	Iterable
asJavaIterator	Iterator	Iterator
asJavaEnumeration	Iterator	Enumeration
seqAsJavaList	Seq	List
mutableSeqAsJavaList	mutable.Seq	List
bufferAsJavaList	mutable.Buffer	List
setAsJavaSet	Set	Set
mutableSetAsJavaSet	mutable.Set	Set
mapAsJavaMap	Map	Map
mutableMapAsJavaMap	mutable.Map	Map
asJavaDictionary	Map	Dictionary
asJavaConcurrentMap	mutable.ConcurrentMap	concurrent.ConcurrentMap

表13-5 从Java集合到Scala集合的转换

隐式函数	从**java.util**的类型	到**scala.collection**的类型
collectionAsScalaIterable	Collection	Iterable
iterableAsScalaIterable	Iterable	Iterable
asScalaIterator	Iterator	Iterator
enumerationAsScalaIterator	Enumeration	Iterator
asScalaBuffer	List	mutable.Buffer
asScalaSet	Set	mutable.Set
mapAsScalaMap	Map	mutable.Map
dictionaryAsScalaMap	Dictionary	mutable.Map
propertiesAsScalaMap	Properties	mutable.Map
asScalaConcurrentMap	concurrent.ConcurrentMap	mutable.ConcurrentMap

13.15 并行集合

编写正确的并发程序并不容易，但如今为了更好地利用计算机的多个处理器，支持并发通常是必需的。Scala提供的用于操纵大型集合的解决方案十分诱人。这些任务通常可以很自然地并行操作。举例来说，要计算所有元素之和，多个线程可以并发地计算不同区块的和；最后这些部分的结果被汇总到一起。要对这样的并发任务进行排程是很伤脑筋的——但若用Scala，则你无须担心这个问题。如果coll是个大型集合，那么

```
coll.par.sum
```

上述代码会并发地对它求和。par方法产出当前集合的一个并行实现。该实现会尽可能并行地执行集合方法。例如：

```
coll.par.count(_ % 2 == 0)
```

将会并行地对偶集合求前提表达式的值，然后将结果组合在一起，得出coll中所有偶数的数量。

你可以通过对要遍历的集合应用.par并行化for循环，就像这样：

```
for (i <- (0 until 100000).par) print(s" $i")
```

试试看——数字是按照作用于该任务的线程产出的顺序输出的。

而在for/yield循环中，结果是依次组装的。试试：

```
(for (i <- (0 until 100000).par) yield i) == (0 until 100000)
```

注意：如果并行运算修改了共享的变量，则结果无法预知。举例来说，不要更新一个共享的计数器：

```
var count = 0
for (c <- coll.par) { if (c % 2 == 0) count += 1 } // 错误
```

par方法返回的并行集合属于扩展自ParSeq、ParSet或ParMap特质的类型。这些并不是Seq、Set或Map的子类型，你不能向一个预期顺序集合（sequential collection）的方法传入并行集合。

你可以用seq方法将并行集合转换回顺序集合。

```
val result = coll.par.filter(p).seq
```

并非所有方法都能被并行化。例如，reduceLeft和reduceRight要求每个操作符都要按顺序应用。有另一个方法，reduce，对集合的部分进行操作然后组合出结果。为了让这个方案可行，操作符必须是结合的（associative）——它必须满足 $(a$ **op** $b)$ **op** $c = a$ **op** $(b$ **op** $c)$ 的要求。例如，加法是结合的而减法不是：$(a-b)-c \neq a-(b-c)$。

同理，还有一个fold方法对集合的部分进行操作。可惜它并不像foldLeft和foldRight那么灵活——操作符的两个参数都必须是元素。也就是说，你可以执行coll.par.fold(0)(_ + _)，但不能执行更复杂的折叠，比如13.9节结尾的那个例子。

要解决这个问题，有个更一般的aggregate方法，将操作符应用到集合的部分，然后用另一个操作符来组合出结果。例如，str.par.aggregate(Set[Char]())(_ + _, _ ++ _)等效于str.foldLeft(Set[Char]())(_ + _)，得到str中所有不同字符的集。

说明：默认情况下，并行集合使用全局的fork-join线程池，该线程池非常适用于高处理器开销的计算。如果你执行的并行步骤包含阻塞调用，就应该另选一种“执行上下文（execution context）”——参见第17章。

练习

1. 编写一个函数，给定字符串，产出一个包含所有字符的下标的映射。举例来说，indexes("Mississippi")应返回一个映射，让'M'对应集{0}，'i'对应集{1, 4, 7, 10}，依此类推。使用字符到可变集的映射。另外，你如何保证集是经过排序的？
2. 重复前一个练习，这次用字符到列表的不可变映射。
3. 编写一个函数，从一个ListBuffer中移除排在偶数位的元素。采用两种不同的方式。从列表尾端开始调用remove(i)移除所有i为偶数的元素。将奇数位的元素复制到新的列表中。比较这两种方式的性能表现。
4. 编写一个函数，接受一个字符串的集合，以及一个从字符串到整数值的映射。返回整型的集合，其值为能和集合中某个字符串相对应的映射的值。举例来说，给定Array("Tom", "Fred", "Harry")和Map("Tom" -> 3, "Dick" -> 4, "Harry" -> 5)，返回Array(3, 5)。提示：用flatMap将get返回的Option值组合在一起。
5. 实现一个函数，作用与mkString相同，使用reduceLeft。
6. 给定整型列表lst，(lst :\ List[Int]())(_ :: _)得到什么？(List[Int]() /: lst)(_ :+ _)又得到什么？如何修改它们中的一个，以对原列表进行反向排列？
7. 在13.10节中，表达式(prices zip quantities) map { p => p._1 * p._2 }有些不够优雅。我们不能用(prices zip quantities) map { _ * _ }，因为_ * _是一个带两个参数的函数，而我们需要的是一个带单个类型为元组的参数的函数。Function对象的tupled方法可以将带两个参数的函数改为以元组为参数的函数。将tupled应用于乘法函数，以便我们可以用它来映射由对偶组成的列表。
8. 编写一个函数，将Double数组转换成二维数组。传入列数作为参数。举例来说，Array(1, 2, 3, 4, 5, 6)和三列，返回Array(Array(1, 2, 3), Array(4, 5, 6))。用grouped方法。

9. Scala编译器将for/yield表达式

```
for (i <- 1 to 10; j <- 1 to i) yield i * j
```

变换成flatMap和map的调用，就像这样：

```
(1 to 10).flatMap(i => (1 to i).map(j => i * j))
```

解释flatMap的使用。提示：当i为1、2、3时，(1 to i).map(j => i * j)将交出什么？

当for/yield表达式有三个生成器时会发生什么？

10. java.util.TimeZone.getAvailableIDs交出的是诸如Africa/Cairo和Asia/Chungking这样的时区。哪一个洲的时区最多？提示：groupBy。

11. Harry Hacker把某个文件的内容读取到字符串中，然后想对字符串的不同部分用并行集合来并发地更新字母出现的频率。他用了如下代码：

```
val frequencies = new scala.collection.mutable.HashMap[Char, Int]
for (c <- str.par) frequencies(c) = frequencies.getOrElse(c, 0) + 1
```

为什么说这个想法很糟糕？要真正地并行化这个计算，他应该怎么做呢？（提示：用aggregate。）

第14章　模式匹配和样例类

本章的主题 A2

Chapter 14

模式匹配是一个十分强大的机制，可以应用在很多场合：switch语句、类型查询，以及“析构”（获取复杂表达式中的不同部分）。样例类针对模式匹配进行了优化。

本章的要点包括：

- match表达式是一个更好的switch，不会有意外掉入下一个分支的问题。
- 如果没有模式能够匹配，会抛出MatchError。可以用case _模式来避免。
- 模式可以包含一个随意定义的条件，称作守卫（guard）。
- 你可以对表达式的类型进行匹配；优先选择模式匹配而不是isInstanceOf/asInstanceOf。
- 你可以匹配数组、元组和样例类的模式，然后将匹配到的不同部分绑定到变量。
- 在for表达式中，不能匹配的情况会被安静地跳过。
- 样例类是编译器会为之自动产出模式匹配所需要的方法的类。
- 样例类继承层级中的公共超类应该是sealed的。
- 用Option来存放对于可能存在也可能不存在的值——这比null更安全。

14.1　更好的switch

以下是Scala中C风格switch语句的等效代码：

```
var sign = ...
val ch: Char = ...

ch match {
  case '+' => sign = 1
  case '-' => sign = -1
  case _ => sign = 0
}
```

与default等效的是捕获所有的case _模式。有这样一个捕获所有的模式是有好处的。如果没有模式能匹配，代码会抛出MatchError。

与switch语句不同，Scala模式匹配并不会有“意外掉入下一个分支”的问题。（在C和其他类C语言中，你必须在每个分支的末尾显式地使用break语句来退出switch，否则将掉入下一个分支。这很烦人，也容易出错。）

说明：Peter van der Linden在他的颇具趣味性的书*Deep C Secrets*中提到了一个关于一组相当数量的C代码的研究报告，报告显示在97%的情况下这种掉入下一分支的行为是不需要的。

与if类似，match也是表达式，而不是语句。前面的代码可以简化为：

```
sign = ch match {
  case '+' => 1
  case '-' => -1
  case _ => 0
}
```

用|来分隔多个选项：

```
prefix match {
  case "0" | "0x" | "0X" => ...
  ...
}
```

你可以在match表达式中使用任何类型，而不仅仅是数字。例如：

```
color match {
  case Color.RED => ...
  case Color.BLACK => ...
  ...
}
```

14.2 守卫

假定我们想要扩展自己的示例以匹配所有数字。在C风格的switch语句中，你可以简单地添加多个case标签，例如case '0': case '1': ... case '9':（当然了，你没法用省略号...而必须是显式地把所有10个case都写出来）。在Scala中，你需要给模式添加守卫，就像这样：

```
ch match {
  case _ if Character.isDigit(ch) => digit = Character.digit(ch, 10)
  case '+' => sign = 1
  case '-' => sign = -1
  case _ => sign = 0
}
```

守卫可以是任何Boolean条件。

模式总是自上而下进行匹配。如果带守卫的这个模式不能匹配，则尝试匹配下一个模式（case '+'）。

14.3 模式中的变量

如果case关键字后面跟着一个变量名，那么匹配的表达式会被赋值给那个变量。例如：

```
str(i) match {
  case '+' => sign = 1
  case '-' => sign = -1
  case ch => digit = Character.digit(ch, 10)
}
```

你可以将case _看作这个特性的一个特殊情况，只不过变量名是_罢了。

你可以在守卫中使用变量：

```
str(i) match {
case ch if Character.isDigit(ch) => digit = Character.digit(ch, 10)
...
}
```

注意： 变量模式可能会与常量表达式相冲突，例如：

```
import scala.math._
0.5 * c / r match {
case Pi => ... // 如果 0.5 * c / r 等于Pi ……
case x => ... // 否则将x设为 0.5 * c / r ……
}
```

Scala是如何知道Pi是常量而不是变量的呢？背后的规则是，变量必须以小写字母开头。

如果你有一个小写字母开头的常量，则需要将它包在反引号中：

```
import java.io.File._ // 引入java.io.File.pathSeparator
str match {
  case `pathSeparator` => ... // 如果 str == pathSeparator ……
  case pathSeparator => ...
    // 注意——这里定义了一个新的变量pathSeparator
}
```

14.4 类型模式

你可以对表达式的类型进行匹配，例如：

```
obj match {
  case x: Int => x
  case s: String => Integer.parseInt(s)
case _: BigInt => Int.MaxValue
case _ => 0
}
```

在Scala中，我们更倾向于使用这样的模式匹配，而不是isInstanceOf操作符。

注意模式中的变量名。在第一个模式中，匹配到的值被当作Int绑定到x；而在第二个模式中，值被当作String绑定到s。这里无须用asInstanceOf做类型转换！

注意：当你在匹配类型的时候，必须给出一个变量名。否则，你将会拿对象本身来进行匹配：

```
obj match {
case _: BigInt => Int.MaxValue // 匹配任何类型为BigInt的对象
case BigInt => -1 // 匹配类型为Class的BigInt对象
}
```

注意：匹配发生在运行期，Java虚拟机中泛型的类型信息是被擦掉的。因此，你不能用类型来匹配特定的Map类型。

```
case m: Map[String, Int] => ... // 别这样做！
```

你可以匹配一个通用的映射：

```
case m: Map[_, _] => ... // OK
```

不过，对于数组而言，元素的类型信息是完好的。你可以匹配到Array[Int]。

14.5 匹配数组、列表和元组

要匹配数组的内容，可以在模式中使用Array表达式，就像这样：

```
arr match {
  case Array(0) => "0"
  case Array(x, y) => s"$x $y"
  case Array(0, _*) => "0 ..."
  case _ => "something else"
}
```

第一个模式匹配包含0的数组。第二个模式匹配任何带有两个元素的数组，并将这两个元素分别绑定到变量x和y。第三个表达式匹配任何以0开始的数组。

如果你想将匹配到_*的可变长度参数绑定到变量，可以使用@表示法，就像这样：

```
case Array(x, rest @ _*) => rest.min
```

你可以用同样的方式匹配列表，用List表达式就好了。或者，你也可以使用::操作符：

```
lst match {
  case 0 :: Nil => "0"
  case x :: y :: Nil => s"$x $y"
  case 0 :: tail => "0 ..."
  case _ => "something else"
}
```

对于元组，可以在模式中使用元组表示法：

```
pair match {
  case (0, _) => "0 ..."
  case (y, 0) => s"$y 0"
  case _ => "neither is 0"
}
```

和之前一样，请注意变量是如何绑定到列表或元组的不同部分的。由于这种绑定让你可以很轻松地访问复杂结构的各组成部分，因此这样的操作被称为“析构”。

注意：跟14.3节提到的警告一样，你需要注意的是，模式中使用的变量必须以小写字母打头。对case Array(X, Y)的匹配中，X和Y都会被认为是常量，而不是变量。

说明：如果模式有不同的可选分支，你就不能使用除下画线外的其他变量名。例如：

```
pair match {
  case (_, 0) | (0, _) => ... // OK，如果其中一个是0
  case (x, 0) | (0, x) => ... // 错误——不能对可选分支做变量绑定
}
```

14.6 提取器

在前一节中，你看到了模式是如何匹配数组、列表和元组的。这些功能的背后是提取器（extractor）机制——带有从对象中提取值的unapply或unapplySeq方法的对象。这些方法的实现我们在第11章中已经介绍过了。unapply方法用于提取固定数量的对象；而unapplySeq提取的是一个序列，其可长可短。

例如下面这个表达式：

```
arr match {
  case Array(x, 0) => x
  case Array(x, rest @ _*) => rest.min
  ...
}
```

Array伴生对象就是一个提取器——它定义了一个unapplySeq方法。该方法被调用时，以被执行匹配动作的表达式作为参数，而不是模式中看上去像是参数的表达式。对Array.unapplySeq(arr)的调用如果成功，结果是一个序列的值，即数组中的值。在第一个case中，如果数组长度为2而第二个元素为零的话，匹配成功。这时，数组中的第一个元素被赋值给x。

正则表达式是另一个适合使用提取器的场景。如果正则表达式有分组，你可以用提取器来匹配每个分组。例如：

```
val pattern = "([0-9]+) ([a-z]+)".r
"99 bottles" match {
  case pattern(num, item) => ...
    // 将num设为"99", item设为"bottles"
}
```

pattern.unapplySeq("99 bottles")交出的是一系列匹配分组的字符串。这些字符串被分别赋值给了变量num和item。

注意，在这里提取器并非是一个伴生对象，而是一个正则表达式对象。

14.7 变量声明中的模式

在前一节中，你看到了模式是可以带变量的。你也可以在变量声明中使用这样的模式。例如：

```
val (x, y) = (1, 2)
```

同时把x定义为1，把y定义为2。这对于使用那些返回对偶的函数而言很有用，例如：

```
val (q, r) = BigInt(10) /% 3
```

/%方法返回包含商和余数的对偶，而这两个值分别被变量q和r捕获到。

同样的语法也可以用于任何带有变量的模式。例如：

```
val Array(first, second, rest @ _*) = arr
```

上述代码将数组arr的第一个和第二个元素分别赋值给first和second，并将剩余元素作为一个Seq赋值给rest。

注意：跟14.3节提到的警告一样，你需要注意的是，模式中使用的变量必须以小写字母打头。在val Array(E, x) = arr这样的声明中，E会被认为是常量，x会被认为是变量；当arr长度为2而arr(0) == E时，x会被赋值为arr(1)。

说明：如下表达式

```
val p(x1, ..., xn) = e
```

从定义上讲跟下面的代码完全一致：

```
val $result = e match { case p(x1, ..., xn) => (x1, ..., xn) }
val x1 = $result._1
...
val xn = $result._n
```

其中x_1，…，x_n都是模式p中的自由变量。

即便模式中没有自由变量，这个定义也是成立的。例如：

```
val 2 = x
```

这是完全合法的Scala代码，只要x在其他地方有定义就好。当你应用这个定义时，将得到：

```
val $result = x match { case 2 => () }
```

后面并没有赋值的动作。换句话说，它跟下面的代码是等效的：

```
if (!(2 == x)) throw new MatchError
```

14.8 for表达式中的模式

你可以在for表达式中使用带变量的模式。对每一个遍历到的值，这些变量都会被绑定。这使得我们可以方便地遍历映射：

```
import scala.collection.JavaConversions.propertiesAsScalaMap
  // 将Java的Properties转换成Scala映射——只是为了做出一个有意思的示例
for ((k, v) <- System.getProperties())
  println(s"$k -> $v")
```

对映射中的每一个(键, 值)对偶，k被绑定到键，而v被绑定到值。

在for表达式中，失败的匹配将被安静地忽略。举例来说，如下循环将打印出所有对应值为空字符串的键，跳过所有其他的键：

```
for ((k, "") <- System.getProperties())
  println(k)
```

你也可以使用守卫。注意if关键字出现在<-之后：

```
for ((k, v) <- System.getProperties() if v == "")
  println(k)
```

14.9 样例类

样例类是一种特殊的类，它们经过优化以被用于模式匹配。在本例中，我们有两个扩展自常规（非样例）类的样例类：

```
abstract class Amount
case class Dollar(value: Double) extends Amount
case class Currency(value: Double, unit: String) extends Amount
```

你也可以有针对单例的样例对象：

```
case object Nothing extends Amount
```

当我们有一个类型为Amount的对象时，就可以用模式匹配来匹配到它的类型，并将属性值绑定到变量：

```
amt match {
  case Dollar(v) => s"$$$v"
  case Currency(_, u) => s"Oh noes, I got $u"
  case Nothing => ""
}
```

说明：样例类的实例使用()，样例对象不使用圆括号。

当你声明样例类时，有如下几件事会自动发生。

- 构造器中的每一个参数都成为val——除非它被显式地声明为var（不建议这样做）。
- 在伴生对象中提供apply方法让你不用new关键字就能构造出相应的对象，比如Dollar(29.95)或Currency(29.95, "EUR")。
- 提供unapply方法让模式匹配可以工作——详情参照第11章。（如果只是使用样例类来做模式匹配，则你并不真正需要掌握这些细节。）
- 将生成toString、equals、hashCode和copy方法——除非显式地给出这些方法的定义。

除上述几点外，样例类和其他类完全一样。你可以添加方法和字段，扩展它们，等等。

14.10 copy方法和带名参数

样例类的copy方法创建一个与现有对象值相同的新对象。例如：

```
val amt = Currency(29.95, "EUR")
val price = amt.copy()
```

这个方法本身并不是很有用——毕竟，Currency对象是不可变的，我们完全可以

共享这个对象引用。不过，你可以用带名参数来修改某些属性：

```
val price = amt.copy(value = 19.95) // Currency(19.95, "EUR")
```

或者

```
val price = amt.copy(unit = "CHF") // Currency(29.95, "CHF")
```

14.11 case语句中的中置表示法

如果unapply方法交出的是一个对偶，则你可以在case语句中使用中置表示法。尤其是，对于有两个参数的样例类，你可以使用中置表示法来表示它。例如：

```
amt match { case a Currency u => ... } // 等同于 case Currency(a, u)
```

当然，这是一个挺傻的例子。这个特性的本意是要匹配序列。举例来说，每个List对象要么是Nil，要么是样例类::，定义如下：

```
case class ::[E](head: E, tail: List[E]) extends List[E]
```

因此，你可以这样写：

```
lst match { case h :: t => ... }
  // 等同于case ::(h, t)，将调用::.unapply(lst)
```

在第20章中，你将会看到用于将解析结果组合在一起的~样例类。它的本意同样是以中置表达式的形式用于case语句：

```
result match { case p ~ q => ... } // 等同于 case ~(p, q)
```

当你把多个中置表达式放在一起的时候，它们会更易读。例如：

```
result match { case p ~ q ~ r => ... }
```

这样的写法要好过 ~(~(p, q), r)。

如果操作符以冒号结尾，则它是从右向左结合的。例如：

```
case first :: second :: rest
```

上述代码的意思是：

```
case ::(first, ::(second, rest))
```

说明： 中置表示法可用于任何返回对偶的unapply方法。以下是一个示例：

```
case object +: {
  def unapply[T](input: List[T]) =
    if (input.isEmpty) None else Some((input.head, input.tail))
}
```

这样一来你就可以用+:来析构列表了：

```
1 +: 7 +: 2 +: 9 +: Nil match {
  case first +: second +: rest => first + second + rest.length
}
```

14.12 匹配嵌套结构

样例类经常被用于嵌套结构。例如，某个商店售卖的物品。有时，我们会将物品捆绑在一起打折出售。

```
abstract class Item
case class Article(description: String, price: Double) extends Item
case class Bundle(description: String, discount: Double, items: Item*) extends Item
```

因为不用使用new，所以我们可以很容易地给出嵌套对象定义：

```
Bundle("Father's day special", 20.0,
  Article("Scala for the Impatient", 39.95),
  Bundle("Anchor Distillery Sampler", 10.0,
    Article("Old Potrero Straight Rye Whiskey", 79.95),
    Article("Junípero Gin", 32.95)))
```

模式可以匹配到特定的嵌套，比如：

```
case Bundle(_, _, Article(descr, _), _*) => ...
```

上述代码将descr绑定到Bundle的第一个Article的描述。

你也可以用@表示法将嵌套的值绑定到变量：

```
case Bundle(_, _, art @ Article(_, _), rest @ _*) => ...
```

这样一来，art就是Bundle中的第一个Article，而rest则是剩余Item的序列。

注意，在本例中，_*是必需的。以下模式

```
case Bundle(_, _, art @ Article(_, _), rest) => ...
```

将只能匹配到那种只有一个Article再加上不多不少正好一个Item的Bundle，而这个Item将被绑定到rest变量。

作为该特性的一个实际应用，以下是一个计算某Item价格的函数：

```
def price(it: Item): Double = it match {
  case Article(_, p) => p
  case Bundle(_, disc, its @ _*) => its.map(price _).sum - disc
}
```

14.13 样例类是邪恶的吗

前一节的示例可能会激怒那些追求OO纯正性的人们。price不应该是超类的方法吗？不应该由每个子类重写它吗？多态不会比针对每个类型做switch来得更好吗？

在很多情况下，这是对的。如果有人想到另一种Item，就需要重新回顾所有match语句。在这样的时候，样例类并不是适合的方案。

样例类适用于那种标记不会改变的结构。举例来说，Scala的List就是用样例类实现的。稍微简化掉一些细节，列表从本质上说就是：

```
abstract class List
case object Nil extends List
case class ::(head: Any, tail: List) extends List
```

列表要么是空的，要么有一头一尾（尾部可能是空的，也可能是非空的）。没人会增加出一个新的样例。（在下一节你将会看到如何阻止别人这样做。）

当用在合适的地方时，样例类是十分便捷的，原因如下：

- 模式匹配通常比继承更容易把我们引向更精简的代码。
- 构造时无须用new的复合对象更加易读。
- 你将免费得到toString、equals、hashCode和copy方法。

这些自动生成的方法所做的事和你想的一样——打印、比较、哈希，以及复制所有字段。关于copy方法的更多信息参见14.10节。

对于某些特定种类的类，样例类提供给你的是完全正确的语义。有人将它们称作值类（value class）。例如下面的Currency类：

```
case class Currency(value: Double, unit: String)
```

一个Currency(10, "EUR")和任何其他Currency(10, "EUR")都是相同的，这也是equals和hashCode方法实现的依据。这样的类通常也都是不可变的。

那些带有可变字段的样例类比较可疑，至少从哈希码这方面来看是这样的。对于可变类，我们应该总是从那些不会被改变的字段来计算和得出其哈希码，比如用ID字段。

注意：对于那些扩展其他样例类的样例类而言，toString、equals、hashCode和copy方法不会被生成。如果你有一个样例类继承自其他样例类，你将得到一个编译器警告。Scala的未来版本可能会完全禁止这样的继承关系。如果你需要多层次的继承来将样例类的通用行为抽象到样例类外部的话，请只把继承树的叶子部分做成样例类。

14.14 密封类

当你用样例类来做模式匹配时，可能想让编译器帮你确保自己已经列出了所有可能的选择。要达到这个目的，你需要将样例类的通用超类声明为sealed：

```
sealed abstract class Amount
case class Dollar(value: Double) extends Amount
case class Currency(value: Double, unit: String) extends Amount
```

密封类的所有子类都必须在与该密封类相同的文件中定义。举例来说，如果有人想要为欧元添加另一个样例类：

```
case class Euro(value: Double) extends Amount
```

他们必须在Amount被声明的那个文件中完成。

如果某个类是密封的，那么在编译期所有子类就是可知的，因而编译器可以检查模式语句的完整性。让所有（同一组）样例类都扩展某个密封的类或特质是一个好的做法。

14.15 模拟枚举

样例类让你可以在Scala中模拟出枚举类型。

```
sealed abstract class TrafficLightColor
case object Red extends TrafficLightColor
case object Yellow extends TrafficLightColor
case object Green extends TrafficLightColor

color match {
  case Red => "stop"
  case Yellow => "hurry up"
  case Green => "go"
}
```

注意超类被声明为sealed，让编译器可以帮我们检查match语句是否完整。

如果你觉得这样的实现方式有些过重，也可以使用我们在第6章中介绍过的Enumeration助手类。

14.16 Option类型

标准类库中的Option类型用样例类来表示那种可能存在也可能不存在的值。样例子类Some包装了某个值，例如：Some("Fred")。而样例对象None表示没有值。

这比使用空字符串的意图更加清晰，比使用null来表示缺少某值的做法更加安全。

Option支持泛型。举例来说，Some("Fred")的类型为Option[String]。

Map类的get方法返回一个Option。如果对于给定的键没有对应的值，则get返回None。如果有值，就会将该值包在Some中返回。

你可以用模式匹配来分析这样一个值。

```
val alicesScore = scores.get("Alice")
```

```
alicesScore match {
  case Some(score) => println(score)
  case None => println("No score")
}
```

不过老实说，这很烦琐。或者你也可以使用isEmpty和get：

```
if (alicesScore.isEmpty) println("No score")
else println(alicesScore.get)
```

这也很烦琐。用getOrElse方法会更好：

```
println(alicesScore.getOrElse("No score"))
```

如果alicesScore为None，getOrElse将返回"No score"。

处理可选值（option）更强力的方式是将它们当作拥有0或1个元素的集合。你可以用for循环来访问这个元素：

```
for (score <- alicesScore) println(score)
```

如果alicesScore是None，则什么都不会发生。如果它是一个Some，那么循环将被执行一次，而score将会被绑上可选值的内容。

你也可以用诸如map、filter或foreach方法。例如：

```
val biggerScore = alicesScore.map(_ + 1) // Some(score + 1) 或 None
val acceptableScore = alicesScore.filter(_ > 5)
  // 如果score > 5，则得到Some(score) ；否则，得到None
alicesScore.foreach(println _) // 如果存在，则打印出score的值
```

提示： 在从一个可能为null的值创建Option时，你可以简单地使用Option(value)。如果value为null，结果就是None；其余情况将得到Some(value)。

14.17 偏函数 L2

被包在花括号内的一组case语句是一个偏函数（partial function）——一个并非对

所有输入值都有定义的函数。它是PartialFunction[A, B]类的一个实例（A是参数类型，B是返回类型）。该类有两个方法：apply方法从匹配到的模式计算函数值，而isDefinedAt方法在输入至少匹配其中一个模式时返回true。

例如：

```
val f: PartialFunction[Char, Int] = { case '+' => 1 ; case '-' => -1 }
f('-') // 调用f.apply('-')，返回-1
f.isDefinedAt('0') // false
f('0') // 抛出MatchError
```

有一些方法接受PartialFunction作为参数。举例来说，GenTraversable特质的collect方法将一个偏函数应用到所有在该偏函数有定义的元素，并返回包含这些结果的序列。

```
"-3+4".collect { case '+' => 1 ; case '-' => -1 } // Vector(-1, 1)
```

偏函数表达式必须是在一个编译器能够推断出返回类型的上下文里。当你将它赋值给一个有类型的变量或作为参数传递时，就属于这样的情形。

说明：完全覆盖了所有场景的样例子句组成的集定义的是一个Function1，而不仅仅是一个PartialFunction，只要预期这样一个函数，你都可以将它传入。

```
"-3+4".map { case '+' => 1 ; case '-' => -1; case _ => 0 }
  // Vector(-1, 0, 1, 0)
```

Seq[A]是一个PartialFunction[Int, A]，而Map[K, V]是一个PartialFunction[K, V]。例如，你可以将映射传入collect：

```
val names = Array("Alice", "Bob", "Carmen")
val scores = Map("Alice" -> 10, "Carmen" -> 7)
names.collect(scores) // 将交出Array(10, 7)
```

lift方法将PartialFunction[T, R]变成一个返回类型为Option[R]的常规函数。

```
val f: PartialFunction[Char, Int] = { case '+' => 1 ; case '-' => -1 }
val g = f.lift // 一个类型为Char => Option[Int]的函数
```

这样一来，g('-')得到Some(-1)，而g('*')得到None。

在第9章中，你看到Regex.replaceSomeIn方法要求一个String => Option[String]的函数用来做替换。如果你有一个映射（或某个其他的PartialFunction），则可以用lift来产出这样的函数：

```
val varPattern = """\{([0-9]+)\}""".r
val message = "At {1}, there was {2} on {0}"
val vars = Map("{0}" -> "planet 7", "{1}" -> "12:30 pm",
  "{2}" -> "a disturbance of the force.")
val result = varPattern.replaceSomeIn(message, m => vars.lift(m.matched))
```

反过来，你也可以调用Function.unlift将返回Option[R]的函数变成一个偏函数。

说明： try语句的catch子句是一个偏函数。你甚至可以使用一个持有函数的变量：

```
def tryCatch[T](b: => T, catcher: PartialFunction[Throwable, T]) =
  try { b } catch catcher
```

然后，你就可以像如下这样提供一个定制的catch子句：

```
val result = tryCatch(str.toInt,
  { case _: NumberFormatException => -1 })
```

练习

1. JDK发行包有一个src.zip文件包含了JDK的大多数源码。解压并搜索样例标签（用正则表达式case [^:]+:）。然后查找以//开头并包含[Ff]alls? thr的注释，捕获类似于// Falls through或// just fall thru这样的注释。假定JDK的程序员们遵守Java编码习惯，在该写注释的地方写下了这些注释，有多少百分比的样例是会掉入下一分支的？
2. 利用模式匹配，编写一个swap函数，接受一个整数的对偶，返回对偶的两个组成部件互换位置的新对偶。

3. 利用模式匹配，编写一个swap函数，交换数组中前两个元素的位置，前提条件是数组长度至少为2。
4. 添加一个样例类Multiple，作为Item类的子类。举例来说，Multiple(10, Article("Blackwell Toster", 29.95))描述的是10个烤面包机。当然了，你应该可以在第二个参数的位置接受任何Item，不论是Bundle还是另一个Multiple。扩展price函数以应对这个新的样例。
5. 我们可以用列表制作只在叶子节点存放值的树。举例来说，列表((3 8) 2 (5))描述的是如下这样一棵树：

```
      •
     /|\
   •  2  •
  / \    |
 3   8   5
```

不过，有些列表元素是数字，而另一些是列表。在Scala中，你不能拥有异构的列表，因此你必须使用List[Any]。编写一个leafSum函数，计算所有叶子节点中的元素之和，用模式匹配来区分数字和列表。
6. 制作这样的树更好的做法是使用样例类。我们不妨从二叉树开始。

```
sealed abstract class BinaryTree
case class Leaf(value: Int) extends BinaryTree
case class Node(left: BinaryTree, right: BinaryTree) extends BinaryTree
```

编写一个函数计算所有叶子节点中的元素之和。
7. 扩展前一个练习中的树，使得每个节点可以有任意多的后代，并重新实现leafSum函数。第5题中的树应该能够通过下述代码表示：

```
Node(Node(Leaf(3), Leaf(8)), Leaf(2), Node(Leaf(5)))
```

8. 扩展前一个练习中的树，使得每个非叶子节点除后代外，能够存放一个操作符。然后，编写一个eval函数来计算它的值。举例来说：

```
        +
       /|\
     *  2  -
    / \    |
   3   8   5
```

上面这棵树的值为 $(3 \times 8) + 2 + (-5) = 21$。

9. 编写一个函数，计算`List[Option[Int]]`中所有非`None`值之和。不得使用`match`语句。

10. 编写一个函数，将两个类型为`Double => Option[Double]`的函数组合在一起，交出另一个同样类型的函数。如果其中一个函数返回`None`，则组合函数也应返回`None`。例如：

```
def f(x: Double) = if (x != 1) Some(1 / (x - 1)) else None
def g(x: Double) = if (x >= 0) Some(sqrt(x)) else None
val h = compose(g, f) // h(x) should be g(f(x))
```

这样一来，`h(2)`将得到`Some(1)`，而`h(1)`和`h(0)`将得到`None`。

第15章　注解

本章的主题 A2

Chapter 15

注解让你可以在程序的各项条目中添加信息。这些信息可以被编译器或外部工具处理。在本章中，你将学习如何与Java注解实现互操作，以及如何使用Scala特有的注解。

本章的要点包括：

- 你可以为类、方法、字段、局部变量、参数、表达式、类型参数以及各种类型定义添加注解。
- 对于表达式和类型，注解跟在被注解的条目之后。
- 注解的形式有 `@Annotation`、`@Annotation(value)`或`@Annotation(name1 = value1, ...)`。
- `@volatile`、`@transient`、`@strictfp`和`@native`分别生成等效的Java修饰符。
- 用`@throws`来生成与Java兼容的`throws`规格说明。
- `@tailrec`注解让你校验某个递归函数使用了尾递归优化。
- `assert`函数利用了`@elidable`注解。你可以选择从Scala程序中移除所有断言。
- 用`@deprecated`注解来标记已过时的特性。

15.1 什么是注解

注解是那些你插入到代码中以便有工具可以对它们进行处理的标签。工具可以在代码级别运作，也可以处理被编译器加入了注解信息的类文件。

注解在Java中被广泛使用，例如像JUnit 4这样的测试工具，以及企业级技术（比如Java EE）。

注解的语法和Java一样。例如：

```
@Test(timeout = 100) def testSomeFeature() { ... }

@Entity class Credentials {
  @Id @BeanProperty var username : String = _
  @BeanProperty var password : String = _
}
```

你可以对Scala类使用Java注解。上述示例中的注解来自JUnit和JPA，而这两个Java框架并不知道我们用的是Scala。

你也可以用Scala注解。这些注解是Scala特有的，通常由Scala编译器或编译器插件处理。（实现编译器插件并不是一个小工程，其不在本书讨论的范围内。）

Java注解并不影响编译器如何将源码翻译成字节码；它们仅仅是往字节码中添加数据，以便外部工具可以利用它们。而在Scala中，注解可以影响编译过程。举例来说，你在第5章看到过的`@BeanProperty`注解将触发getter和setter方法的生成。

15.2 什么可以被注解

在Scala中，你可以为类、方法、字段、局部变量和参数添加注解，就和Java一样。

```
@Entity class Credentials
@Test def testSomeFeature() {}
@BeanProperty var username = _
def doSomething(@NotNull message: String) {}
```

你也可以同时添加多个注解。先后次序没有影响。

```
@BeanProperty @Id var username = _
```

在给主构造器添加注解时，你需要将注解放置在构造器之前，并加上一对圆括号（如果注解不带参数的话）。

```
class Credentials @Inject() (var username: String, var password: String)
```

你还可以为表达式添加注解。你需要在表达式后加上冒号，然后是注解本身，例如：

```
(myMap.get(key): @unchecked) match { ... }
  // 我们为表达式myMap.get(key)添加了注解
```

你可以为类型参数添加注解：

```
class MyContainer[@specialized T]
```

针对实际类型的注解应放置在类型名称之后，就像这样：

```
def country: String @Localized
```

在这里，我们为String类型添加了注解。该方法返回的是一个本地化了的字符串。

15.3 注解参数

Java注解可以有带名参数，比如：

```
@Test(timeout = 100, expected = classOf[IOException])
```

不过，如果参数名为value，则该名称可以直接略去。例如：

```
@Named("creds") var credentials: Credentials = _
  // value参数的值为"creds"
```

如果注解不带参数，则圆括号可以略去：

```
@Entity class Credentials
```

大多数注解参数都有默认值。举例来说，JUnit的@Test注解的timeout参数有一个默认的值0，表示没有超时。而expected参数有一个假的默认类来表示不预期任何异常。如果你用如下代码：

```
@Test def testSomeFeature() { ... }
```

这个注解写法等同于：

```
@Test(timeout = 0, expected = classOf[org.junit.Test.None])
```

```
def testSomeFeature() { ... }
```

Java注解的参数类型只能是：

- 数值型的字面量
- 字符串
- 类字面量
- Java枚举
- 其他注解
- 上述类型的数组（但不能是数组的数组）

Scala注解的参数可以是任何类型，但只有少数几个Scala注解利用了这个额外的灵活性。举例来说，@deprecatedName注解有一个类型为Symbol的参数。

15.4 注解实现

我并不觉得本书的很多读者会有很强的意愿和必要去实现他们自己的Scala注解。本节的主旨是为了让大家能够明白已有注解类是如何实现的。

注解必须扩展Annotation特质。例如，unchecked注解定义如下：

```
class unchecked extends annotation.Annotation
```

类型注解必须扩展自TypeAnnotation特质：

```
class Localized extends StaticAnnotation with TypeConstraint
```

注意：如果你想要实现一个新的Java注解，则需要用Java来编写这个注解类。当然了，你是可以在Scala类中使用它的。

一般而言，注解的作用是描述那些被注解的表达式、变量、字段、方法、类或类型。举例来说，如下注解

```
def check(@NotNull password: String)
```

是针对参数变量password的。

不过，Scala的字段定义可能会引出多个Java特性，而它们都有可能被添加注解。举例来说，有如下定义：

```
class Credentials(@NotNull @BeanProperty var username: String)
```

在这里，总共有六个可以被注解的目标：

- 构造器参数
- 私有的示例字段
- 取值器方法username
- 改值器方法username_=
- bean取值器getUsername
- bean改值器setUsername

默认情况下，构造器参数注解仅会被应用到参数自身，而字段注解只能应用到字段。元注解@param、@field、@getter、@setter、@beanGetter和@beanSetter将使得注解被附在别处。举例来说，@deprecated注解的定义如下：

```
@getter @setter @beanGetter @beanSetter
class deprecated(message: String = "", since: String = "")
  extends annotation.StaticAnnotation
```

你也可以临时根据需要应用这些元注解：

```
@Entity class Credentials {
  @(Id @beanGetter) @BeanProperty var id = 0
  ...
}
```

在这种情况下，@Id注解将被应用到Java的getId方法（这是JPA要求的方法，用来访问属性字段）。

15.5 针对Java特性的注解

Scala类库提供了一组用于与Java互操作的注解。我们将在下面介绍这些注解。

15.5.1 Java修饰符

对于那些不是很常用的Java特性，Scala使用注解而不是修饰符关键字。

@volatile注解将字段标记为易失的：

```
@volatile var done = false // 在JVM中将成为volatile的字段
```

一个易失的字段可以被多个线程同时更新。

@transient注解将字段标记为瞬态的：

```
@transient var recentLookups = new HashMap[String, String]
// 在JVM中将成为transient的字段
```

瞬态的字段不会被序列化。这对于需要临时保存的缓存数据，或者能够很容易地重新计算的数据而言是合理的。

@strictfp注解对应Java中的strictfp修饰符：

```
@strictfp def calculate(x: Double) = ...
```

该方法使用IEEE的double值来进行浮点运算，而不是使用80位扩展精度（Intel处理器默认使用的实现）。其计算结果会更慢，但代码可移植性更高。

@native注解用来标记那些在C或C++代码中实现的方法。其对应Java中的native修饰符。

```
@native def win32RegKeys(root: Int, path: String): Array[String]
```

15.5.2 标记接口

Scala用注解@cloneable和@remote而不是Cloneable和java.rmi.Remote标记接口来标记可被克隆的和远程的对象。

```
@cloneable class Employee
```

对于可序列化的类，你可以用@SerialVersionUID注解来指定序列化版本：

```
@SerialVersionUID(6157032470129070425L)
class Employee extends Person with Serializable
```

说明：如果你需要了解更多关于诸如易失字段、克隆或序列化等Java概念的信息，可参见C. Horstmann的*Core Java, Tenth Edition*（《Java核心技术（第10版）》，Prentice Hall出版社2016年出版）。

15.5.3 受检异常

和Scala不同，Java编译器会跟踪受检异常。如果你从Java代码中调用Scala的方法，其签名应包含那些可能被抛出的受检异常。用@throws注解来生成正确的签名。例如：

```
class Book {
  @throws(classOf[IOException]) def read(filename: String) { ... }
  ...
}
```

Java版的签名为：

```
void read(String filename) throws IOException
```

如果没有@throws注解，Java代码将不能捕获该异常。

```
try { // 这是Java代码
book.read("war-and-peace.txt");
} catch (IOException ex) {
...
}
```

Java编译器需要知道read方法可以抛IOException，否则会拒绝捕获该异常。

15.5.4 变长参数

@varargs注解让你可以从Java调用Scala的带有变长参数的方法。默认情况下，如果你给出如下方法：

```
def process(args: String*)
```

Scala编译器将会把变长参数翻译成序列：

```
def process(args: Seq[String])
```

这样的方法签名在Java中使用起来很费劲。如果你加上@varargs：

```
@varargs def process(args: String*)
```

则编译器将生成如下Java方法：

```
void process(String... args) // Java桥接方法
```

该方法将args数组包装在Seq中，然后调用那个实际的Scala方法。

15.5.5 JavaBeans

你在第5章见到过@BeanProperty注解。如果你给字段添加上@scala.reflect.BeanProperty注解，编译器将生成JavaBeans风格的getter和setter方法。例如：

```
class Person {
  @BeanProperty var name : String = _
}
```

上述定义除了生成Scala版的getter和setter，还将生成如下方法：

```
getName() : String
setName(newValue : String) : Unit
```

@BooleanBeanProperty对类型为Boolean的字段生成带有is前缀的getter方法。

说明： @BeanDescription、@BeanDisplayName、@BeanInfo和@BeanInfoSkip注解让你控制某些JavaBeans规范中不那么常用的特性。很少有程序员需要关心这些内容。如果你真的需要，则可以从Scaladoc的描述中了解到如何使用它们。

15.6 用于优化的注解

Scala类库中的有些注解可以控制编译器优化。我们将在下面的小节中介绍这些注解。

15.6.1 尾递归

递归调用有时能被转化成循环，这样能节约栈空间。在函数式编程中，这是很重要的，我们通常会使用递归方法来遍历集合。

考虑如下用递归计算整数序列之和的方法：

```
object Util {
  def sum(xs: Seq[Int]): BigInt =
    if (xs.isEmpty) 0 else xs.head + sum(xs.tail)
```

```
  ...
}
```

该方法无法被优化，因为计算过程的最后一步是加法，而不是递归调用。不过，其稍微调整变换一下就可以被优化了：

```
def sum2(xs: Seq[Int], partial: BigInt): BigInt =
  if (xs.isEmpty) partial else sum2(xs.tail, xs.head + partial)
```

部分和（partial sum）被作为参数传递；用`sum2(xs, 0)`的方式调用该方法。由于计算过程的最后一步是递归地调用同一个方法，因此它可以被变换成跳回到方法顶部的循环。Scala编译器会自动对第二个方法应用“尾递归”优化。如果你调用

```
sum(1 to 1000000)
```

就会得到一个栈溢出错误（至少对于默认栈大小的JVM而言如此）；不过，

```
sum2(1 to 1000000, 0)
```

将返回序列之和500000500000。

尽管Scala编译器会尝试使用尾递归优化，但有时候某些不太明显的原因会造成它无法这样做。如果你有赖于编译器来帮你去掉递归，则应该给你的方法加上`@tailrec`注解。这样一来，如果编译器无法应用该优化，它就会报错。

举例来说，假定`sum2`方法位于某个类而不是某个对象当中：

```
class Util {
  @tailrec def sum2(xs: Seq[Int], partial: BigInt): BigInt =
    if (xs.isEmpty) partial else sum2(xs.tail, xs.head + partial)
  ...
}
```

现在这个程序编译就会失败，错误提示为`"could not optimize @tailrec annotated method sum2: it is neither private nor final so can be overriden"`。在这种情况下，你可以将方法挪到对象中，或者也可以将它声明为`private`或`final`。

说明： 对于消除递归，一个更加通用的机制叫作“蹦床”。蹦床的实现会执行一个循环，不停地调用函数。每一个函数都返回下一个将被调用的函数。尾递归在

这里是一个特例，每个函数都返回它自己。而更通用的版本允许相互调用——参见后面的示例。

Scala有一个名为TailCalls的工具对象，帮助我们轻松地实现蹦床。相互递归的函数返回类型为TailRec[A]，其要么返回done(result)，要么返回tailcall(fun)。其中，fun是下一个被调用的函数。这必须是一个不带额外参数且同样返回 TailRec[A]的函数。以下是一个简单的示例:

```
import scala.util.control.TailCalls._
def evenLength(xs: Seq[Int]): TailRec[Boolean] =
  if (xs.isEmpty) done(true) else tailcall(oddLength(xs.tail))
def oddLength(xs: Seq[Int]): TailRec[Boolean] =
  if (xs.isEmpty) done(false) else tailcall(evenLength(xs.tail))
```

要从TailRec对象获取最终结果，可以用result方法:

```
evenLength(1 to 1000000).result
```

15.6.2 跳转表生成与内联

在C++或Java中，switch语句通常可以被编译成跳转表（jump table），这比起一系列的if/else表达式要更加高效。Scala也会尝试对匹配语句生成跳转表。@switch注解让你检查Scala的match语句是不是真的被编译成了跳转表。将注解应用到match语句前的表达式：

```
(n: @switch) match {
  case 0 => "Zero"
  case 1 => "One"
  case _ => "?"
}
```

另一个常见的优化是方法内联（inlining）——将方法调用语句替换为被调用的方法体。你可以将方法标记为@inline来建议编译器做内联，或标记为@noinline来告诉编译器不要内联。通常，内联的动作发生在JVM内部，它的“即时”编译器无须我们用注解告诉它该怎么做，也能有很好的效果。你可以用@inline和@noinline来告诉Scala编译器要不要内联（如果你认为有这个必要的话）。

15.6.3 可省略方法

@elidable注解给那些可以在生产代码中移除的方法打上标记。例如：

```
@elidable(500) def dump(props: Map[String, String]) { ... }
```

如果你用如下命令编译：

```
scalac -Xelide-below 800 myprog.scala
```

则上述方法代码不会被生成。elidable对象定义了如下数值常量：

- MAXIMUM 或 OFF = Int.MaxValue
- ASSERTION = 2000
- SEVERE = 1000
- WARNING = 900
- INFO = 800
- CONFIG = 700
- FINE = 500
- FINER = 400
- FINEST = 300
- MINIMUM 或 ALL = Int.MinValue

你可以在注解中使用这些常量：

```
import scala.annotation.elidable._
@elidable(FINE) def dump(props: Map[String, String]) { ... }
```

也可以在命令行中使用这些名称：

```
scalac -Xelide-below INFO myprog.scala
```

如果不指定-Xelide-below标志，那些被注解的值低于1000的方法会被省略，剩下SEVERE的方法和断言，但会去掉所有警告。

说明： ALL和OFF级别可能会让人感到困惑。注解@elide(ALL)表示方法总是被省略，而@elide(OFF)表示方法永不被省略。但-Xelide-below OFF的意思是要省略所有方法，而-Xelide-below ALL的意思是什么都不要省略。这就是后来又增加了MAXIMUM和MINIMUM的原因。

Predef模块定义了一个可被忽略的assert方法。例如，我们可以写：

```
def makeMap(keys: Seq[String], values: Seq[String]) = {
  assert(keys.length == values.length, "lengths don't match")
  ...
}
```

如果我们用不匹配的两个参数来调用该方法，则assert方法将抛出AssertionError，报错消息为“assertion failed: lengths don’t match”。

如果要禁用断言，可以用-Xelide-below 2001或-Xelide-below MAXIMUM。注意在默认情况下断言不会被禁用。与Java断言相比，这是一个受欢迎的改进。

注意：对被省略的方法调用，编译器会帮我们替换成Unit对象。如果你用到了被省略方法的返回值，则一个ClassCastException会被抛出。最好只对那些没有返回值的方法使用@elidable注解。

15.6.4 基本类型的特殊化

打包和解包基本类型的值是不高效的——但在泛型代码中这很常见。考虑如下示例：

```
def allDifferent[T](x: T, y: T, z: T) = x != y && x != z && y != z
```

如果你调用allDifferent(3, 4, 5)，在方法被调用之前，每个整数值都被包装成一个java.lang.Integer。当然了，我们可以给出一个重载的版本

```
def allDifferent(x: Int, y: Int, z: Int) = ...
```

以及其他七个方法，分别对应其他基本类型。

你可以让编译器自动生成这些方法，具体做法就是给类型参数添加@specialized注解：

```
def allDifferent[@specialized T](x: T, y: T, z: T) = ...
```

你也可以限定只对某个类型子集做特殊化：

```
def allDifferent[@specialized(Long, Double) T](x: T, y: T, z: T) = ...
```

在注解构造器中，你可以指定如下类型的任意子集：Unit、Boolean、Byte、Short、Char、Int、Long、Float、Double。

15.7 用于错误和警告的注解

如果你给某个特性加上了@deprecated注解，则每当编译器遇到对这个特性的使用时都会生成一个警告信息。该注解有两个选填参数：message和since。

```
@deprecated(message = "Use factorial(n: BigInt) instead")
def factorial(n: Int): Int = ...
```

@deprecatedName可以被应用到参数上，并给出一个该参数之前使用过的名称。

```
def draw(@deprecatedName('sz) size: Int, style: Int = NORMAL)
```

你仍然可以调用draw(sz = 12)，不过你将会得到一个表示该名称已过时的警告。

说明：这里的构造器参数是一个符号（symbol）——以单引号开头的名称。名称相同的符号一定是唯一的。从这个意义上讲，符号比字符串的效率要高一些。更重要的是，在语义上两者有着显著区别：符号表示的是程序中某个项目的名称。

@deprecatedInheritance和@deprecatedOverriding注解将针对从某个类继承或重写某个方法的情况生成过期警告。（译者注：意思是对应的类或方法可能在未来的版本中改成final的。）

@implicitNotFound和@implicitAmbiguous注解用于在某个隐式参数不存在或不明确的时候生成有意义的错误提示。关于隐式的细节参见第21章。

@unchecked注解用于在匹配不完整时取消警告信息。举例来说，假定我们知道某个列表不可能是空的：

```
(lst: @unchecked) match {
  case head :: tail => ...
}
```

编译器不会报告说我没给出Nil选项。当然了，如果lst的确是Nil，则在运行期会抛异常。

@uncheckedVariance注解会取消与型变相关的错误提示。举例来说，java.util.Comparator按理应该是逆变的。如果Student是Person的子类型，那么在需要Comparator[Student]时，我们也可以用Comparator[Person]。但是，Java的泛型不支持型变。我们可以通过@uncheckedVariance注解来解决这个问题：

```
trait Comparator[-T] extends
  java.lang.Comparator[T @uncheckedVariance]
```

练习

1. 编写四个JUnit测试案例，分别使用带或不带某个参数的@Test注解。用JUnit执行这些测试。
2. 创建一个类的示例，展示注解可以出现的所有位置。用@deprecated作为你的示例注解。
3. Scala类库中的哪些注解用到了元注解@param、@field、@getter、@setter、@beanGetter或@beanSetter?
4. 编写一个Scala方法sum，该方法接受可变长度的整型参数，返回所有参数之和。从Java调用该方法。
5. 编写一个返回包含某文件所有行的字符串的方法。从Java调用该方法。
6. 编写一个Scala对象，该对象带有一个易失（volatile）的Boolean字段。让某一个线程睡眠一段时间，之后将该字段设为true，打印消息，然后退出。而另一个线程不停地检查该字段是否为true。如果是，它将打印一个消息并退出。如果不是，它将短暂睡眠，然后重试。如果变量不是易失的，会发生什么?
7. 给出一个示例，展示如果方法可被重写，则尾递归优化为非法。
8. 将allDifferent方法添加到对象，编译并检查字节码。@specialized注解产生了哪些方法?
9. Range.foreach方法被注解为@specialized(Unit)。为什么? 通过以下命令检查字节码：

```
javap -classpath /path/to/scala/lib/scala-library.jar
  scala.collection.immutable.Range
```

并考虑Function1上的@specialized注解。单击Scaladoc中的Function1.scala链接进行查看。

10. 添加assert(n >= 0)到factorial方法。在启用断言的情况下编译并校验factorial(-1)会抛异常。在禁用断言的情况下编译。这时会发生什么？用javap检查该断言调用。

第16章　XML处理

本章的主题 A2

Chapter 16

Scala提供了对XML字面量的内建支持，让我们可以很容易地在程序代码中生成XML片段。Scala类库包含了对XML常用处理任务的支持。在本章中，你将会学习到如何使用这些特性来读取、分析、创建和编写XML。

说明： Scala对XML的支持非常棒，因为它让我们可以容易而方便地在REPL或程序中将XML“大卸八块”。同时它也有缺陷（因为某些不太好的设计决策，以及缺少维护）。要解决这些问题很难，因为XML跟Scala的集成非常紧密。未来某个版本的Scala有可能会放弃这个紧密的继承，而是依赖字符串插值和第三方类库来提供相应的功能。不过现在，我们可以享受这个独特的处理XML的强大方式。

说明： Scala XML的API文档在www.scala-lang.org/api/current/scala-xml。

本章的要点包括：

- XML字面量`<like>this</like>`的类型为`NodeSeq`。
- 你可以在XML字面量中内嵌Scala代码。
- Node的`child`属性交出的是子代节点。

- Node的attributes属性交出的是包含节点属性的MetaData对象。
- \和\\操作符执行类XPath匹配。
- 你可以在case语句中使用XML字面量匹配节点模式。
- 使用带有RewriteRule示例的RuleTransformer来变换某个节点的后代。
- XML对象利用Java的XML相关方法实现XML文件的加载和保存。
- ConstructingParser是另一个可以使用的解析器，它会保留注释和CDATA节。

16.1 XML字面量

在Scala中，你可以定义XML字面量，直接用XML代码即可：

```
val doc = <html><head><title>Fred's Memoirs</title></head><body>...</body></html>
```

这样一来，doc就成了类型为scala.xml.Elem的值，表示一个XML元素。

XML字面量也可以是一系列的节点。例如：

```
val items = <li>Fred</li><li>Wilma</li>
```

上述代码将交出scala.xml.NodeSeq。我们将在16.2节详细介绍Elem和NodeSeq类。

注意： 有时，编译器会错误地识别出XML字面量，而并非开发人员的本意。例如：

```
val (x, y) = (1, 2)
x < y // OK
x <y // 错误——未结束的XML字面量
```

在本例中，解决方法是在<后添加一个空格。

16.2 XML节点

Node类是所有XML节点类型的祖先。它的两个最重要的子类是Text和Elem。后面的图16-1展示了完整的继承层级。

Elem类描述的是XML元素，比如：

```
val elem = <a href="http://scala-lang.org">The <em>Scala</em> language</a>
```

label属性交出的是标签名称（这里是"a"），而child对应的是后代的序列（在本例中是两个Text节点和一个ELem节点）。

注意：不幸的是，不同于DOM节点，Scala的Node并不会持有其父代的信息。

节点序列的类型为NodeSeq，它是Seq[Node]的子类型，加入了对类XPath操作的支持（参见16.7节）。你可以对XML节点序列使用任何我们在第13章介绍的Seq操作。要遍历节点序列，只需要简单地使用for循环即可，例如：

```
for (n <- elem.child) 处理 n
```

说明：Node类扩展自NodeSeq。单个节点等同于长度为1的序列。这样设计的本意是为了更加方便地处理那些既能返回单个节点也能返回一系列节点的函数。（这样的设计实际上带来的问题并不比它解决的问题少，因此我并不建议在你的设计中使用它。）

对于XML注释（<!-- ... -->）、实体引用（&...;）和处理指令（<? ... ?>），也分别有节点类与之对应。图16-1给出了所有节点类型。

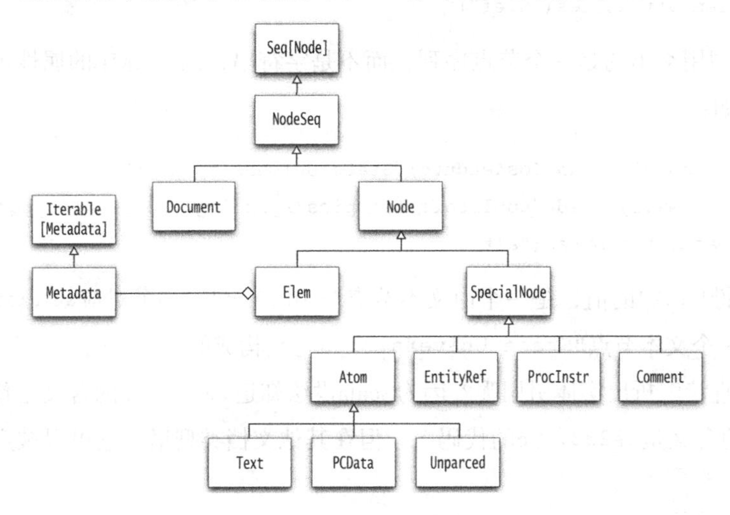

图16-1 XML节点类型

如果你通过编程的方式构建节点序列，则可以使用NodeBuffer，它是

ArrayBuffer[Node]的子类。

```
val items = new NodeBuffer
items += <li>Fred</li>
items += <li>Wilma</li>
val nodes: NodeSeq = items
```

注意：NodeBuffer是一个Seq[Node]，它可以被隐式转换为NodeSeq。一旦完成了这个转换，你需要小心别再继续修改它，因为XML节点序列应该是不可变的。

16.3 元素属性

要处理某个元素的属性键和值，可以用attributes属性。它交出的是一个类型为MetaData的对象，该对象几乎就是但又不完全等同于一个从属性键到属性值的映射。你可以用( )操作符来访问给定键的值：

```
val elem = <a href="http://scala-lang.org">The Scala language</a>
val url = elem.attributes("href")
```

可惜这样的调用交出的是一个节点序列，而不是字符串，因为XML的属性可以包含实体引用。例如：

```
val image = <img alt="San Jos&eacute; State University Logo"
  src="http://www.sjsu.edu/publicaffairs/pics/sjsu_logo_color_web.jpg"/>
val alt = image.attributes("alt")
```

在本例中，键"alt"的值，是一个由文本节点"San Jos"、一个对应é的EntityRef及另一个文本节点"State University Logo"构成的节点序列。

为什么不能直接解析出实体引用呢？因为Scala没法知道é的含义是什么。在XHTML中它的含义是é（é的代码），但在其他文档类型里，它可以被定义成别的含义。

提示：如果你感到在XML字面量里处理实体引用很不方便，也可以转而使用字符引用：`<img alt="San José State University Logo" .../>`

如果你很肯定在自己的属性当中不存在未被解析的实体，则可以简单地调用text方法来将节点序列转成字符串：

```
val url = elem.attributes("href").text
```

如果这样的一个属性不存在，()操作符将返回null。如果你不喜欢处理null，可以用get方法，它返回的是一个Option[Seq[Node]]。

可惜MetaData类并没有getOrElse方法，不过你可以对get方法返回的Option应用getOrElse：

```
val url = elem.attributes.get("href").getOrElse(Text(""))
```

要遍历所有属性，使用

```
for (attr <- elem.attributes)
  处理 attr.key 和 attr.value.text
```

或者，你也可以调用asAttrMap方法：

```
val image = <img alt="TODO" src="hamster.jpg"/>
val map = image.attributes.asAttrMap // Map("alt" -> "TODO", "src" -> "hamster.jpg")
```

16.4 内嵌表达式

你可以在XML字面量中包含Scala代码块，动态地计算出元素内容。例如：

```
<ul><li>{items(0)}</li><li>{items(1)}</li></ul>
```

每段代码块都会被求值，其结果会被拼接到XML树中。

如果代码块交出的是一个节点序列，序列中的节点会被直接添加到XML。所有其他值都会被放到一个Atom[T]中，这是一个针对类型T的容器。通过这种方式，你可以在XML树中存放任何值。也可以通过Atom节点的data属性取回这些值。

在很多情况下，我们并不关心从原子中获取条目。在XML文档保存时，每个原子都会通过对data属性调用toString方法转换成字符串。

注意：内嵌的字符串并不会被转成Text节点而是会被转成Atom[String]节点。这和普通的Text节点还是有区别的——Text是Atom[String]的子类。这对于保存文档没有问题。但如果你事后打算以Text节点的模式对它做匹配时，匹配会失败。像这种情况你应该插入Text节点而不是字符串：

```
<li>{Text("Another item")}</li>
```

你不但可以在XML字面量中包含Scala代码，被内嵌的Scala代码还可以继续包含XML字面量。举例来说，如果你有一个物品列表，你想把每个物品都放到li元素中：

```
<ul>{for (i <- items) yield <li>{i}</li>}</ul>
```

我们在ul元素中包含了一段Scala代码块<ul>{...}</ul>。而那段代码块将交出一个序列的XML表达式。

```
for (i <- items) yield 一个XML字面量
```

而这个XML字面量<li>...</li>包含了另一个Scala代码块！

```
<li>{i}</li>
```

这是在XML中套Scala代码再套XML。思考这个结构的时候我们可能会犯晕。如果还没晕的话，我们会发现这其实是一个很自然的构造过程：做出一个ul，包含items中的所有元素，其中每个元素都对应一个li。

说明：要在XML字面量中包含左花括号或右花括号，连续写两个即可：

```
<h1>The Natural Numbers {{1, 2, 3, ...}}</h1>
```

上述代码将产出

```
<h1>The Natural Numbers {1, 2, 3, ...}</h1>
```

16.5 在属性中使用表达式

你可以用Scala表达式来计算属性值，例如：

```
<img src={makeURL(fileName)}/>
```

在这段代码中，makeURL函数将返回一个字符串，而该字符串将成为属性值。

注意：被引用的字符串当中的花括号不会被解析和求值。例如：

```
<img src="{makeURL(fileName)}"/>
```

将src属性设置为字符串"{makeURL(fileName)}"，这恐怕不是你想要的效果。

内嵌的代码块也可以产出一个节点序列。如果你想要在属性中包含实体引用或原子的话，这个特性就会比较有用：

```
<a id={new Atom(1)} ... />
```

如果内嵌代码块返回null或None，该属性不会被设置。例如：

```
<img alt={if (description == "TODO") null else description} ... />
```

如果description是字符串"TODO"或null的话，该元素就不会带alt属性。

你可以用Option[Seq[Node]]来达到同样的效果。例如：

```
<img alt={if (description == "TODO" || description == null) None
  else Some(Text(description))} ... />
```

注意：如果这段代码块交出的不是String、Seq[Node]或Option[Seq[Node]]的话，就意味着语法错误。这和元素中的代码块是不一样的，元素中代码块的结果会被包装在Atom中。如果你想让属性值使用原子，就必须手工构造。

16.6 特殊节点类型

有时，你需要将非XML文本包含到XML文档中。典型的例子是XHTML页面中的JavaScript代码。你可以在XML字面量中使用CDATA标记：

```
val js = <script><![CDATA[if (temp < 0) alert("Cold!")]]></script>
```

不过，解析器并不会记住这段文本实际上被标记成了CDATA。你得到的是一个带有Text后代的节点。如果你要在输出中带有CDATA，可以包含一个PCData节点，就像这样：

```
val code = """if (temp < 0) alert("Cold!")"""
val js = <script>{PCData(code)}</script>
```

你可以在Unparsed节点中包含任意文本。它会被原样保留。你可以以字面量或者以编程的方式来生成此类节点：

```
val n1 = <xml:unparsed><&></xml:unparsed>
val n2 = Unparsed("<&>")
```

我不推荐你这样做，因为你很容易做出格式错误的XML。

最后，你可以将一个节点序列归组到单个“组”节点。

```
val g1 = <xml:group><li>Item 1</li><li>Item 2</li></xml:group>
val g2 = Group(Seq(<li>Item 1</li>, <li>Item 2</li>))
```

当你遍历到这些“组”节点时，它们会自动被“解开”。比对如下两个示例：

```
val items = <li>Item 1</li><li>Item 2</li>
for (n <- <xml:group>{items}</xml:group>) yield n
  // 将交出两个li元素
for (n <- <ol>{items}</ol>) yield n
  // 将交出一个ol元素
```

16.7 类XPath表达式

NodeSeq类提供了类似于XPath（XML Path Language, www.w3.org/TR/xpath）中/和//操作符的方法。由于//表示注释，因此它不是合法的操作符，Scala用\和\\来替代。

\操作符定位某个节点或节点序列的直接后代。例如：

```
val list = <dl><dt>Java</dt><dd>Gosling</dd><dt>Scala</dt><dd>Odersky</dd></dl>
val languages = list \ "dt"
```

以上代码将languages设为包含<dt>Java</dt>和<dt>Scala</dt>的节点序列。

通配符可以匹配任何元素。例如：

```
doc \ "body" \ "_" \ "li"
```

将找到所有li元素，不管它们是被包含在ul、ol，还是在body的任何其他元素当中。

\\操作符可以定位任何深度的后代。例如：

```
doc \\ "img"
```

将定位doc中任何位置的所有img元素。

以@开头的字符串可以定位属性。例如：

```
img \ "@alt"
```

将返回给定节点的alt属性，而

```
doc \\ "@alt"
```

将定位到doc中任何元素的所有alt属性。

说明：并没有可以用于属性的通配符；img \ "@_"并不会返回所有属性。

注意：不像XPath，你不能用单个\来从多个节点提取属性。举例来说，doc \\ "img" \ "@src"对于包含多个img元素的文档并不奏效。这种情况需要用doc \\ "img" \\ "@src"。

\或\\的结果是一个节点序列。它可能是单个节点；不过除非你十分确信，否则就应该遍历它（而不是直接当作单个节点处理）。例如：

```
for (n <- doc \\ "img") 处理 n
```

如果你只是对\或\\的结果调用text，所有结果序列中的文本都会被串接在一起。例如：

```
(<img src="hamster.jpg"/><img src="frog.jpg"/> \\ "@src).text
```

将会返回字符串"hamster.jpgfrog.jpg"。

16.8 模式匹配

你可以在模式匹配表达式中使用XML字面量。例如：

```
node match {
  case <img/> => ...
  ...
}
```

如果node是一个带有任何属性但没有后代的img元素，则第一个匹配会成功。

要处理后代元素有些小麻烦。你可以用如下表达式匹配单个后代：

```
case <li>{_}</li> => ...
```

不过，如果li元素有多于一个的后代，比如<li>An <em>important</em> item</li>，那么匹配就会失败。要匹配任意多的项，需要使用：

```
case <li>{_*}</li> => ...
```

注意这里的花括号——它们可能会让你想起XML字面量中内嵌代码的写法。不过，在XML模式中，花括号表示代码模式，而不是可以被求值的代码。

除了用通配符，你还可以使用变量名。成功匹配到的内容会被绑定到该变量上。

```
case <li>{child}</li> => child.text
```

要匹配一个文本节点，可以用如下这样的样例类匹配：

```
case <li>{Text(item)}</li> => item
```

要把节点序列绑定到变量，使用如下语法：

```
case <li>{children @ _*}</li> => for (c <- children) yield c
```

注意：在这样的匹配中，children是一个Seq[Node]，并不是NodeSeq。

在case语句中，你只能用一个节点。举例来说，如下代码是非法的：

```
case <p>{_*}</p><br/> => ... // 非法
```

XML模式不能有属性。

```
case <img alt="TODO"/> => ... // 非法
```

要匹配到属性，得用守卫：

```
case n @ <img/> if (n.attributes("alt").text == "TODO") => ...
```

16.9 修改元素和属性

在Scala中，XML节点和节点序列是不可变的。如果你想要编辑一个节点，则必须创建一个拷贝，给出需要做的修改，然后复制未被显式修改的部分。

要复制Elem节点，我们用copy方法。它有五个带名参数：有我们熟悉的label、attributes和child，还有用于命名空间（参见16.12节）的prefix和scope。任何你不指定的参数都会从原来的元素复制过来。例如：

```
val list = <ul><li>Fred</li><li>Wilma</li></ul>
val list2 = list.copy(label = "ol")
```

上面这段代码将会创建一个list的拷贝，将标签从ul修改成ol。新旧两个列表的后代是共享的，不过这没有问题，因为节点序列是不可变的。

要添加一个后代，可以像如下这样调用copy：

```
list.copy(child = list.child ++ <li>Another item</li>)
```

要添加或修改一个属性，可以用%操作符：

```
val image = <img src="hamster.jpg"/>
val image2 = image % Attribute(null, "alt", "An image of a hamster", Null)
```

第一个参数是命名空间。最后一个是额外的元数据列表。正如Node扩展自NodeSeq，Attribute特质扩展自MetaData。要添加多个属性，你可以将它们像如下这样串接在一起：

```
val image3 = image % Attribute(null, "alt", "An image of a frog",
  Attribute(null, "src", "frog.jpg", Null))
```

注意：在这里，scala.xml.Null是一个空的属性列表，它并不是scala.Null类型。

用相同的键添加属性会替换掉已有的那一个。image3元素只有一个键为"src"的属性，它的值为"frog.jpg"。

16.10 XML变换

有时，你需要重写所有满足某个特定条件的后代。XML类库提供了一个RuleTransformer类，该类可以将一个或多个RewriteRule实例应用到某个节点及其后代。

举例来说，假定你想要把某个文档中所有的ul节点都修改成ol。你要做的是定义一个RewriteRule并重写transform方法：

```
val rule1 = new RewriteRule {
  override def transform(n: Node) = n match {
    case e @ <ul>{_*}</ul> => e.asInstanceOf[Elem].copy(label = "ol")
    case _ => n
  }
}
```

然后，你就可以用以下命令来对某棵XML树进行变换了：

```
val transformed = new RuleTransformer(rule1).transform(root)
```

你可以在RuleTransformer的构造器中给出多个规则：

```
val transformer = new RuleTransformer(rule1, rule2, rule3);
```

transform方法遍历给定节点的所有后代，应用所有规则，最后返回经过变换的树。

16.11 加载和保存

要从文件中加载XML文档，调用XML对象的loadFile方法：

```
import scala.xml.XML
val root = XML.loadFile("myfile.xml")
```

你也可以从java.io.InputStream、java.io.Reader或URL加载：

```
val root2 = XML.load(new FileInputStream("myfile.xml"))
val root3 = XML.load(new InputStreamReader(
  new FileInputStream("myfile.xml"), "UTF-8"))
val root4 = XML.load(new URL("http://horstmann.com/index.html"))
```

文档是使用Java类库中标准的SAX解析器加载的。但可惜并没有提供文档类型定义（Document Type Definition，DTD）。

注意：这个解析器有一个从Java类库继承下来的问题，即它并不从本地编目读取DTD。尤其是，获取XHTML文件可能会花费非常长的时间，甚至完全失败，这中间解析器会向w3c.org站点请求并接收DTD。

要使用本地编目，你需要JDK的com.sun.org.apache.xml.internal.resolver.tools包中的CatalogResolver类；或者，如果使用非正式的API让你感到不安，也可以用Apache Commons Resolver项目提供的版本（http://xml.apache.org/commons/components/resolver/resolver-article.html）。

只可惜XML对象并没有API用来安装实体解析器。以下是如何通过后门来达到这个目的：

```
val res = new CatalogResolver
val doc = new factory.XMLLoader[Elem] {
  override def adapter = new parsing.NoBindingFactoryAdapter() {
    override def resolveEntity(publicId: String, systemId: String) = {
      res.resolveEntity(publicId, systemId)
    }
  }
}.load(new URL("http://horstmann.com/index.html"))
```

Scala还提供了另外一个解析器，可以保留注释、CDATA节和空白（可选）：

```
import scala.xml.parsing.ConstructingParser
import java.io.File
val parser = ConstructingParser.fromFile(new File("myfile.xml"), preserveWS = true)
val doc = parser.document
val root = doc.docElem
```

注意ConstructingParser返回一个类型为Document的节点。调用其docElem方法可取得文档根节点。

如果你的文档有DTD而你又需要它的话（比如当你保存文档时），可以用doc.dtd访问到。

注意：默认情况下，ConstructingParser并不解析实体，而是将它们转换成无用的注释，比如：

```
<!-- unknown entity nbsp; -->
```

如果你碰巧要读取一个XHTML文件，则可以使用XhtmlParser子类：

```
val parser = new XhtmlParser(scala.io.Source.fromFile("myfile.html"))
val doc = parser.initialize.document
```

其他情况下，你需要将实体添加到解析器的实体映射当中。例如：

```
parser.ent ++= List(
  "nbsp" -> ParsedEntityDecl("nbsp", IntDef("\u00A0")),
  "eacute" -> ParsedEntityDecl("eacute", IntDef("\u00E9")))
```

要保存XML到文件当中，可以用save方法：

```
XML.save("myfile.xml", root)
```

这个方法有以下三个可选参数：

- enc用来指定字符编码（默认为"ISO-8859-1"）。
- xmlDecl用来指定输出中最开始是否要生成XML声明（<?xml...?>）（默认为false）。
- doctype是样例类scala.xml.dtd.DocType的对象（默认为null）。

举例来说，要写入XHTML文件，你可能会使用

```
XML.save("myfile.xhtml", root,
  enc = "UTF-8",
  xmlDecl = true,
  doctype = DocType("html",
    PublicID("-//W3C//DTD XHTML 1.0 Strict//EN",
      "http://www.w3.org/TR/xhtml1/DTD/xhtml1-strict.dtd"),
    Nil))
```

DocType构造器的最后一个参数是用来指定内部DTD声明的——这是一个很不常用的XML特性，我就不在这里介绍了。

你也可以保存到java.io.Writer，但这样一来你就必须给出所有参数（没有默认值）。

```
XML.write(writer, root, "UTF-8", false, null)
```

说明：保存XML文件时，没有内容的元素不会被写成自结束的标签。默认的样式为：

```
<img src="hamster.jpg"></img>
```

如果你想要

```
<img src="hamster.jpg"/>
```

可以用

```
val str = xml.Utility.toXML(node, minimizeTags = true)
```

提示：如果你想让XML代码排版更加美观，可以用PrettyPrinter类：

```
val printer = new PrettyPrinter(width = 100, step = 4)
val str = printer.formatNodes(nodeSeq)
```

16.12 命名空间

在XML中，命名空间用来避免名称冲突，类似于Java或Scala中包的概念。不过，XML命名空间是一个URI（通常也是URL），比如：

```
http://www.w3.org/1999/xhtml
```

xmlns属性可以声明一个命名空间，例如：

```
<html xmlns="http://www.w3.org/1999/xhtml">
  <head>...</head>
  <body>...</body>
</html>
```

html元素及其后代（head、body）等将被放置在这个命名空间当中。

后代也可以引入自己的命名空间，例如：

```
<svg xmlns="http://www.w3.org/2000/svg" width="100" height="100">
```

```
  <rect x="25" y="25" width="50" height="50" fill="#ff0000"/>
</svg>
```

在Scala中，每个元素都有一个scope属性，类型为NamespaceBinding。该类的uri属性交出的是命名空间的URI。

如果你想混用多个命名空间的元素，处理这些命名空间的URL将会变得十分枯燥。另一种做法是命名空间前缀。例如：

```
<html xmlns="http://www.w3.org/1999/xhtml"
  xmlns:svg="http://www.w3.org/2000/svg">
```

上述标签会引入前缀svg来表示命名空间http://www.w3.org/2000/svg 。所有以svg:开头的元素都将属于该命名空间。例如：

```
<svg:svg width="100" height="100">
  <svg:rect x="25" y="25" width="50" height="50" fill="#ff0000"/>
</svg:svg>
```

你应该还记得，在16.9节，每个Elem对象都有prefix和scope值。解析器会自动计算这些值。要找出某个元素的命名空间，可检查scope.uri值。如果有多个命名空间，它们是通过scope.parent链接串在一起的。如下方法会获取全部命名空间：

```
def namespaces(node: Node) = {
  def namespaces(scope: NamespaceBinding): List[(String, String)] =
    if (scope == null) List()
    else namespaces(scope.parent) :+ ((scope.prefix, scope.uri))
  namespaces(node.scope)
}
```

要获取某个属性的命名空间，可以用prefixedKey方法。

当你想用编程的方式产出XML元素时，则需要手工设置prefix和scope。例如：

```
val scope = new NamespaceBinding("svg", "http://www.w3.org/2000/svg", TopScope)
val attrs = Attribute(null, "width", "100",
  Attribute(null, "height", "100", Null))
val elem = Elem(null, "body", Null, TopScope,
  Elem("svg", "svg", attrs, scope))
```

练习

1. <fred/>(0)得到什么？<fred/>(0)(0)呢？为什么？
2. 如下代码的值是什么？

```
<ul>
  <li>Opening bracket: [</li>
  <li>Closing bracket: ]</li>
  <li>Opening brace: {</li>
  <li>Closing brace: }</li>
</ul>
```

   你如何修复它？
3. 比对

```
<li>Fred</li> match { case <li>{Text(t)}</li> => t }
```

   和

```
<li>{"Fred"}</li> match { case <li>{Text(t)}</li> => t }
```

   为什么它们的行为不同？
4. 读取一个XHTML文件并打印所有不带alt属性的img元素。
5. 打印XHTML文件中所有图像的名称。即，打印所有位于img元素内的src属性值。
6. 读取XHTML文件并打印一个包含了文件中给出的所有超链接及其URL的表格。即，打印所有a元素的child文本和href属性。
7. 编写一个函数，带一个类型为Map[String, String]的参数，返回一个dl元素，其中针对映射中的每个键对应着一个dt，每个值对应着一个dd。例如：

```
Map("A" -> "1", "B" -> "2")
```

   应交出<dl><dt>A</dt><dd>1</dd><dt>B</dt><dd>2</dd></dl>。
8. 编写一个函数，接受dl元素，将它转成Map[String, String]。该函数应该是前一个练习中的反向处理，前提是所有dt后代都是唯一（各不相同）的。
9. 对一个XHTML文档进行变换，对所有不带alt属性的img元素添加一个alt="TODO"属性，其余内容完全不变。
10. 编写一个函数，读取XHTML文档，执行前一个练习中的变换，并保存结果。确保保留了DTD以及所有CDATA节的内容。

第17章　Future

本章的主题 A2

Chapter 17

编写正确而且高性能的并发应用非常有挑战性。按传统的方式，并发任务会有改变共享数据的副作用，非常烦琐，也非常容易出错。Scala鼓励你以一种函数式的方式来思考计算。计算的目的是交出值，而有时候，计算是在未来（in the future）的某个时间交出这个值。只要计算没有副作用，你就可以让它们并发地运行，当它们可用时，再组合出结果。在本章中，你将看到如何使用`Future`和`Promise`特质类组织这样的计算。

本章的要点包括：

- 包在`Future { ... }`里的代码块是并发执行的。
- future要么成功得到一个结果，要么以异常失败。
- 你可以等待future完成，不过通常你并不想这样做。
- 你可以用回调来在future完成时收到通知；不过当需要串联回调时，事情就会变得烦琐起来。
- 使用诸如`map/flatMap`的方法，或等效的`for`表达式，来组合多个future。
- promise有一个其值可被（单次）设置的future，这让实现产出结果的任务变得更为灵活。
- 挑一个适合你的并发计算负载的执行上下文。

17.1 在future中运行任务

scala.concurrent.Future对象可以“在未来（in the future）”执行代码块。

```
import java.time._
import scala.concurrent._
import ExecutionContext.Implicits.global

Future {
  Thread.sleep(10000)
  println(s"This is the future at ${LocalTime.now}")
}
println(s"This is the present at ${LocalTime.now}")
```

运行这段代码时，会输出类似于如下的文本行：

```
This is the present at 13:01:19.400
```

大约10秒过后，会出现第二行：

```
This is the future at 13:01:29.140
```

当你创建Future时，它的代码会在某个线程上运行。我们当然可以对每个任务创建新的线程，但线程创建并不是没有代价的。更好的做法是保持一些预先创建的线程，然后在需要时用它们来执行任务。这种将任务指派到线程的数据结构通常被称作“线程池（thread pool）”。在Java中，Executor接口描述了这样一个数据结构。不过，Scala用的是ExecutionContext特质。

每个Future在构造时都必须有一个指向某个ExecutionContext的引用。最简单的方式是引入

```
import ExecutionContext.Implicits.global
```

这样任务就会在一个全局的线程池中执行。对于演示而言这没问题；不过在真正的程序当中，对于那些会阻塞的任务，你应该重新做出选择。更多信息参考17.9节。

当你构造了多个future时，它们可以并发地执行。例如，通过运行如下的代码：

```
Future { for (i <- 1 to 100) { print("A"); Thread.sleep(10) } }
Future { for (i <- 1 to 100) { print("B"); Thread.sleep(10) } }
```

你将得到类似于下面这样的输出：

```
ABABABABABABABABABABABABABABABA...AABABBBABABABABABABABABABBBBBBBBBBBBBBBBB
```

future可以（通常也会）有结果：

```
val f = Future {
  Thread.sleep(10000)
  42
}
```

当你在REPL中定义后马上对f求值，将得到如下输出：

```
res12: scala.concurrent.Future[Int] = Future(<not completed>)
```

等10秒再试：

```
res13: scala.concurrent.Future[Int] = Future(Success(42))
```

还有一种可能，在未来会发生一些不好的事情：

```
val f2 = Future {
  if (LocalTime.now.getHour > 12)
    throw new Exception("too late")
  42
}
```

如果是下午，那么这个任务就会以一个异常终止。在REPL中，你将看到：

```
res14: scala.concurrent.Future[Int] = Future(Failure(java.lang.Exception:
too late))
```

现在你知道什么是Future了吧。Future是一个会在未来的某个时间点给你一个结果（或失败）的对象。在下一节，你将看到从Future中收获结果的一种方式。

说明： 在Play这个Web框架中，从那些响应Web请求的“action”方法返回Future对象是被鼓励的做法。这样一来你就不必担心如何获取结果的问题了——那是框架该做的事。

说明：java.util.concurrent包也有一个Future接口，但比起Scala的Future特质要受限得多。Scala的Future等效于Java 8的CompletionStage接口。

说明：Scala语言并不限制你用并发任务完成什么。不过，你应该尽量避免带有副作用的计算。最好是不要对共享的计数器做递增操作——哪怕是原子操作。不要填充共享的映射——哪怕是线程安全的映射。而是让每个future都计算出一个值。然后你就可以在所有相关future完成后对这些值进行组合。这样一来，每个值在同一时刻只被一个任务持有，因而要推理计算的正确性就比较容易。

17.2 等待结果

当你有一个Future时，就可以用isCompleted方法来检查它是否已经完成。不过，你当然不希望在循环中等着它完成。

你可以做一个阻塞的调用来等待结果。

```
import scala.concurrent.duration._
val f = Future { Thread.sleep(10000); 42 }
val result = Await.result(f, 10.seconds)
```

对Await.result的调用将阻塞10秒，然后交出future的结果。

Await.result方法的第二个入参是一个Duration对象。引入scala.concurrent.duration._包将允许我们使用那些从整数到Duration对象的转换方法，如seconds、millis等。

如果在分配的时间内任务没有就绪，Await.ready方法将抛出TimeoutException。

如果任务抛出了异常，那么该异常会在对Await.result的调用中再次抛出。如果这不是你想要的，你可以调用Await.ready，然后再获取结果。

```
val f = Future { ... }
Await.ready(f, 10.seconds)
val Some(t) = f.value
```

value方法返回的是一个Option[Try[T]]，在future没有完成时是None，而在future完成时是Some(t)。这里的t是Try类的对象，它所持有的要么是结果，要么是造成任务失败的异常。在我们的这个场景中，value方法只会在future已经完成时才会被调用，因此我们可以用提取器来获得Try对象。你将在下一节看到如何进一步检查它的内容。

说明：在实践当中，你不会经常使用Await.result或Await.ready方法。你通常在任务是耗时的情况下并发地运行它们，这时你的主程序可以做其他更有用的事，而不是等待结果。17.4节展示了如何不阻塞地收获结果。

注意：在本节中，我们使用了Await对象的result和ready方法。Future类也有result和ready方法，不过你不应该调用它们。如果执行上下文（execution context）只使用少量的线程（默认的fork-join线程池就是如此），你不会想要它们全都阻塞的。跟Future里的这些方法不同，Await的方法只会通知执行上下文，以便它可以调整池中的线程。

说明：并不是所有在future执行过程中发生的异常都会被保存在结果当中。虚拟机的错误以及InterruptedException是可以以常规的方式向外传递的。

17.3 Try类

Try[T]的示例要么是Success(v)，其中v是类型T的值；要么是Failure(ex)，其中ex是一个Throwable。处理它的一种方式是用match语句。

```
t match {
  case Success(v) => println(s"The answer is $v")
  case Failure(ex) => println(ex.getMessage)
}
```

除此之外，你还可以用isSuccess或isFailure方法来获知Try对象代表的是成功还是失败。对成功的场景，你可以用get方法获取它的值：

```
if (t.isSuccess) println(s"The answer is ${t.get}")
```

要在失败的场景下获取异常，首先应用failed方法，该方法将失败的Try[T]对象转换成一个打包了异常的Try[Throwable]。然后调用get来获取异常对象。

```
if (t.isFailure) println(t.failed.get.getMessage)
```

如果你打算将Try对象传给预期可选值的方法，也可以用toOption将它转换成Option。这将把Success转成Some，把Failure转成None。

要构造一个Try对象，可以调用Try(block)，其中block是一段代码块。例如：

```
val result = Try(str.toInt)
```

上述代码要么是一个带有解析好的整数的Success对象，要么是打包了NumberFormatException的Failure。

有若干方法可以对Try对象进行组合和变换。不过，类似的方法在future上也有，也更为常用。你将在17.5节看到如何处理多个future。在那一节的最后，你还将看到这些处理技巧对Try对象同样适用。

17.4 回调

正如前面已经提到的，我们通常并不会用阻塞的等待来获取future的结果。为了更好的性能，future应该将结果报告给回调函数。

通过onComplete方法，这很容易做到。

```
f.onComplete(t => ...)
```

当future完成时，不论是成功或是失败，它都会用Try对象来调用给定的（回调）函数。

你接下来就可以响应这次的成功或失败，比如向onComplete方法传入一个match函数。

```
val f = Future { Thread.sleep(10000)
  if (random() < 0.5) throw new Exception
  42
}
```

```
f.onComplete {
  case Success(v) => println(s"The answer is $v")
  case Failure(ex) => println(ex.getMessage)
}
```

通过回调，我们成功避免了阻塞。但不幸的是，我们现在有了一个新问题。极有可能，某个Future任务中的长时间计算后面会跟着另一个计算，再一个计算，等等。在回调中嵌套回调是可行的，但这非常不舒服。（这个技巧有时被称作“回调地狱（callback hell）”。）

更好的做法是将future想象成可以被组合的实体，就像函数那样。你通过调用第一个函数，然后将结果传给第二个函数，这样来组合两个函数。在下一节，你将看到如何对future做同样的事。

说明：有只在future成功或失败时调用的回调方法onSuccess和onFailure。不过，这些方法已经过时，因为它们对回调地狱的贡献甚至（比一般的回调）更大。

17.5 组合future任务

假定我们需要从两个Web服务获取信息并将两组信息合起来。每个任务都是长时间运行的，应该在Future中执行。将它们用回调链起来是可行的：

```
val future1 = Future { getData1() }
val future2 = Future { getData2() }
future1 onComplete {
  case Success(n1) =>
    future2 onComplete {
      case Success(n2) => {
        val n = n1 + n2
        println(s"Result: $n")
      }
      case Failure(ex) => ...
    }
  case Failure(ex) => ...
}
```

尽管回调按顺序排列，但这两个任务其实是并发的。每个任务都在Future.apply方法执行之后立即或短暂间隙后执行。我们并不知道f1和f2当中的哪一个会首先完成，但这不重要。在两个任务都完成之前，我们没法处理结果。一旦f1完成，它的完成处理器会在f2上注册一个完成处理器。如果这时f2已经完成了，那么后一个完成处理器会立即被调用。不然的话，就会在f2最终完成时被调用。

尽管像这样串联future的做法可行，但代码看上去非常混乱，并且随着处理层级的增加，这种情况还会变得更糟。

我们不打算用嵌套的回调，我们将采用一种你在使用Scala集合时已经知道的方式。把Future想象成带有单个元素（希望最终是这样）的集合。你已经知道如何对集合的值做变换，对吧——通过map：

```
val future1 = Future { getData1() }
val combined = future1.map(n1 => n1 + getData2())
```

这里的future1是一个Future[Int]——单个值（希望最终是这样）的集合。我们对它映射一个Int => Int的函数，得到另一个Future[Int]——单个整数（希望最终是这样）的集合。

不过，等一下——这跟使用回调的代码不一样。对getData2的调用发生在getData1之后，而不是并发的。我们用第二个map来修复这个问题：

```
val future1 = Future { getData1() }
val future2 = Future { getData2() }
val combined = future1.map(n1 => future2.map(n2 => n1 + n2))
```

当future1和future2都给出结果时，就会计算出和。

可惜，这样一来combined就是一个Future[Futue[Int]]，这并不好。轮到flatMap出场了：

```
val combined = f1.flatMap(n1 => f2.map(n2 => n1 + n2))
```

如果你用的是for表达式而不是将flatMap和map串起来，代码看上去就好多了：

```
val combined = for (n1 <- future1; n2 <- future2) yield n1 + n2
```

这完全是相同的代码，因为for表达式会被翻译成map和flatMap的连续调用。

你也可以在for表达式中应用守卫（guard）：

```
val combined =
  for (int n1 <- future1; n2 <- future2 if n1 != n2) yield n1 + n2
```

如果守卫失败了，计算会以NoSuchElementException失败。

如果计算过程中出现异常问题怎么办？map和flatMap的实现会照顾到所有这些情况。一旦其中某个任务失败了，整个管线也会失败，异常会被捕获。对比而言，如果你是手工组合回调的话，就必须在每一步处理失败的场景。

说明：如果你觉得for/yield这个语法结构不自然，可以看看Scala Async类库（http://github.com/scala/async）。它用了Scala Macros（宏）来支持更自然的流式表达：

```
val combined = async { await(future1) + await(future2) }
```

到目前为止，你已经看到如何并发地运行两个任务。有时，你需要将某个任务安排在另一个任务之后运行。Future在创建时立即开始执行。如果要延迟创建，可以使用函数。

```
def future1 = Future { getData() }
def future2 = Future { getMoreData() } // 用def而不是val
val combined = for (n1 <- future1; n2 <- future2) yield n1 + n2
```

这样一来future2只会在future1完成之后被求值。

对于future1，你是用val还是def并不重要。如果你用def，它的创建只是稍有延迟，延迟到for表达式开始的时候。

这种做法对于第二步依赖第一步结果的情况尤其有用：

```
def future1 = Future { getData() }
def future2(arg: Int) = Future { getMoreData(arg) }
val combined = for (n1 <- future1; n2 <- future2(n1)) yield n1 + n2
```

说明：跟Future特质类似，17.3节的Try类也有map和flatMap方法。Try[T]是一个（希望如此）单值的集合。它就像Future[T]，只不过你不需要等。你可以用函数调用map来改变那个单值；或者，如果你有求值结果为Try的函数，并且想对结果做扁平化处理，可以用flatMap。你也可以用for表达式。例如，下面展示了如何计算两个函数调用（调用可能会失败）的和：

```
def readInt(prompt: String) = Try(StdIn.readLine(s"$prompt: ").toInt)
val t = for (n1 <- readInt("n1"); n2 <- readInt("n2")) yield n1 + n2
```

这样，你就可以组合Try值的计算，而无须特别考虑无聊的异常处理的部分。

17.6 其他future变换

你在前一节看到的map和flatMap方法是Future对象最基础的变换。

表17-1给出了对future内容应用函数的若干方式，它们在细节上有着细微的差异。

foreach方法用起来跟集合的foreach完全一样，我们调用它只是为了得到它的副作用。给定的方法会在未来应用到future里的那个单值。对于当答案就绪时获取结果的场景，这个方法是很方便的。

```
val combined = for (n1 <- future1; n2 <- future2) yield n1 + n2
combined.foreach(n => println(s"Result: $n"))
```

recover方法接受一个可以将异常转换为成功结果的偏函数。考虑如下调用：

```
val f = Future { persist(data) } recover { case e: SQLException => 0 }
```

如果发生了SQLException，future会以结果0推进到成功状态。

fallbackTo方法提供了另一种恢复机制。当你调用f.fallbackTo(f2)时，如果f失败了，f2就会被执行，其结果值就会成为future的结果值。不过，通过f2我们无法检视到f失败的原因。

failed方法将一个失败的Future[T]转换成一个成功的Future[Throwable]，就像Try.failed一样。你可以像这样用for表达式来获取失败详情：

```
val f = Future { ... }
for (ex <- f.failed) println(ex)
```

最后，你还可以将两个future“拉链”（zip）在一起。对f1.zip(f2)的调用交出的是这样一个future：如果f1的结果是v而f2的结果是w，结果就是对偶(v, w)；而如果

f1或f2任何一个失败了，结果就是一个异常。（如果两个都失败了，返回的是f1的异常。）

表17-1 对Future[T]的变换，v对应成功的值，ex对应异常

方法	结果	描述
collect(pf: PartialFunction[T, S])	Future[S]	跟map很像，不过接受的是偏函数。如果pf(v)未定义，则以NoSuchElementException失败
foreach(f: T => U)	Unit	像map那样调用f(v)，不过只为了其副作用
andThen(pf: PartialFunction[Try[T], U])	Future[T]	为了副作用调用pf(v)并返回v的future
filter(p: T => Boolean)	Future[T]	调用p(v)并返回v的future，或NoSuchElementException
recover(pf: PartialFunction[Throwable, U]) recoverWith(pf: PartialFunction[Throwable, Future[U]])	Future[U]（其中U是T的超类型）	带有值v或pf(ex)的future，在异步的场景下会对结果做扁平化处理
fallbackTo(f2: Future[U])	Future[U]（其中U是T的超类型）	带有值v的future；如果这个future失败了，则带上f2的值；而如果f2也失败了，则带上异常ex
failed	Future[Throwable]	带有值ex的future
transform(s: T => S, f: Throwable => Throwable) transform(f: Try[T] => Try[S]) transformWith(f: Try[T] => Future[Try[S]])	Future[S]	同时对成功和失败进行变换

zipWith方法类似，不过它接受一个组合两个结果的方法而不是返回对偶。例如，以下是获取两个计算的和的另一种方式：

```
val future1 = Future { getData1() }
val future2 = Future { getData2() }
val combined = future1.zipWith(future2)(_ + _)
```

17.7 Future对象中的方法

Future伴生对象包含了用于操作由future组成的集合的若干方法。

假定你在计算结果的过程中，将需要执行的工作组织成可以并发地对不同部分进行操作的方式。例如，每个部分可能是输入中的一段，对每一段都做一个future：

```
val futures = parts.map(p => Future { 计算p的结果 })
```

这样，你就有了一个由future组成的集合。通常，你会想要组合这些future的结果。通过Future.sequence方法，你可以得到由所有结果组成的集合，用于进一步的处理：

```
val result = Future.sequence(futures);
```

注意这个调用并不会阻塞——它给你的是一个包含了集合的future。例如，假定futures是一个Set[Future[T]]。那么结果就是一个Future[Set[T]]。当futures所有元素的结果都可用时，result这个future就会以一个由所有结果组成的集推进到完成状态。

如果集合当中任何一个future失败了，作为结果的future也会失败，其异常为集合中所有失败的future当中最靠左边的那一个所包含的异常。如果有多个future失败了，你（从结果中）是看不到其他失败信息的。

traverse方法将map和sequence两步合为一步。所以，除了这样写：

```
val futures = parts.map(p => Future { 计算p的结果 })
val result = Future.sequence(futures);
```

你也可以直接调用traverse：

```
val result = Future.traverse(parts)(p => Future { 计算p的结果 })
```

第二个柯里化的入参中的函数会被应用到parts的每个元素。你得到的是一个包含所有结果的集合的future。

还有reduceLeft和foldLeft操作，作用跟13.9节介绍的化简和折叠类似。由你提供一个在所有future的结果可用时合并这些结果的操作。例如，以下展示了如何计算结果的和：

```
val result = Future.reduceLeft(futures)(_ + _)
  // 将交出包含所有future的结果之和的future
```

到目前为止，我们收集了所有future的结果。假定你想要从任何一部分接受结果，那么可以调用

```
Future[T] result = Future.firstCompletedOf(futures)
```

你得到的是一个当它完成时会包含futures中首个完成的元素的成功或失败的结果的future。

find方法与此类似，不过由你提供的是一个前提（predicate）。

```
val result = Future.find(futures)(predicate)
  // 将交出Future[Option[T]]
```

你得到的是一个当它成功完成时会交出Some(r)的future，其中r是给定的多个future中满足前提的某个future的结果。失败的future会被忽略。如果所有的future都完成了但没有一个交出与前提匹配的结果，那么find将返回None。

注意： firstCompleteOf和find的一个潜在问题是其他计算会继续进行，哪怕此时结果已经确定。Scala的future并没有取消的机制。如果你想要停止不必要的工作，就必须自己提供相应的机制。

最后，Future（伴生）对象还提供了生成简单future的便利方法：

- Future.successful(r)是一个已经（成功）完成的结果为r的future。
- Future.failed(e)是一个已经完成（失败）的异常为e的future。
- Future.fromTry(t)是一个已经完成的，通过Try对象t给出成功或异常结果的future。
- Future.unit是一个已经完成的结果为Unit的future。
- Future.never是一个永远不会完成的future。

17.8 Promise

Future对象是只读的。future的结果是在任务（成功）结束或失败时隐式地被设置的。Promise与其类似，不过它的值可以被显式地设置。

考虑如下交出Future的方法：

```
def computeAnswer(arg: String) = Future {
  val n = workHard(arg)
  n
}
```

如果用Promise，代码看上去是这个样子的：

```
def computeAnswer(arg: String) = {
  val p = Promise[Int]()
  Future {
    val n = workHard(arg)
    p.success(n)
    workOnSomethingElse()
  }
  p.future
}
```

对一个promise调用future方法交出的是与其关联的Future对象。注意，该方法在开始那个最终会交出结果的任务后，立即返回了相应的Future。任务将在另一个由Future {...}表达式定义的Future中运行，这个future跟promise的future没有关联关系。

对promise调用success将设置结果。或者你也可以用一个异常来调用failure，让promise失败。一旦这两个方法中的一个被调用，与promise关联的future也就会完成，这两个方法都不能再被调用。（如果调用了它们，会抛出IllegalStateException。）

从消费端（也就是computeAnswer方法的调用方）的视角来看，这两种方案没有区别。不论哪种方案，消费端都会拿到一个Future，并最终得到结果。

不过对于生产端而言，使用Promise会有更大的灵活度。正如代码示例中我们所看到的那样，生产端可以在满足promise的同时做别的工作。例如，生产端可能会同时满足多个promise。

```
val p1 = Promise[Int]()
val p2 = Promise[Int]()
Future {
  val n1 = getData1()
```

```
  p1.success(n1)
  val n2 = getData2()
  p2.success(n2)
}
```

用多个任务并发地工作来满足单个promise也是可以的。当其中一个任务有了结果时，它可以对promise调用trySuccess。跟success不同，这个方法接受结果并且在promise还没有完成时返回true；如果此时promise已经完成了，则返回false并忽略当前这个结果。

```
val p = Promise[Int]()
Future {
  var n = workHard(arg)
  p.trySuccess(n)
}
Future {
  var n = workSmart(arg)
  p.trySuccess(n)
}
```

这里的promise将由第一个顺利产出结果的任务完成。如果采用这种方式，具体的任务可能会定期调用p.isCompleted来检查是否应该继续。

说明： Scala的promise等效于Java 8的CompletableFuture。

17.9 执行上下文

默认情况下，Scala的future会在全局的fork-join线程池中执行。这对于计算密集型的任务而言非常适用。不过，fork-join线程池只管理少量的线程（默认的线程数等于所有处理器的核心数）。当任务必须等待时，这就成了问题，比如与远程的资源通信的场景。程序有可能会在等待结果的过程中耗尽所有可用的线程。

你可以通知执行上下文，说你即将阻塞，方法是将阻塞的代码放置在blocking {...}当中：

```
val f = Future {
```

```
val url = ...
blocking {
  val contents = Source.fromURL(url).mkString
  ...
}
}
```

执行上下文收到通知后，可能会增加线程数。fork-join线程池就是这么做的，不过它的设计并非针对有许多阻塞线程的场景进行了优化。如果你执行的是输入/输出或连接数据库，别的线程池可能更适合你。Java并发类库的Executors类给出了若干选择。缓存线程池（cached thread pool）适用于I/O密集的工作负载。你可以将它显式地传入Future.apply方法，也可以将它设为隐式的执行上下文：

```
val pool = Executors.newCachedThreadPool()
implicit val ec = ExecutionContext.fromExecutor(pool)
```

这样一来，只要ec在作用域内，所有future都将使用该线程池。

练习

1. 考虑如下表达式：

   ```
   for (n1 <- Future { Thread.sleep(1000) ; 2 }
       n2 <- Future { Thread.sleep(1000); 40 })
     println(n1 + n2)
   ```

   该表达式如何被翻译成map和flatMap的调用？这两个future是并发执行的还是一个接着另一个执行的？对println的调用发生在哪一个线程？
2. 编写一个doInOrder函数，给定两个函数f: T => Future[U]和g: U => Future[V]，产出一个新的函数T => Future[V]，对于给定的t最终交出g(f(t))。
3. 重复前一个练习，这一次换成任何以类型为T => Future[T]的函数组成的序列。
4. 编写一个doTogether函数，给定两个函数f: T => Future[U]和g: U => Future[V]，产出一个新的函数T => Future[(U, V)]，并行地运行这两个计

算，对于给定的t最终交出(f(t), g(t))。

5. 编写一个函数，接受一个由多个future组成的序列，返回一个最终交出由多个结果组成的序列的future。

6. 编写一个方法：

```
Future[T] repeat(action: => T, until: T => Boolean)
```

异步地重复该动作，直到它产出一个被until前提接受的值，这个until前提也应该是异步运行的。用一个从命令行读取密码的函数和一个通过“sleep”1秒然后检查密码是否为"secret"模拟有效性检查的函数，来测试前面的方法。提示：使用递归。

7. 编写一个程序，计算1到*n*之间质数（以BigInt.isProbablePrime为准）的个数。将区间切分成*p*个部分，其中*p*为可用处理器的个数。在并发的future中计算每一个部分的质数个数，然后合并出结果。

8. 编写一个程序，向用户询问一个URL，从该URL读取网页，然后显示出所有的超链接。对这三步的每一步使用一个单独的Future。

9. 编写一个程序，向用户询问一个URL，从该URL读取网页，找到所有的超链接，并发地访问每一个超链接，然后定位到每一个HTTP头“Server”。最后，打印出哪些服务器（“Server”）被找到（以及被找到多少次）的表格。访问每个页面的future应返回这个头。

10. 修改前一个练习，改成访问每一个头的future都去更新一个共享的Java的ConcurrentHashMap或Scala的TrieMap。这并没有听上去那么简单。线程安全的数据结构在你不能破坏其实现这个意义上是安全的，不过你必须确保读和更新的操作是原子的。

11. 用future运行四个任务；每一个任务都“sleep”10秒，然后打印出当前时间。如果你有一台相对比较新的电脑，它非常可能会向JVM报告说，它有四个可用的处理器，而这些future应该都差不多在同一时间完成。现在改成40个任务再试。会发生什么？为什么？将执行上下文替换成缓存线程池（cached thread pool）。现在呢？（记得在替换了隐式的执行上下文之后定义future。）

12. 编写一个方法，给定一个URL，找出所有的超链接，对每个超链接做一个promise，启动一个任务，该任务最终会满足所有的promise，并返回由这些promise对应的future组成的序列。为什么返回由promise组成的序列并不是一个好主意？
13. 用promise实现（任务）取消。给定一个区间的大整数，将区间切分成子区间，你可以并发地对这些子区间查找回文质数（palindromic prime）。当找到这样一个质数时，将它设为该future的值。所有的任务都必须定期检查promise是否已完成；如果是，那么当前任务就应该终止。

第18章　类型参数

本章的主题 L2

Chapter 18

在Scala中，你可以用类型参数来实现类和函数，这样的类和函数可以用于多种类型。举例来说，Array[T]可以存放任意类型T的元素。基本的想法很简单，但细节可能会很复杂。有时，你需要对类型做出限制。例如，要对元素排序，T必须提供一定的顺序定义。并且，如果参数类型变化了，那么参数化的类型应该如何应对这个变化呢？举例来说，当一个函数预期Array[Any]时，你能不能传入一个Array[String]呢？在Scala中，你可以指定类型如何根据其类型参数的变化而变化。

本章的要点包括：

- 类、特质、方法和函数都可以有类型参数。
- 将类型参数放置在名称之后，以方括号括起来。
- 类型界定的语法为T <: UpperBound、T >: LowerBound、T : ContextBound。
- 你可以用类型约束来约束一个方法，比如（implicit ev: T <:< UpperBound）。
- 用+T（协变）来表示某个泛型类的子类型关系和参数T方向一致，或用-T（逆变）来表示方向相反。
- 协变适用于表示输出的类型参数，比如不可变集合中的元素。
- 逆变适用于表示输入的类型参数，比如函数参数。

18.1 泛型类

和Java或C++一样，类和特质可以带类型参数。在Scala中，我们用方括号来定义类型参数，例如：

```
class Pair[T, S](val first: T, val second: S)
```

以上将定义一个带有两个类型参数T和S的类。在类的定义中，你可以用类型参数来定义变量、方法参数，以及返回值的类型。

带有一个或多个类型参数的类是*泛型的*。如果你把类型参数替换成实际的类型，将得到一个普通的类，比如Pair[Int, String]。

Scala会从构造参数推断出实际类型，这很省心：

```
val p = new Pair(42, "String") // 这是一个Pair[Int, String]
```

你也可以自己指定类型：

```
val p2 = new Pair[Any, Any](42, "String")
```

18.2 泛型函数

函数和方法也可以带类型参数。以下是一个简单的示例：

```
def getMiddle[T](a: Array[T]) = a(a.length / 2)
```

和泛型类一样，你需要把类型参数放在方法名之后。

Scala会从调用该方法使用的实际参数来推断出类型。

```
getMiddle(Array("Mary", "had", "a", "little", "lamb"))
  // 将会调用getMiddle[String]
```

如有必要，你也可以指定类型：

```
val f = getMiddle[String] _ // 这是具体的函数，保存到f
```

18.3 类型变量界定

有时，你需要对类型变量进行限制。考虑这样一个Pair类型，它要求自己的两个组件类型相同，就像这样：

```
class Pair[T](val first: T, val second: T)
```

现在你想要添加一个方法，产出较小的那个值：

```
class Pair[T](val first: T, val second: T) {
  def smaller = if (first.compareTo(second) < 0) first else second // 错误
}
```

这是错的——我们并不知道first是否有compareTo方法。要解决这个问题，我们可以添加一个上界 T <: Comparable[T]。

```
class Pair[T <: Comparable[T]](val first: T, val second: T) {
  def smaller = if (first.compareTo(second) < 0) first else second
}
```

这意味着T必须是Comparable[T]的子类型。

这样一来，我们可以实例化Pair[java.lang.String]，但不能实例化Pair[java.net.URL]，因为String是Comparable[String]的子类型，而URL并没有实现Comparable[File]。例如：

```
val p = new Pair("Fred", "Brooks")
println(p.smaller) // 将打印Brooks
```

注意：这个例子有些过于简化了。如果你尝试用new Pair(4, 2)，则会被告知对于T = Int，界定T <: Comparable[T]无法满足。解决方案参见18.4节。

你也可以为类型指定一个下界。举例来说，假定我们想要定义一个方法，用另一个值替换对偶的第一个组件。我们的对偶是不可变的，因此我们需要返回一个新的对偶。以下是我们的首次尝试：

```
class Pair[T](val first: T, val second: T) {
  def replaceFirst(newFirst: T) = new Pair[T](newFirst, second)
}
```

但我们可以做得更好。假定我们有一个Pair[Student]。我们应该允许用一个Person来替换第一个组件。当然了，这样做得到的结果将会是一个Pair[Person]。通常而言，替换进来的类型必须是原类型的超类型。

```
def replaceFirst[R >: T](newFirst: R) = new Pair[R](newFirst, second)
```

在本例中，为清晰起见，我给返回的对偶也写上了类型参数。你也可以写成：

```
def replaceFirst[R >: T](newFirst: R) = new Pair(newFirst, second)
```

返回值会被正确地推断为new Pair[R]。

注意：如果你不写上界，

```
def replaceFirst[R](newFirst: R) = new Pair(newFirst, second)
```

上述方法可以通过编译，但它将返回Pair[Any]。

18.4 视图界定

在前一节，我们看过一个带上界的示例：

```
class Pair[T <: Comparable[T]]
```

可惜如果你试着new一个Pair(4, 2)，编译器会抱怨说Int不是Comparable[Int]的子类型。和java.lang.Integer包装类型不同，Scala的Int类型并没有实现Comparable。不过，RichInt实现了Comparable[Int]，同时还有一个从Int到RichInt的隐式转换。（有关隐式转换的详细内容参见第21章。）

解决方法是使用“视图界定（view bound）”，就像这样：

```
class Pair[T <% Comparable[T]]
```

<%关系意味着T可以被隐式转换成Comparable[T]。

不过，Scala的视图界定即将退出历史舞台。如果你在编译时打开-future选项，使用视图界定将收到编译器的警告。你可以用“类型约束（type constraint）”替换视图界定（参见18.8节），就像这样：

```
class Pair[T](val first: T, val second: T)(implicit ev: T => Comparable[T]) {
  def smaller = if (first.compareTo(second) < 0) first else second
  ...
}
```

18.5 上下文界定

视图界定`T <% V`要求必须存在一个从`T`到`V`的隐式转换。上下文界定（context bound）的形式为`T : M`，其中`M`是另一个泛型类。它要求必须存在一个类型为`M[T]`的"隐式值（implicit value）"。我们将在第 21章介绍隐式值。

例如：

```
class Pair[T : Ordering]
```

上述定义要求必须存在一个类型为`Ordering[T]`的隐式值。该隐式值可以被用在该类的方法中。当你声明一个使用隐式值的方法时，需要添加一个"隐式参数（implicit parameter）"。以下是一个示例：

```
class Pair[T : Ordering](val first: T, val second: T) {
  def smaller(implicit ord: Ordering[T]) =
    if (ord.compare(first, second) < 0) first else second
}
```

在第21章中你将会看到，隐式值比隐式转换更为灵活。

18.6 ClassTag上下文界定

要实例化一个泛型的`Array[T]`，我们需要一个`ClassTag[T]`对象。要想让基本类型的数组能正常工作的话，这是必需的。举例来说，如果`T`是`Int`，你会希望虚拟机中对应的是一个`int[]`数组。如果你编写的是一个构造泛型数组的泛型函数，则你需要帮它一下，传给它那个类标签（class tag）对象。用上下文界定即可，就像这样：

```
import scala.reflect._
def makePair[T : ClassTag](first: T, second: T) = {
  val r = new Array[T](2); r(0) = first; r(1) = second; r
}
```

如果你调用`makePair(4, 9)`，编译器将定位到隐式的`ClassTag[Int]`并实际上调用 `makePair(4, 9)(classTag)`。这样一来，该方法调用的就是`classTag.newArray`，在本例中这是一个将构造出基本类型数组`int[2]`的`ClassTag[Int]`。

为什么搞得这么复杂？在虚拟机中，泛型相关的类型信息是被抹掉的。这时只会有一个makePair方法，其却要处理所有类型T。

18.7　多重界定

类型变量可以同时有上界和下界。写法为：

```
T >: Lower <: Upper
```

你不能同时有多个上界或多个下界。不过，你依然可以要求一个类型实现多个特质，就像这样：

```
T <: Comparable[T] with Serializable with Cloneable
```

你可以有多个上下文界定：

```
T : Ordering : ClassTag
```

18.8　类型约束 L3

类型约束提供给你的是另一个限定类型的方式。总共有三种关系可供使用：

```
T =:= U
T <:< U
T => U
```

这些约束将会测试T是否等于U，是否为U的子类型，或能否被转换为U。要使用这样一个约束，你需要添加"隐式类型证明参数（implicit evidence parameter）"，就像这样：

```
class Pair[T](val first: T, val second: T)(implicit ev: T <:< Comparable[T])
```

说明：关于这组有些古怪的语法以及类型约束的内部逻辑的分析参见第21章。

在前面的示例中，使用类型约束并没有带来比类型界定class Pair[T <: Comparable[T]]更多的优点。不过，在某些特定的场景下，类型约束会很有用。在本节中，你将会看到类型约束的两个用途。

类型约束让你可以在泛型类中定义只能在特定条件下使用的方法。以下是一个示例：

```
class Pair[T](val first: T, val second: T) {
  def smaller(implicit ev: T <:< Ordered[T]) =
    if (first < second) first else second
}
```

你可以构造出Pair[URL]，尽管URL并不是带先后次序的。只有当你调用smaller方法时，才会报错。

另一个示例是Option类的orNull方法：

```
val friends = Map("Fred" -> "Barney", ...)
val friendOpt = friends.get("Wilma") // 这是一个Option[String]
val friendOrNull = friendOpt.orNull // 要么是String，要么是null
```

在和Java代码打交道时，orNull方法就很有用了，因为Java中通常习惯用null表示缺少某值。不过这种做法并不适用于值类型，比如Int，它们并不把null看作合法的值。因为orNull的实现带有约束Null <:< A，你仍然可以实例化Option[Int]，只要你别对这些实例使用orNull就好了。

类型约束的另一个用途是改进类型推断。比如：

```
def firstLast[A, C <: Iterable[A]](it: C) = (it.head, it.last)
```

当你执行如下代码时，

```
firstLast(List(1, 2, 3))
```

会得到一个消息，推断出的类型参数[Nothing, List[Int]]不符合[A, C <: Iterable[A]]。为什么是Nothing？类型推断器单凭List(1, 2, 3)无法判断出A是什么，因为它是在同一个步骤中匹配到A和C的。要帮它解决这个问题，首先匹配C，然后再匹配A：

```
def firstLast[A, C](it: C)(implicit ev: C <:< Iterable[A]) =
  (it.head, it.last)
```

说明：你在第12章中看到过类似的技巧。corresponds方法检查两个序列是否有相互对应的条目：

```
def corresponds[B](that: Seq[B])(match: (A, B) => Boolean): Boolean
```

match前提是一个柯里化的参数，因此类型推断器可以首先判定类型B，然后用这个信息来分析match。在如下调用中

```
Array("Hello", "Fred").corresponds(Array(5, 4))(_.length == _)
```

编译器能推断出B是Int，从而理解_.length == _是怎么一回事。

18.9 型变

假定我们有一个函数对Pair[Person]做某种处理：

```
def makeFriends(p: Pair[Person])
```

如果Student是Person的子类，那么我可以用Pair[Student]作为参数调用makeFriends吗？默认情况下，这是一个错误。尽管Student是Person的子类型，但Pair[Student]和 Pair[Person]之间没有任何关系。

如果你想要这样的关系，则必须在定义Pair类时表明这一点：

```
class Pair[+T](val first: T, val second: T)
```

+号意味着该类型是与T协变（covariant）的——也就是说，它与T按同样的方向型变。由于 Student是Person的子类型，Pair[Student]也就是Pair[Person]的子类型了。

也可以有另一个方向的型变。考虑泛型类型Friend[T]，表示希望与类型T的人成为朋友的人。

```
trait Friend[-T] {
  def befriend(someone: T)
}
```

现在假定你有一个函数：

```
def makeFriendWith(s: Student, f: Friend[Student]) { f.befriend(s) }
```

你能用Friend[Person]作为参数调用它吗？也就是说，如果你有

```
class Person extends Friend[Person] { ... }
class Student extends Person
val susan = new Student
val fred = new Person
```

函数调用makeFriendWith(susan, fred)能成功吗？看上去应该成功才是。如果Fred愿意和任何人成为朋友，他一定也会想要成为Susan的朋友。

注意类型变化的方向和子类型方向是相反的。Student是Person的子类型，但Friend[Student]是Friend[Person]的超类型。对于这种情况，你需要将类型参数声明为*逆变*（contravariant）的：

```
trait Friend[-T] {
  def befriend(someone: T)
}
```

在一个泛型的类型声明中，你可以同时使用这两种型变。举例来说，单参数函数的类型为Function1[-A, +R]。要搞明白为什么这样的声明是正确的，考虑如下函数：

```
def friends(students: Array[Student], find: Function1[Student, Person]) =
  // 你可以将第二个参数写成find: Student => Person
  for (s <- students) yield find(s)
```

假定你有一个函数：

```
def findStudent(p: Person) : Student
```

你能用这个函数调用friends吗？当然可以。它愿意接受任何Person，因此当然也愿意接受Student。它将产出Student结果，该结果可以被放入Array[Person]。

18.10 协变和逆变点

在前一节，你看到了函数在参数上是逆变的，在返回值上则是协变的。通常而言，对于某个对象消费的值适用逆变，而对于它产出的值则适用协变。

如果一个对象同时消费和产出某值，则类型应该保持*不变*（invariant）。这通常适用于可变数据结构。举例来说，在Scala中的数组是不支持型变的。你不能将一个

Array[Student]转换成Array[Person]，反过来也不行。这样做会不安全。考虑如下情形：

```
val students = new Array[Student](length)
val people: Array[Person] = students // 非法，但假定我们可以这样做……
people(0) = new Person("Fred") // 哦不！现在students(0)不再是Student了
```

反过来讲，

```
val people = new Array[Person](length)
val students: Array[Student] = people // 非法，但假定我们可以这样做……
people(0) = new Person("Fred") // 哦不！现在students(0)不再是Student了
```

说明： 在Java中，我们可以将Student[]数组转换为Person[]数组，但如果你试着把非Student类的对象添加到该数组时，就会抛出ArrayStoreException。在Scala中，编译器会拒绝可能引发类型错误的程序通过编译。

假定我们试过声明一个协变的可变对偶，会发现这是行不通的。它会是一个带有两个元素的数组，不过会报刚才你看到的那个错。

的确，如果你用：

```
class Pair[+T](var first: T, var second: T) // 错误
```

就会得到一个报错，说在如下的setter方法中，协变的类型T出现在了逆变点：

```
first_=(value: T)
```

参数位置是逆变点，而返回类型的位置是协变点。

不过，在函数参数中，型变是反转过来的——它的参数是协变的。比如下面Iterable[+A]的foldLeft方法：

```
foldLeft[B](z: B)(op: (B, A) => B): B
                       -  +      + - +
```

注意A现在位于协变点。

这些规则很简单也很安全，不过有时它们也会妨碍我们做一些本来没有风险的事情。考虑18.3节中不可变对偶的replaceFirst方法：

```
class Pair[+T](val first: T, val second: T) {
  def replaceFirst(newFirst: T) = new Pair[T](newFirst, second) // 错误
}
```

编译器拒绝上述代码，因为类型T出现在了逆变点。但是，这个方法不可能会破坏原本的对偶——它返回新的对偶。

解决方法是给方法加上另一个类型参数，就像这样：

```
def replaceFirst[R >: T](newFirst: R) = new Pair[R](newFirst, second)
```

这样一来，方法就成了带有另一个类型参数R的泛型方法。但R是不变的，因此出现在逆变点就不会有问题。

18.11 对象不能泛型

我们没法给对象添加类型参数。比如，可变列表。元素类型为T的列表要么是空的，要么是一个头部类型为T、尾部类型为List[T]的节点：

```
abstract class List[+T] {
  def isEmpty: Boolean
  def head: T
  def tail: List[T]
}

class Node[T](val head: T, val tail: List[T]) extends List[T] {
  def isEmpty = false
}

class Empty[T] extends List[T] {
  def isEmpty = true
  def head = throw new UnsupportedOperationException
  def tail = throw new UnsupportedOperationException
}
```

说明： 这里我用Node和Empty是为了让讨论对Java程序员而言比较容易。如果你对Scala列表很熟悉的话，只要在脑海中将其替换成::和Nil即可。

将Empty定义成类看上去有些傻。因为它没有状态。但是，你又无法简单地将它变成对象：

```
object Empty[T] extends List[T] // 错误
```

你不能将参数化的类型添加到对象。在本例中，我们的解决方法是继承List[Nothing]：

```
object Empty extends List[Nothing]
```

你应该还记得在第8章中我们提到过，Nothing类型是所有类型的子类型。因此，当我们构造如下单元素列表时，

```
val lst = new Node(42, Empty)
```

类型检查是成功的。根据协变的规则，List[Nothing]可以被转换成List[Int]，因而Node[Int]的构造器能够被调用。

18.12 类型通配符

在Java中，所有泛型类都是不变的。不过，你可以在使用时用通配符改变它们的类型。举例来说，方法

```
void makeFriends(List<? extends Person> people) // 这是Java
```

可以用List<Student>作为参数调用。

你也可以在Scala中使用通配符。它们看上去是这个样子的：

```
def process(people: java.util.List[_ <: Person]) // 这是Scala
```

在Scala中，对于协变的Pair类，你无须用通配符。但假定Pair是不变的：

```
class Pair[T](var first: T, var second: T)
```

那么你可以定义：

```
def makeFriends(p: Pair[_ <: Person]) // 可以用Pair[Student]调用
```

你也可以对逆变使用通配符：

```
import java.util.Comparator
```

```
def min[T](p: Pair[T])(comp: Comparator[_ >: T])
```

类型通配符是用来指代存在类型的“语法糖”，我们将在第19章中更详细地探讨存在类型。

注意：在某些特定的复杂情形下，Scala的类型通配符还并不是很完善。举例来说，如下声明在Scala 2.12中行不通：

```
def min[T <: Comparable[_ >: T]](p: Pair[T]) = ...
```

解决方法如下：

```
type SuperComparable[T] = Comparable[_ >: T]
def min[T <: SuperComparable[T]](p: Pair[T]) = ...
```

练习

1. 定义一个不可变类Pair[T, S]，带一个swap方法，返回组件交换过位置的新对偶。
2. 定义一个可变类Pair[T]，带一个swap方法，交换对偶中组件的位置。
3. 给定类Pair[T, S]，编写一个泛型方法swap，接受对偶作为参数并返回组件交换过位置的新对偶。
4. 在18.3节中，如果我们想把Pair[Person]的第一个组件替换成Student，为什么无须给replaceFirst方法定一个下界？
5. 为什么RichInt实现的是Comparable[Int]而不是Comparable[RichInt]？
6. 编写一个泛型方法middle，返回任何Iterable[T]的中间元素。举例来说，middle("World")应得到'r'。
7. 查看Iterable[+A]特质。哪些方法使用了类型参数A？为什么在这些方法中类型参数位于协变点？
8. 在18.10节中，replaceFirst方法带有一个类型界定。为什么你不能对可变的Pair[T]定义一个等效的方法？

```
def replaceFirst[R >: T](newFirst: R) { first = newFirst } // 错误
```

9. 在一个不可变类Pair[+T]中限制方法参数看上去可能有些奇怪。不过，先假定你可以在Pair[+T]中定义：

```
def replaceFirst(newFirst: T)
```

问题在于，该方法可能会被重写（以某种不可靠的方式）。构造出这样的一个示例。定义一个Pair[Double]的子类NastyDoublePair，重写replaceFirst方法，用newFirst的平方根来做新对偶。然后对实际类型为NastyDoublePair的Pair[Any]调用replaceFirst("Hello")。

10. 给定可变类Pair[S, T]，使用类型约束定义一个swap方法，当类型参数相同时可以被调用。

第19章 高级类型

本章的主题 L2

Chapter 19

在本章中，你将会看到Scala能够提供的所有类型，包括更偏技术的那些。我们在最后还会探讨自身类型和依赖注入。

本章的要点包括：

- 单例类型（singleton type）可用于方法串接和带对象参数的方法。
- 类型投影（type projection）对所有外部类的对象都包含了其内部类的实例。
- 类型别名（type alias）给类型指定一个短小的名称。
- 结构类型（structural type）等效于“鸭子类型（duck typing）”。
- 存在类型（existential type）为泛型类型的通配参数提供了统一形式。
- 使用自身类型（self type）来表明某特质对混入它的类或对象的类型要求。
- “蛋糕模式（cake pattern）”用自身类型来实现依赖注入。
- 抽象类型（abstract type）必须在子类中被具体化。
- 高等类型（higher-kinded type）带有本身为参数化类型的类型参数。

19.1 单例类型

给定任何引用v，你可以得到类型v.type，它有两个可能的值：v和null。这听上去像是一个挺古怪的类型，但它在有些时候很有用。

首先，我们来看那种返回this的方法，通过这种方式你可以把方法调用串接起来：

```
class Document {
  def setTitle(title: String) = { ...; this }
  def setAuthor(author: String) = { ...; this }
  ...
}
```

然后，你就可以编写如下代码：

```
article.setTitle("Whatever Floats Your Boat").setAuthor("Cay Horstmann")
```

不过，要是你还有子类，问题就来了：

```
class Book extends Document {
  def addChapter(chapter: String) = { ...; this }
  ...
}

val book = new Book()
book.setTitle("Scala for the Impatient").addChapter(chapter1) // 错误
```

由于setTitle返回的是this，Scala将返回类型推断为Document。但Document并没有addChapter方法。

解决方法是声明setTitle的返回类型为this.type：

```
def setTitle(title: String): this.type = { ...; this }
```

这样一来，book.setTitle("...")的返回类型就是book.type，而由于book有一个addChapter方法，方法串接就能成功了。

如果你想要定义一个接受object实例作为参数的方法，也可以使用单例类型。你可能会纳闷：你什么时候才会这样做呢——毕竟，如果只有一个实例，方法直接用它就好了，为什么还要调用者将它传入呢?

不过，有些人喜欢构造那种读起来像英文的“流利接口（fluent interface）”：

```
book set Title to "Scala for the Impatient"
```

上述代码将被解析成：

```
book.set(Title).to("Scala for the Impatient")
```

要让这段代码工作，set得是一个参数为单例Title的方法：

```
object Title

class Document {
  private var useNextArgAs: Any = null
  def set(obj: Title.type): this.type = { useNextArgAs = obj; this }
  def to(arg: String) = if (useNextArgAs == Title) title = arg; else ...
  ...
}
```

注意Title.type参数。你不能用

```
def set(obj: Title) ... // 错误
```

因为Title指代的是单例对象，而不是类型。

19.2 类型投影

在第5章中，你看到了嵌套类从属于包含它的外部对象。如下是一个示例：

```
import scala.collection.mutable.ArrayBuffer
class Network {
  class Member(val name: String) {
    val contacts = new ArrayBuffer[Member]
  }

  private val members = new ArrayBuffer[Member]

  def join(name: String) = {
    val m = new Member(name)
    members += m
    m
  }
}
```

每个网络实例都有它自己的Member类。举例来说，以下是两个网络：

```
val chatter = new Network
val myFace = new Network
```

现在chatter.Member和myFace.Member是不同的类。

你不能将其中一个网络（Network）的成员（Member）添加到另一个网络：

```
val fred = chatter.join("Fred") // 类型为chatter.Member
val barney = myFace.join("Barney") // 类型为myFace.Member
fred.contacts += barney // 错误
```

如果你不希望有这个约束，就应该把Member类直接挪到Network类之外。一个好的地方可能是Network的伴生对象中。

如果你要的就是细粒度的类，只是偶尔想使用更为松散的定义，那么可以用“类型投影”Network#Member，意思是“任何Network的Member”。

```
class Network {
  class Member(val name: String) {
    val contacts = new ArrayBuffer[Network#Member]
  }
  ...
}
```

如果你想要在程序中的某些地方但不是所有地方使用“每个对象自己的内部类”这个细粒度特性的话，可以按照上面的方式处理。

注意：类似于Network#Member这样的类型投影并不会被当作“路径”，你也无法引入它。我们将在19.3节介绍路径。

19.3 路径

考虑如下类型

```
com.horstmann.impatient.chatter.Member
```

或者，如果我们将Member嵌套在伴生对象当中的话，

```
com.horstmann.impatient.Network.Member
```

这样的表达式被称为路径。

在最后的类型之前，路径的所有组成部分都必须是“稳定的”，也就是说，它必须指定到单个、有穷的范围。组成部分必须是以下当中的一种：

- 包
- 对象
- val
- this、super、super[*S*]、*C*.this、*C*.super或*C*.super[*S*]

路径组成部分不能是类，因为正如你看到的那样，嵌套的内部类并不是单个类型，而是给每个实例都留出了各自独立的一套类型。

不仅如此，类型也不能是var。例如：

```
var chatter = new Network
...
val fred = new chatter.Member // 错误——chatter不稳定
```

由于你可能将一个不同的值赋给chatter，因此编译器无法对类型chatter.Member做出明确解读。

说明：在内部，编译器将所有嵌套的类型表达式a.b.c.T都翻译成类型投影 a.b.c.type#T。举例来说，chatter.Member就成为chatter.type#Member——任何位于chatter.type单例中的Member。这不是你通常需要担心的问题。不过，有时候你会看到关于类型a.b.c.type#T的报错信息。将它翻译回a.b.c.T即可。

19.4 类型别名

对于复杂类型，你可以用type关键字创建一个简单的别名，就像这样：

```
class Book {
  import scala.collection.mutable._
  type Index = HashMap[String, (Int, Int)]
  ...
}
```

这样一来，你就可以用Book.Index而不是更笨重的类型scala.collection.mutable.HashMap[String, (Int, Int)]。

类型别名必须被嵌套在类或对象中。它不能出现在Scala文件的顶层。不过，在REPL中你可以在顶层声明type，因为REPL中的所有内容都隐式地包含在一个顶层对象当中。

说明：type关键字同样被用于那些在子类中被具体化的抽象类型，例如：

```
abstract class Reader {
  type Contents
  def read(fileName: String): Contents
}
```

我们将在19.12节中介绍抽象类型。

19.5 结构类型

所谓的“结构类型”指的是一组关于抽象方法、字段和类型的规格说明，这些抽象方法、字段和类型是满足该规格的类型必须具备的。举例来说，如下方法带有一个结构类型的参数：

```
def appendLines(target: { def append(str: String): Any },
    lines: Iterable[String]) {
  for (l <- lines) { target.append(l); target.append("\n") }
}
```

你可以对任何具备append方法的类的实例调用appendLines方法。这比定义一个Appendable特质更为灵活，因为你可能并不总是能够将该特质添加到使用的类上。

在幕后，Scala使用反射来调用target.append(...)。结构类型让你可以安全而方便地做这样的反射调用。

不过，相比常规方法调用，反射调用的开销要大得多。因此，你应该只在需要抓住那些无法共享一个特质的类的共通行为的时候才使用结构类型。

说明：结构类型与诸如JavaScript或Ruby这样的动态类型编程语言中的“鸭子类型”很相似。在这些语言当中，变量没有类型。当你写下obj.quack()的时候，运行时会去检查obj指向的特定对象在那一刻是否具备quack方法。换句话说，你无须将obj声明为Duck（鸭子），只要它走起路来以及嘎嘎叫起来像一只鸭子即可。

19.6 复合类型

复合类型的定义形式如下：

T_1 with T_2 with T_3 ...

其中，T_1、T_2、T_3等是类型。要想成为该复合类型的实例，某个值必须满足每一个类型的要求才行。因此，这样的类型也被称作交集类型。

你可以用复合类型来操纵那些必须提供多个特质的值。例如：

```
val image = new ArrayBuffer[java.awt.Shape with java.io.Serializable]
```

你可以用for (s <- image) graphics.draw(s)来绘制这个image对象；你也可以序列化这个image对象，因为你知道所有元素都是可被序列化的。

当然了，你只能添加那些既是形状（Shape）也是可被序列化的对象：

```
val rect = new Rectangle(5, 10, 20, 30)
image += rect // OK——Rectangle是Serializable的
image += new Area(rect) // 错误——Area是Shape但不是Serializable的
```

说明：当你有如下声明时，

```
trait ImageShape extends Shape with Serializable
```

这段代码意味着ImageShape扩展自交集类型Shape with Serializable。

你可以把结构类型的声明添加到简单类型或复合类型。例如：

```
Shape with Serializable { def contains(p: Point): Boolean }
```

该类型的实例必须既是Shape的子类型也是Serializable的子类型，并且必须有一个带Point参数的contains方法。

从技术上讲，如下结构类型

```
{ def append(str: String): Any }
```

是如下代码的简写：

```
AnyRef { def append(str: String): Any }
```

而复合类型

```
Shape with Serializable
```

是以下代码的简写：

```
Shape with Serializable {}
```

19.7 中置类型

中置类型是一个带有两个类型参数的类型，以"中置"语法表示，类型名称写在两个类型参数之间。举例来说，你可以写作

```
String Map Int
```

而不是

```
Map[String, Int]
```

中置表示法在数学当中是很常见的。举例来说，$A \times B = \{ (a, b) \mid a \in A, b \in B \}$ 指的是组件类型分别为A和B的对偶的集。在Scala中，该类型被写作(A, B)。如果你倾向于使用数学表示法，则可以这样来定义：

```
type ×[A, B] = (A, B)
```

在此之后你就可以写 String × Int 而不是 (String, Int) 了。

所有中置类型操作符都拥有相同的优先级。和常规操作符一样，它们是左结合的——除非它们的名称以:结尾。例如：

```
String × Int × Int
```

上述代码的意思是((String, Int), Int)。该类型与(String, Int, Int)相似但不相同，后者不能在Scala中以中置表示法写出。

说明： 中置类型的名称可以是任何操作符字符的序列（除单个*号外）。这个规则是为了避免与变长参数声明T*混淆。

19.8 存在类型

存在类型被加入Scala是为了与Java的类型通配符兼容。存在类型的定义方式是在类型表达式之后跟上forSome { ... }，花括号中包含了type和val的声明。例如：

```
Array[T] forSome { type T <: JComponent }
```

上述代码和你在第18章中看到的类型通配符效果是一样的：

```
Array[_ <: JComponent]
```

Scala的类型通配符只不过是存在类型的“语法糖”。例如：

```
Array[_]
```

等同于

```
Array[T] forSome { type T }
```

而

```
Map[_, _]
```

等同于

```
Map[T, U] forSome { type T; type U }
```

forSome表示法允许我们使用更复杂的关系，而不仅限于类型通配符能表达的那些，例如：

```
Map[T, U] forSome { type T; type U <: T }
```

你也可以在forSome代码块中使用val声明，因为val可以有自己的嵌套类型（参见19.2节）。如下是一个示例：

```
n.Member forSome { val n: Network }
```

就其自身而言，它并没有什么特别的用处——你完全可以用类型投影Network#Member。不过也有更复杂的情况：

```
def process[M <: n.Member forSome { val n: Network }](m1: M, m2: M) = (m1, m2)
```

该方法将会接受相同网络的成员，但拒绝那些来自不同网络的成员：

```
val chatter = new Network
val myFace = new Network
val fred = chatter.join("Fred")
val wilma = chatter.join("Wilma")
val barney = myFace.join("Barney")
process(fred, wilma) // OK
process(fred, barney) // 错误
```

说明： 要不带警告地使用存在类型，你必须引入scala.language.existentials或使用编译器选项-language:existentials。

19.9 Scala类型系统

Scala语言参考给出了所有Scala类型的完整清单，我们重列在了表19-1中，并简单解释了每一种类型。

表19-1 Scala类型

类型	语法	说明
类或特质	class C ..., trait C ...	参见第5章、第10章
元组类型	(T_1, ..., T_n)	参见4.7节
函数类型	(T_1, ..., T_n) => T	
带注解的类型	T @A	参见第15章
参数化类型	A[T_1, ..., T_n]	参见第18章
单例类型	值.type	参见19.1节
类型投影	O#I	参见19.2节

续表

类型	语法	说明
复合类型	T_1 with T_2 with ... with T_n { 声明 }	参见19.6节
中置类型	T_1 A T_2	参见19.7节
存在类型	T forSome { *type*和*val*声明 }	参见19.8节

说明：表19-1展示了作为程序员的你可以声明的类型。还有一些类型是Scala编译器内部使用的。比如，*方法类型*表示为(T_1, …, T_n)T，不带=>。你偶尔会看到这样的类型。举例来说，当你在REPL中键入如下代码时，

```
def square(x: Int) = x * x
```

它的响应为：

```
square (x: Int)Int
```

这和

```
val triple = (x: Int) => 3 * x
```

不同，后者交出的是：

```
triple: Int => Int
```

你也可以在方法后面跟一个_来将方法转成函数。比如：

```
square _
```

的类型为 `Int => Int`。

19.10 自身类型

在第10章中，你看到了特质可以要求混入它的类扩展自另一个类型。你用*自身类型*（self type）的声明来定义特质：

```
this: 类型 =>
```

这样的特质只能被混入给定类型的子类当中。在如下示例中，`LoggedException`

特质只能被混入扩展自Expcetion的类：

```
trait Logged {
  def log(msg: String)
}

trait LoggedException extends Logged {
  this: Exception =>
    def log() { log(getMessage()) }
      // 可以调用getMessage，因为this是一个Exception
}
```

如果你尝试将该特质混入不符合自身类型所要求的类，就会报错：

```
val f = new JFrame with LoggedException
  // 错误：JFrame不是LoggedException的自身类型Exception的子类型
```

如果你想要提出多个类型要求，可以用复合类型：

```
this: T with U with ... =>
```

说明：你可以把自身类型的语法和我在第5章简单介绍过的“用于包含this的别名”语法结合在一起使用。如果你给变量起的名称不是this，那么它就可以在子类型中通过那个名称使用。例如：

```
trait Group {
  outer: Network =>
    class Member {
      ...
    }
}
```

Group特质要求它被添加到Network的子类；而在Member中，你可以用outer来指代Group.this。

这个语法似乎是随着时间推移逐步成形的；可惜，对于增加出来的这样一点点功能，带来的困惑显得大了些。

注意：自身类型并不会自动继承。如果你像如下这样定义：

```
trait ManagedException extends LoggedException { ... }
```

就会得到错误提示，说ManagedException并未提供Exception。在这种情况下，你需要重复自身类型的声明：

```
trait ManagedException extends LoggedException {
  this: Exception =>
    ...
}
```

19.11 依赖注入

在通过组件构建大型系统，而每个组件都有不同实现的时候，我们需要将组件的不同选择组装起来。举例来说，可能会有一个模拟数据库和一个真实数据库，或者控制台日志和文件日志。某个特定的实现可能想要用真正的数据库和控制台日志来运行实验，或者用模拟数据库和文件日志来运行测试脚本。

通常，组件之间存在某种依赖关系。比如，数据访问组件可能会依赖于日志功能。Java有几种工具让程序员可以表达这种依赖关系，比如Spring框架，或者OSGi这样的模块系统。每个组件都描述了它所依赖的其他组件的接口。而对实际组件实现的引用是在应用程序被组装起来的时候“注入”的。

在Scala中，你可以通过特质和自身类型达到一个简单的依赖注入的效果。

对日志功能而言，假定我们有如下特质：

```
trait Logger { def log(msg: String) }
```

我们有该特质的两个实现：ConsoleLogger和FileLogger。

用户认证特质有一个对日志功能的依赖，用于记录认证失败：

```
trait Auth {
  this: Logger =>
    def login(id: String, password: String): Boolean
}
```

应用逻辑有赖于上述两个特质：

```
trait App {
  this: Logger with Auth =>
    ...
}
```

然后，我们就可以像这样来组装自己的应用：

```
object MyApp extends App with FileLogger("test.log") with MockAuth("users.txt")
```

像这样使用特质的组合有些别扭。毕竟，一个应用程序并非是认证器和文件日志器的合体。它拥有这些组件，更自然的表述方式可能是通过实例变量来表示组件，而不是将组件黏合成一个大类型。蛋糕模式（cake pattern）给出了更好的设计。在这个模式当中，你对每个服务都提供一个组件特质，该特质包含：

- 任何所依赖的组件，以自身类型表述。
- 描述服务接口的特质。
- 一个抽象的val，该val将被初始化成服务的一个实例。
- 可以有选择性地包含服务接口的实现。

```
trait LoggerComponent {
  trait Logger { ... }
  val logger: Logger
  class FileLogger(file: String) extends Logger { ... }
  ...
}

trait AuthComponent {
  this: LoggerComponent => // 让我们可以访问日志器

  trait Auth { ... }
  val auth: Auth
  class MockAuth(file: String) extends Auth { ... }
  ...
}
```

注意我们对自身类型的使用，这段代码用来表明认证组件依赖日志器组件。

这样一来，组件配置就可以在一个集中的地方完成：

```
object AppComponents extends LoggerComponent with AuthComponent {
  val logger = new FileLogger("test.log")
  val auth = new MockAuth("users.txt")
}
```

不论是上述哪一种方式，都比在XML文件中组装组件要好，因为编译器可以帮我们校验模块间的依赖是被满足的。

19.12 抽象类型 L3

类或特质可以定义一个在子类中被具体化的抽象类型（abstract type）。例如：

```
trait Reader {
  type Contents
  def read(fileName: String): Contents
}
```

在这里，类型Contents是抽象的。具体的子类需要指定这个类型：

```
class StringReader extends Reader {
  type Contents = String
  def read(fileName: String) = Source.fromFile(fileName, "UTF-8").mkString
}

class ImageReader extends Reader {
  type Contents = BufferedImage
  def read(fileName: String) = ImageIO.read(new File(fileName))
}
```

同样的效果也可以通过类型参数来实现：

```
trait Reader[C] {
  def read(fileName: String): C
}

class StringReader extends Reader[String] {
  def read(fileName: String) = Source.fromFile(fileName, "UTF-8").mkString
```

```
}

class ImageReader extends Reader[BufferedImage] {
  def read(fileName: String) = ImageIO.read(new File(fileName))
}
```

哪种方式更好呢？Scala的经验法则是：

- 如果类型是在类被实例化时给出的，则使用类型参数。比如构造HashMap[String, Int]，你会想要在这个时候控制使用的类型。
- 如果类型是在子类中给出的，则使用抽象类型。我们的Reader实例就挺符合这个描述的。

在构建子类时给出类型参数并没有什么不好。但是当有多个类型依赖时，抽象类型用起来更方便——你可以避免使用一长串类型参数。例如：

```
trait Reader {
  type In
  type Contents
  def read(in: In): Contents
}

class ImageReader extends Reader {
  type In = File
  type Contents = BufferedImage
  def read(file: In) = ImageIO.read(file)
}
```

用类型参数的话，ImageReader就需要扩展自Reader[File, BufferedImage]。这依然没问题，但你可以看得出来，在更复杂的情况下，这种方式的伸缩性并不那么好。

并且，抽象类型还能够描述类型间那些微妙的相互依赖。下一节将会有一个对应的示例。

抽象类型可以有类型界定，这就和类型参数一样。例如：

```
trait Listener {
  class EventObject { ... }
```

```
  type Event <: EventObject
  ...
}
```

子类必须提供一个兼容的类型，比如：

```
trait ActionListener extends Listener {
  class ActionEvent extends EventObject { ... }
  type Event = ActionEvent // OK，这是一个子类型
  ...
}
```

注意，如果用类型参数，这个例子是无法完成的，因为绑定的是一个内部类。

19.13 家族多态 L3

如何对那些跟着一起变化的类型家族建模，同时共用代码，并保持类型安全，是一个挑战。举例来说，我们可以看一下客户端Java的事件处理。这里有不同种类的事件（比如ActionEvent、ChangeEvent等），而每种类型都有单独的监听器接口（ActionListener、ChangeListener等）。这就是“家族多态”的典型示例。

让我们来设计一个管理监听器的通用机制。我们首先用泛型类型，之后再切换到抽象类型。

在Java中，每个监听器接口有各自不同的方法名称对应事件的发生：actionPerformed、stateChanged、itemStateChanged等。我们将把这些方法统一起来：

```
trait Listener[E] {
  def occurred(e: E): Unit
}
```

而事件源需要一个监听器的集合和一个触发这些监听器的方法：

```
trait Source[E, L <: Listener[E]] {
  private val listeners = new ArrayBuffer[L]
  def add(l: L) { listeners += l }
  def remove(l: L) { listeners -= l }
  def fire(e: E) {
```

```
    for (l <- listeners) l.occurred(e)
  }
}
```

现在，我们来考虑按钮触发动作事件的情况。我们定义如下监听器类型：

```
trait ActionListener extends Listener[ActionEvent]
```

Button类可以混入Source特质：

```
class Button extends Source[ActionEvent, ActionListener] {
  def click() {
    fire(new ActionEvent(this, ActionEvent.ACTION_PERFORMED, "click"))
  }
}
```

任务完成：Button类不需要重复那些监听器管理的代码，并且监听器是类型安全的。你没法给按钮加上ChangeListener。

ActionEvent类将事件源设置为this，但是事件源的类型为Object。我们可以用自身类型来让它也是类型安全的：

```
trait Event[S] {
  var source: S = _
}

trait Listener[S, E <: Event[S]] {
  def occurred(e: E): Unit
}

trait Source[S, E <: Event[S], L <: Listener[S, E]] {
  this: S =>
  private val listeners = new ArrayBuffer[L]
  def add(l: L) { listeners += l }
  def remove(l: L) { listeners -= l }
  def fire(e: E) {
    e.source = this // 这里需要自身类型
```

```
      for (l <- listeners) l.occurred(e)
    }
  }
```

注意自身类型this: S =>，其用来将事件源设为this。否则，this只能是某种Source，而并不一定是Event[S]所要求的类型。

以下代码展示了如何定义一个按钮：

```
class ButtonEvent extends Event[Button]

trait ButtonListener extends Listener[Button, ButtonEvent]

class Button extends Source[Button, ButtonEvent, ButtonListener] {
  def click() { fire(new ButtonEvent) }
}
```

你可以看到类型参数扩张得很厉害。如果用抽象类型，代码会好看一些。

```
trait ListenerSupport {
  type S <: Source
  type E <: Event
  type L <: Listener

  trait Event {
    var source: S = _
  }

  trait Listener {
    def occurred(e: E): Unit
  }

  trait Source {
    this: S =>
      private val listeners = new ArrayBuffer[L]
    def add(l: L) { listeners += l }
    def remove(l: L) { listeners -= l }
    def fire(e: E) {
```

```
      e.source = this
      for (l <- listeners) l.occurred(e)
    }
  }
}
```

但所有这些也有代价：你不能拥有顶级的类型声明。这就是所有代码都被包在了ListenerSupport特质里的原因。

接下来，当你想要定义一个带有按钮事件和按钮监听器的按钮时，就可以将定义包含在一个扩展该特质的模块当中：

```
object ButtonModule extends ListenerSupport {
  type S = Button
  type E = ButtonEvent
  type L = ButtonListener

  class ButtonEvent extends Event
  trait ButtonListener extends Listener
  class Button extends Source {
    def click() { fire(new ButtonEvent) }
  }
}
```

如果要用这个按钮，引入这个模块即可：

```
object Main {
  import ButtonModule._

  def main(args: Array[String]) {
    val b = new Button
    b.add(new ButtonListener {
      override def occurred(e: ButtonEvent) { println(e) }
    })
    b.click()
  }
}
```

说明： 在本例中，我用单字母名称来表示抽象类型，这是为了类比使用类型参数的代码。在Scala中，使用更具描述性的类型名称是很常见的，产出的代码也更加自文档化：

```
object ButtonModule extends ListenerSupport {
  type SourceType = Button
  type EventType = ButtonEvent
  type ListenerType = ButtonListener
  ...
}
```

19.14 高等类型 L3

泛型类型List依赖于类型T并产出一个特定的类型。举例来说，给定类型Int，你得到的是类型List[Int]。因此，像List这样的泛型类型有时被称作*类型构造器*（type constructor）。在Scala中，你可以更上一层，定义出依赖于依赖其他类型的类型的类型。

要搞清楚为什么这样做是有意义的，可以看看如下简化过的Iterable特质：

```
trait Iterable[E] {
  def iterator(): Iterator[E]
  def map[F](f: (E) => F): Iterable[F]
}
```

现在，考虑一个实现该特质的类：

```
class Buffer[E] extends Iterable[E] {
  def iterator(): Iterator[E] = ...
  def map[F](f: (E) => F): Buffer[F] = ...
}
```

对于Buffer，我们预期map方法返回一个Buffer，而不仅仅是Iterable。这意味着我们不能在Iterable特质中实现这个map方法。一个解决方案是使用类型构造器来参数化 Iterable，就像这样：

```
trait Iterable[E, C[_]] {
  def iterator(): Iterator[E]
  def build[F](): C[F]
  def map[F](f : (E) => F) : C[F]
}
```

这样一来，Iterable就依赖一个类型构造器来生成结果，以C[_]表示。这使得Iterable成为一个高等类型。

map方法返回的类型可以是，也可以不是与调用该map方法的原Iterable相同的类型。举例来说，如果你对Range执行map方法，结果通常不会是另一个区间，因此map必须构造出另一种类型，比如Buffer[F]。这样的一个Range类型声明如下：

```
class Range extends Iterable[Int, Buffer]
```

注意第二个参数是类型构造器Buffer。

要实现Iterable中的map方法，我们需要寻求更多的支持。Iterable需要能够产出一个包含了任何类型F的值的容器。我们定义一个Container类——某种你可以向它添加值的东西：

```
trait Container[E] {
  def +=(e: E): Unit
}
```

而build方法被要求交出这样一个对象：

```
trait Iterable[E, C[X] <: Container[X]] {
  def build[F](): C[F]
  ...
}
```

类型构造器C现在被限制为一个Container，因此我们知道可以往build方法返回的对象添加项目。我们不再对参数C使用通配符，因为我们需要表明C[X]是一个针对同样的X的容器。

说明：Container特质是Scala集合类库中使用的构建器机制的简化版。

有了这些以后，我们就可以在Iterable特质中实现map方法了：

```
def map[F](f : (E) => F) : C[F] = {
  val res = build[F]()
  val iter = iterator()
  while (iter.hasNext) res += f(iter.next())
  res
}
```

这样一来，可迭代（Iterable）的类就不再需要提供它们自己的map实现了。如下是Range类的定义：

```
class Range(val low: Int, val high: Int) extends Iterable[Int, Buffer] {
  def iterator() = new Iterator[Int] {
    private var i = low
    def hasNext = i <= high
    def next() = { i += 1; i - 1 }
  }

  def build[F]() = new Buffer[F]
}
```

注意Range是一个Iterable：你可以遍历其内容。但它并不是一个Container：你不能对它添加值。

而Buffer则不同，它既是Iterable，也是Container：

```
class Buffer[E : ClassTag] extends Iterable[E, Buffer] with Container[E] {
  private var capacity = 10
  private var length = 0
  private var elems = new Array[E](capacity) // 参见说明

  def iterator() = new Iterator[E] {
    private var i = 0
    def hasNext = i < length
    def next() = { i += 1; elems(i - 1) }
  }

  def build[F : ClassTag]() = new Buffer[F]
```

```
    def +=(e: E) {
      if (length == capacity) {
        capacity = 2 * capacity
        val nelems = new Array[E](capacity) // 参见说明
        for (i <- 0 until length) nelems(i) = elems(i)
        elems = nelems
      }
      elems(length) = e
      length += 1
    }
  }
```

说明：在本例中有一个额外的复杂性，它跟高等类型没啥关系。为了构造出泛型的Array[E]，类型E必须满足我们在第18章讨论过的ClassTag上下文界定。

说明：要不带警告地使用高等类型，可添加如下的引入语句import scala.language.higherKinds或使用编译器选项-language:higherKinds。

上述示例展示了高等类型的典型用例。Iterator依赖Container，但Container不是一个普通的类型——它是制作类型的机制。

Scala集合类库中的Iterable特质并不带有显式的参数用于制作集合，而是使用隐式参数来带出一个对象用于构建目标集合。关于隐式参数的更多细节参见第21章。

练习

1. 实现一个Bug类，对沿着水平线爬行的虫子建模。move方法向当前方向移动，turn方法让虫子转身，show方法打印出当前的位置。让这些方法可以被串接调用。例如：

   ```
   bugsy.move(4).show().move(6).show().turn().move(5).show()
   ```

   上述代码应显示 4 10 5。
2. 为前一个练习中的Bug类提供一个流利接口，达到能编写如下代码的效果：

```
bugsy move 4 and show and then move 6 and show turn around move 5 and show
```

3. 完成19.1节中的流利接口，以便我们可以做出如下调用：

```
book set Title to "Scala for the Impatient" set Author to "Cay Horstmann"
```

4. 实现19.2节中被嵌套在Network类中的Member类的equals方法。两个成员要想相等，必须属于同一个网络。

5. 考虑如下类型别名

```
type NetworkMember = n.Member forSome { val n: Network }
```

和函数

```
def process(m1: NetworkMember, m2: NetworkMember) = (m1, m2)
```

这与19.8节中的process函数有什么不同？

6. Scala类库中的Either类型可以被用于要么返回结果，要么返回某种失败信息的算法。编写一个带有两个参数的函数：一个已排序整型数组和一个整数值。要么返回该整数值在数组中的下标，要么返回最接近该值的元素的下标。使用一个中置类型作为返回类型。

7. 实现一个方法，接受任何具备如下方法的类的对象和一个处理该对象的函数。调用该函数，并在完成或有任何异常发生时调用close方法。

```
def close(): Unit
```

8. 编写一个函数printValues，带有三个参数f、from和to，打印出所有给定区间范围内的输入值经过f计算后的结果。这里的f应该是任何带有接受Int并交出Int的apply方法的对象。例如：

```
printValues((x: Int) => x * x, 3, 6) // 将打印 9 16 25 36
printValues(Array(1, 1, 2, 3, 5, 8, 13, 21, 34, 55), 3, 6) // 将打印 3 5 8 13
```

9. 考虑如下对物理度量建模的类：

```
abstract class Dim[T](val value: Double, val name: String) {
  protected def create(v: Double): T
  def +(other: Dim[T]) = create(value + other.value)
  override def toString() = s"$value $name"
}
```

以下是具体子类：

```
class Seconds(v: Double) extends Dim[Seconds](v, "s") {
  override def create(v: Double) = new Seconds(v)
}
```

但现在不清楚状况的人可能会定义：

```
class Meters(v: Double) extends Dim[Seconds](v, "m") {
  override def create(v: Double) = new Seconds(v)
}
```

使得米（Meters）和秒（Seconds）可以相加。使用自身类型以防止这样的情况发生。

10. 自身类型通常可以被扩展自类的特质替代，但某些情况下使用自身类型会改变初始化和重写的顺序。构造出这样的一个示例。

第20章　解析

本章的主题 A3

Chapter 20

在本章中，你将会看到如何使用“组合子解析器”库来分析固定结构的数据。这样的数据包括以某种编程语言编写的程序，或者是HTTP或JSON格式的数据。并不是所有人都需要针对这些语言编写解析器，因此你可能觉得本章内容对你的工作帮助不大。如果你熟悉文法和解析器的基本概念，最好也快速地浏览一下本章的内容，因为Scala的解析器库是一个在Scala语言中*内嵌领域特定语言*的很好的高级示例。

说明：Scala组合子解析器的API文档参见www.scala-lang.org/api/current/scala-parser-combinators。

本章的要点包括：

- 文法定义中的二选一、拼接、选项和重复在Scala组合子解析器中对应为|、~、opt和rep。
- 对于RegexParsers而言，字符串字面量和正则表达式匹配的是词法单元。
- 用^^来处理解析结果。
- 在提供给^^的函数中使用模式匹配来将~结果拆开。
- 用~>或<~来丢弃那些在匹配后不再需要的词法单元。
- repsep组合子处理那些常见的用分隔符分隔开的条目。

- 基于词法单元的解析器对于解析那种带有保留字和操作符的语言很有用。准备好定义你自己的词法分析器。
- 解析器是消费读取器并交出解析结果：成功、失败或错误的函数。
- 对于实用的解析器而言，你需要实现健壮的错误报告机制。
- 凭借操作符符号、隐式转换和模式匹配，解析器组合子类库让任何能理解无上下文文法的人都可以很容易地编写解析器。就算你并不急于编写自己的解析器，也会觉得这是一个有着实际用途的领域特定语言的很有意思的案例研究。

20.1 文法

要理解Scala解析类库，你需要知道一些形式语言理论中的概念。所谓*文法*（grammar），指的是一组用于产出所有遵循某个特定结构的字符串的规则。例如，我们可以说某个算术表达式由以下规则给出：

- 每个整数都是一个算术表达式。
- `+ - *` 是操作符。
- 如果*left*和*right*是算术表达式，而*op*是操作符的话，*left op right*也是算术表达式。
- 如果*expr*是算术表达式，则(*expr*)也是算术表达式。

根据这些规则，`3+4`和`(3+4)*5`都是算术表达式，而`3+)`、`3^4`或`3+x`则都不是。

文法通常以一种被称为巴科斯范式（BNF）的表示法编写。以下是我们的表达式语言的BNF定义：

```
op ::= "+" | "-" | "*"
expr ::= number | expr op expr | "(" expr ")"
```

这里的`number`并没有被定义。我们可以像这样来定义它：

```
digit ::= "0" | "1" | "2" | "3" | "4" | "5" | "6" | "7" | "8" | "9"
number ::= digit | digit number
```

不过在实际操作当中，更高效的做法是在解析开始之前就收集好数字，这个单独的步骤叫作*词法分析*（lexical analysis）。*词法分析器*（lexer）会丢掉空白和注释并形成*词法单元*（token）——标识符、数字或符号。在我们的表达式语言中，词法单元为

number和符号 + - * ( )。

注意op和expr不是词法单元。它们是结构化的元素，是文法的作者创造出来的，目的是产出正确的词法单元序列。这样的符号被称为非终结符号（nonterminal symbol）。其中有个非终结符号位于层级的顶端，在我们的示例当中就是expr。这个非终结符号也被称为起始符号（*start symbol*）。要产出正确格式的字符串，你应该从起始符号开始，持续应用文法规则，直到所有的非终结符号都被替换掉，只剩下词法单元。例如，如下的推导过程：

```
expr -> expr op expr -> number op expr ->
  -> number "+" expr -> number "+" number
```

表明3+4是一个合法的表达式。

最常用的“扩展巴科斯范式（extended Backus-Naur form）”，或称EBNF，允许给出可选元素和重复。我将使用大家熟悉的正则操作符? * +来分别表示0个或1个、0个或更多、1个或更多。举例来说，一个逗号分隔数字列表可以用以下文法描述：

```
numberList ::= number ( "," numberList )?
```

或者，

```
numberList ::= number ( "," number )*
```

作为另一个EBNF的示例，让我们对算术表达式的文法做一些改进，让它支持操作符优先级。以下是修改过后的文法：

```
expr ::= term ( ( "+" | "-" ) expr )?
term ::= factor ( "*" factor )*
factor ::= number | "(" expr ")"
```

20.2 组合解析器操作

为了使用Scala解析库，我们需要提供一个扩展自Parsers特质的类并定义那些由基本操作组合起来的解析操作，基本操作包括：

- 匹配一个词法单元。
- 在两个操作之间做选择（|）。
- 依次执行两个操作（~）。

- 重复一个操作（rep）。
- 可选择地执行一个操作（opt）。

如下这个解析器可以识别算术表达式。它扩展自RegexParsers，这是Parsers的一个子特质，可以用正则表达式来匹配词法单元。在这里，我们用正则表达式"[0-9]+".r来表示number：

```
class ExprParser extends RegexParsers {
  val number = "[0-9]+".r

  def expr: Parser[Any] = term ~ opt(("+" | "-") ~ expr)
  def term: Parser[Any] = factor ~ rep("*" ~ factor)
  def factor: Parser[Any] = number | "(" ~ expr ~ ")"
}
```

注意这个解析器是直接从前一节的EBNF翻译过来的。

这里只是简单地用~操作符来组合各个部分，并使用opt和rep来取代?和*。

在我们的示例中，每个函数的返回类型都是Parser[Any]。这个类型并不十分有用，我们将在20.3节改进它。

要运行该解析器，可以调用继承下来的parse方法，例如：

```
val parser = new ExprParser
val result = parser.parseAll(parser.expr, "3-4*5")
if (result.successful) println(result.get)
```

parseAll方法接受两个参数：要调用的解析方法——即与文法的起始符号对应的那个方法——和要解析的字符串。

说明：还有另一个版本的parse方法，从字符串最左边开始解析，直到不能找到其他匹配项的时候为止。这个方法并不十分有用；例如，parser.parse(parser. expr, "3-4/5")会解析3-4，然后在它不能处理的/处直接停止解析，也不报错。

上述程序片段的输出为：

```
((3~List())~Some((-~((4~List((*~5)))~None))))
```

要解读上面这个输出，你需要知道如下几点：

- 字符串字面量和正则表达式返回String值。
- p ~ q 返回~样例类的一个实例，这个样例类和对偶很相似。
- opt(p) 返回一个Option，要么是Some(...)，要么是None。
- rep(p) 返回一个List。

对expr的调用返回的结果是一个term（以粗体显示）加上一个可选的部分——Some(...)，我就不继续分析了。

由于term的定义为：

```
def term = factor ~ rep(("*" | "/" ) ~ factor)
```

它返回的结果是一个factor加上一个List。这是一个空列表，因为在-左边的子表达式中没有*。

当然了，这个结果没什么让人感到兴奋的。在下一节，你将看到如何将它变成更有用的东西。

20.3 解析器结果变换

与其让解析器构建出一整套由~、可选项和列表构成的复杂结构，不如将中间输出变换成有用的形式。拿我们的算术表达式解析器来说，如果我们的目标是对表达式求值，那么每个函数，expr、term、factor都应该返回经过解析的子表达式的值。让我们从以下定义开始：

```
def factor: Parser[Any] = number | "(" ~ expr ~ ")"
```

我们想让它返回Int：

```
def factor: Parser[Int] = ...
```

当接收到整数时，我们想得到该整数的值：

```
def factor: Parser[Int] = number ^^ { _.toInt } | ...
```

这里的^^操作符将函数{ _.toInt }应用到number对应的解析结果上。

说明： ^^符号并没有什么特别的意义，它只是恰巧比~优先级低，但又比|的优先级更高而已。

假定expr被改成返回Parser[Int]，对"(" ~ expr ~ ")"求值的话，我们可以直接返回expr，而expr交出的是一个Int。以下是实现方式的一种；你将在下一节看到另一个更简单的版本：

```
def factor: Parser[Int] = ... | "(" ~ expr ~ ")" ^^ {
  case _ ~ e ~ _ => e
}
```

在本例中，^^操作符的参数为偏函数{ case _ ~ e ~ _ => e }。

说明：~组合子返回的是~样例类的实例而不是对偶，这样做的目的是为了更方便地做模式匹配。如果~返回的是对偶的话，你就必须用case ((_, e), _)而不是 case _ ~ e ~ _了。

一个类似的模式匹配将交出和或差。注意opt产出一个Option：要么是None，要么是Some(...)。

```
def expr: Parser[Int] = term ~ opt(("+" | "-") ~ expr) ^^ {
  case t ~ None => t
  case t ~ Some("+" ~ e) => t + e
  case t ~ Some("-" ~ e) => t - e
}
```

最后，要计算因子的乘积，注意rep("*" ~ factor)交出的是一个List，其元素形式为"*" ~ f，其中f是一个Int。我们需要提取出每个~对偶中的第二个组元并计算它们的乘积：

```
def term: Parser[Int] = factor ~ rep("*" ~ factor) ^^ {
  case f ~ r => f * r.map(_._2).product
}
```

在本例中，我们只是简单地计算出表达式的值。要构建编译器或解释器的话，通常的目标是构建一棵解析树（parse tree）——一个描述解析结果的树形结构；参见20.5节。

注意：你也可以写p?而不是opt(p)，写p*而不是rep(p)，例如：

```
def expr: Parser[Any] = term ~ (("+" | "-") ~ expr)?
```

```
def term: Parser[Any] = factor ~ ("*" ~ factor)*
```

使用熟悉的操作符看上去是一个不错的主意，但问题是它们与^^有冲突。你必须添加另一组圆括号，比如：

```
def term: Parser[Any] = factor ~ (("*" ~ factor)*) ^^ { ... }
```

因此，我倾向于使用opt和rep。

20.4 丢弃词法单元

正如你在前一节看到的那样，我们在分析匹配项时，处理那些词法单元的过程很单调无趣。对于解析来说，词法单元是必需的，但在匹配之后它们通常可以被丢弃。~> 和<~操作符可以用来匹配并丢弃词法单元。举例来说，"*" ~> factor的结果只是factor的计算结果，而不是"*" ~ f的值。用这种表示法，我们可以将term函数简化为：

```
def term = factor ~ rep("*" ~> factor) ^^ {
  case f ~ r => f * r.product
}
```

同样地，我们也可以丢弃某个表达式外围的圆括号，就像这样：

```
def factor = number ^^ { _.toInt } | "(" ~> expr <~ ")"
```

在表达式"(" ~> expr <~ ")"中，我们不再需要做变换，因为它的值现在就是e，已经可以交出结果Int。

注意~>和<~操作符的“箭头”指向被保留下来的部分。

注意：在同一个表达式中使用多个~、~>和<~时需要特别小心。例如：

```
"if" ~> "(" ~> expr <~ ")" ~ expr
```

可惜这个表达式并不仅仅丢弃")"，而是丢弃整个子表达式 ")" ~ expr。解决办法是使用圆括号："if" ~> "(" ~> (expr <~")") ~ expr。

20.5 生成解析树

先前示例中的解析器只是计算数值结果。当你构建解释器或者编译器的时候，会想要构建出一棵解析树。这通常是用样例类来实现的。举例来说，如下的类可以表示一个算术表达式：

```
class Expr
case class Number(value: Int) extends Expr
case class Operator(op: String, left: Expr, right: Expr) extends Expr
```

解析器的工作就是将诸如3+4*5这样的输入变换成如下的样子：

```
Operator("+", Number(3), Operator("*", Number(4), Number(5)))
```

在解释器中，这样的表达式可以被求值。在编译器中，它可以被用来生成代码。

要生成解析树，你需要用^^操作符带上交出树节点的函数。例如：

```
class ExprParser extends RegexParsers {
  ...
  def term: Parser[Expr] = (factor ~ opt("*" ~> term)) ^^ {
    case a ~ None => a
    case a ~ Some(b) => Operator("*", a, b)
  }
  def factor: Parser[Expr] = wholeNumber ^^ (n => Number(n.toInt)) |
    "(" ~> expr <~ ")"
}
```

20.6 避免左递归

如果解析器函数在解析输入之前就调用自己的话，就会一直递归下去。例如下面这个函数，它的本意是要解析由1组成的任意长度的序列：

```
def ones: Parser[Any] = ones ~ "1" | "1"
```

这样的函数被我们称为*左递归的*。要避免递归，你可以重新表述一下文法。以下是两种可能的选择：

```
def ones: Parser[Any] = "1" ~ ones | "1"
```

或

```
def ones: Parser[Any] = rep1("1")
```

这个问题在现实中经常出现。拿我们的算术表达式解析器来说：

```
def expr: Parser[Any] = term ~ opt(("+" | "-") ~ expr)
```

expr的规则对于减法来说存在一个很不幸的效果，表达式的分组顺序是错的。当输入为3-4-5时，表达式解析出来是这样的：

```
  -
 / \
3   -
   / \
  4   5
```

也就是说，3被接受为term，而-4-5被作为"-" ~ expr。这样就交出了错误的结果4，而不是-6。

我们可以把文法颠倒过来吗？

```
def expr: Parser[Any] = expr ~ opt(("+" | "-") ~ term)
```

这样我们可能就能得到正确的解析树。但是这行不通——这个expr函数是左递归的。

原来的版本消除了左递归，但代价是计算解析结果就更难了。你需要收集中间结果，然后按照正确的顺序组合起来。

如果能用重复项的话，收集中间结果就会比较容易，因为重复项能交出收集到的值组成的List。举例来说，expr可以被看作一组由+或-组合起来的term值：

```
def expr: Parser[Any] = term ~ rep(("+" | "-") ~ term)
```

如果要对这个表达式求值，则把重复项中的每个s ~ t都根据s是"+"还是"-"分别替换成t或-t，然后计算列表之和。

```
def expr: Parser[Int] = term ~ rep(
  ("+" | "-") ~ term ^^ {
    case "+" ~ t => t
```

```
    case "-" ~ t => -t
  }) ^^ { case t ~ r => t + r.sum }
```

如果重写文法太过麻烦的话，可参见20.9节中介绍的另一种方案。

20.7 更多的组合子

rep方法匹配零个或多个重复项。表20-1展示了该组合子的不同变种。其中最常用的是repsep。举例来说，一个以逗号分隔的数字列表可以被定义为：

```
def numberList = number ~ rep("," ~> number)
```

或者更精简的版本：

```
def numberList = repsep(number, ",")
```

表20-2展示了其他偶尔会用得到的组合子。into组合子可以存储先前组合子的信息到变量中供之后的组合子使用。例如，在如下文法规则当中：

```
def term: Parser[Any] = factor ~ rep("*" ~> factor)
```

可以将第一个因子存入变量，就像这样：

```
def term: Parser[Int] = factor into { first =>
  rep("*" ~> factor) ^^ { first * _.product }
}
```

log组合子可以帮助我们调试文法。将解析器p替换成log(p)(str)，你将在每次p被调用时得到一个日志输出。例如：

```
def factor: Parser[Int] = log(number)("number") ^^ { _.toInt } | ...
```

交出类似于下面这样的输出：

```
trying number at scala.util.parsing.input.CharSequenceReader@76f7c5
number --> [1.2] parsed: 3
```

表20-1 用于表示重复项的组合子

组合子	描述	说明
rep(p)	0个或更多p的匹配项	
rep1(p)	一个或多个p的匹配项	rep1("[" ~> expr <~ "]")交出的是一个被包在方括号内的表达式的列表——比如，可以用来给出多维数组的界限
rep1(p, q) 其中p和q的类型为Parser[P]	一个p的匹配项加上0个或更多q的匹配项	
repN(n, p)	n个p的匹配项	repN(4, number)将匹配一个由四个数字组成的序列，比如可以用来给出一个长方形
repsep(p, s) rep1sep(p, s) 其中p的类型为Parser[P]	0个或更多/一个或者多个p的匹配项，以s的匹配项分隔开。结果是一个List[P]；s会被丢弃	repsep(expr, ",")交出的是一个由逗号分隔开的表达式的列表。对于解析函数调用中传入函数的参数列表很有用
chain1(p, s)	和rep1sep类似，不过s必须在匹配到每个分隔符时产出一个二元函数用来组合相邻的两个值。若p产出值v_0，v_1，v_2，…，而s产出函数f_1，f_2，…，结果就是$(v_0 f_1 v_1) f_2 v_2$ …	chain1(number ^^ { _.toInt }, "*" ^^^ { _ * _ })将会计算一个以*分隔开的整数序列的乘积

表20-2 其他组合子

组合子	描述	说明
p ^^^ v	类似于^^，不过返回一个恒定的结果	对于解析字面量很有用："true" ^^^ true
p into f 或p >> f	f是一个以p的计算结果作为参数的函数。可用于将p的计算结果绑定到变量	(number ^^ { _.toInt }) >> { n => repN(n, number) }将解析一个数字的序列，其中第一个数字表示接下来还有多少个数字要一起解析出来

续表

组合子	描述	说明
p ^? f p ^? (f, error)	类似于^^，不过接受一个偏函数f作为参数。如果f不能被应用到p的结果时解析会失败。在第二个版本中，error是一个以p的结果为参数的函数，产出错误提示字符串	ident ^? (symbols, "undefined symbol" + _)将会在symbols映射中查找ident，如果映射中没有则报告错误。注意映射可以被转换成偏函数
log(p)(str)	执行p并打印出日志消息	log(number)("number") ^^ { _.toInt }将会在每次解析到数字时打印一个消息
guard(p)	调用p，可能成功，也可能失败，然后将输入恢复，就像p没有被调用过一样	对于向前看很有用。举例来说，为了区分变量和函数调用，你可以用guard(ident ~ "(")
not(p)	调用p，如果p失败则成功，如果p成功则失败	
p ~! q	类似于~，不过如果第二个匹配失败，则失败会变成一个错误，将阻止当前表达式外围带|的表达式的回溯解析	参见20.8节
accept(descr, f)	接受被偏函数f接受的项，返回函数调用的结果。字符串descr用来在失败消息中描述预期的项	accept("string literal", { case t: lexical.StringLit => t.chars })
success(v)	总是以值v成功	可用于将值v添加到结果当中
failure(msg) err(msg)	以给定的错误提示失败	如何改进错误提示可参见20.13节
phrase(p)	如果p成功则成功，不留下已经解析过的输入	对于定义parseAll方法很有用；示例参见20.12节
positioned(p)	为p的结果添加位置信息（p的结果必须扩展自Positional）	对于在解析完成后报告错误很有用

20.8 避免回溯

每当二选一的p | q被解析而p失败时，解析器会用同样的输入尝试q。这样的机制

叫作回溯（backtracking）。这个回溯机制同样发生在opt或rep中出现失败的时候。考虑带有如下规则的算术表达式解析器：

```
def expr: Parser[Any] = term ~ ("+" | "-") ~ expr | term
def term: Parser[Any] = factor ~ "*" ~ term | factor
def factor: Parser[Any] = "(" ~ expr ~ ")" | number
```

如果表达式(3+4)*5被解析，term将匹配整个输入。接下来"+"或"-"的匹配将会失败，解析器回溯到第二个选项，并再一次解析term。

通常我们可以通过重新整理文法规则来避免回溯。例如：

```
def expr: Parser[Any] = term ~ opt(("+" | "-") ~ expr)
def term: Parser[Any] = factor ~ rep("*" ~ factor)
```

你可以用~!操作符而不是~来表示自己不需要回溯。

```
def expr: Parser[Any] = term ~ opt(("+" | "-") ~! expr)
def term: Parser[Any] = factor ~ rep("*" ~! factor)
def factor: Parser[Any] = "(" ~! expr ~! ")" | number
```

当p ~! q被解析而q失败时，在该表达式外围带|、opt或rep的表达式中其他选项不会被尝试。举例来说，如果factor找到了一个"("但接下来的expr不匹配的话，解析器根本就不会尝试去匹配number。

20.9 记忆式解析器

记忆式解析器使用一个高效的解析算法，该算法会捕获到之前的解析结果。这样做有两个好处：

- 解析时间可以确保与输入长度成比例关系。
- 解析器可接受左递归的语法。

要在Scala中使用记忆式解析，你需要：

1. 将PackratParsers特质混入你的解析器。
2. 使用val或lazy val而不是def来定义你的每个解析函数。这很重要，因为解析器会缓存这些值，且解析器有赖于它们始终是同一个这个事实（def每次被调用会返回不同的值）。

3. 让每个解析方法返回PackratParser[T]而不是Parser[T]。
4. 使用PackratReader并提供parseAll方法（PackratParsers特质并不包含这个方法，这一点很烦人）。

举例如下：

```
class OnesPackratParser extends RegexParsers with PackratParsers {
  lazy val ones: PackratParser[Any] = ones ~ "1" | "1"

  def parseAll[T](p: Parser[T], input: String) =
    phrase(p)(new PackratReader(new CharSequenceReader(input)))
}
```

20.10　解析器说到底是什么

从技术上讲，Parser[T]是一个带有单个参数的函数，参数类型为Reader[Elem]，而返回值的类型为ParseResult[T]。在本节中，我们将更仔细地看一下这些类型。

类型Elem是Parsers特质的一个抽象类型（有关抽象类型的更多信息参见19.12节）。RegexParsers特质将Elem定义为Char，而StdTokenParsers特质将Elem定义为Token（我们将在20.12节中介绍如何进行基于词法单元的解析）。

Reader[Elem]从某个输入源读取一个Elem值（即字符或词法单元）的序列，并跟踪它们的位置，用于报告错误。

当我们把读取器作为参数去调用Parser[T]时，它将返回ParseResult[T]的三个子类之一的对象：Success[T]、Failure或Error。

Error将终止解析器以及任何调用该解析器的代码。它可能在如下情形中发生：

- 解析器 p ~! q 未能成功匹配q。
- commit(p)失败。
- 遇到了err(msg)组合子。

Failure只不过意味着某个解析器匹配失败；通常情况下它将会触发其外围带|的表达式中的其他选项。

Success[T]最重要的是带有一个类型为T的result。它同时还带有一个名为next

的Reader[Elem]，其包含了匹配到的内容之外其他将被解析的输入。

考虑我们的算术表达式解析器中的如下部分：

```
val number = "[0-9]+".r
def expr = number | "(" ~ expr ~ ")"
```

我们的解析器扩展自RegexParsers，该特质有一个从Regex到Parser[String]的隐式转换。正则表达式number被转换成这样一个解析器——以Reader[Char]为参数的函数。

如果读取器中最开始的字符与正则表达式相匹配，解析器函数将返回Success[String]。返回对象中的result属性是已匹配的输入，而next属性则为移除了匹配项的读取器。

如果读取器中最开始的字符与正则表达式不匹配，解析器函数将返回Failure对象。

|方法将两个解析器组合到一起。也就是说，如果p和q是函数，则p | q也是函数。组合在一起的函数以一个读取器作为参数，比如说r。它将首先调用p(r)。如果这次调用返回Success或Error，那么这就是p | q的返回值。否则，返回值就是q(r)的计算结果。

20.11 正则解析器

RegexParsers特质在我们到目前为止的所有解析器示例中都用到了，它提供了两个用于定义解析器的隐式转换：

- literal从一个字符串字面量（比如"+"）做出一个Parser[String]。
- regex从一个正则表达式（比如"[0-9]".r）做出一个Parser[String]。

默认情况下，正则解析器会跳过空白。如果你对空白的使用不同于默认的"""\s+""".r（比如你想要跳过注释），则可以用自己的定义重写whiteSpace。如果你不想跳过空白，则可以用

```
override val whiteSpace = "".r
```

JavaTokenParsers特质扩展自RegexParsers并给出了五个词法单元的定义，如表20-3 所示。这些定义没有一个与Java中的写法完全对应，因此这个特质的适用范围是有限的。

表20-3 JavaTokenParsers中预定义的词法单元

词法单元	正则表达式
ident	[a-zA-Z_]\w*
wholeNumber	-?\d+
decimalNumber	(\d+(\.\d*)?|\d*\.\d+)
stringLiteral	"([^"\p{Cntrl}\\]|\\[\\/bfnrt]|\\u[a-fA-F0-9]{4})*"
floatingPointNumber	-?(\d+(\.\d*)?|\d*\.\d+)([eE][+-]?\d+)?[fFdD]?

20.12 基于词法单元的解析器

基于词法单元的解析器使用Reader[Token]而不是Reader[Char]。Token类型定义在scala.util.parsing.combinator.token.Tokens特质中。StdTokens子特质定义了四种在解析编程语言时经常会遇到的词法单元：

- Identifier（标识符）
- Keyword（关键字）
- NumericLit（数值字面量）
- StringLit（字符串字面量）

StandardTokenParsers类提供了一个产出这些词法单元的解析器。标识符由字母、数字或_组成，但不以数字开头。

注意：字母和数字的规则与Java或Scala中存在细微差异。任何语言中的数字都被支持，但属于“辅助（supplementary）”区间（U+FFFF以上）的字母除外。

数值字面量是一个数字的序列。字符串字面量被包括在"..."或'...'中，不带转义符。被包含在/* ... */中或者从//开始直到行尾的注释被当作空白处理。

当你扩展该解析器时，可将任何需要用到的保留字和特殊词法单元分别添加到lexical.reserved和lexical.delimiters集中：

```
class MyLanguageParser extends StandardTokenParsers {
  lexical.reserved += ("auto", "break", "case", "char", "const", ...)
```

```
  lexical.delimiters += ("=", "<", "<=", ">", ">=", "==", "!=", ...)
  ...
}
```

当解析器遇到保留字时，该保留字将成为Keyword而不是Identifier。

解析器根据“最大化匹配”原则拣出定界符（delimiter）。举例来说，如果输入包含<=，你将会得到单个词法单元，而不是一个<加上=的序列。

ident函数解析标识符；而numericLit和stringLit解析字面量。

举例来说，以下是使用StandardTokenParsers实现的算术表达式文法：

```
class ExprParser extends StandardTokenParsers {
  lexical.delimiters += ("+", "-", "*", "(", ")")

  def expr: Parser[Any] = term ~ rep(("+" | "-") ~ term)
  def term: Parser[Any] = factor ~ rep("*" ~> factor)
  def factor: Parser[Any] = numericLit  | "(" ~> expr <~ ")"

  def parseAll[T](p: Parser[T], in: String): ParseResult[T] =
    phrase(p)(new lexical.Scanner(in))
}
```

注意你需要提供parseAll方法，这个方法在StandardTokenParsers类中并未定义。在该方法中，你用到的是一个lexical.Scanner，这是StdLexical特质提供的Reader[Token]。

提示：如果你需要处理不同词法单元的语言，要调整词法单元解析器是很容易的。扩展StdLexical并重写token方法以识别你需要的那些词法单元类型。可以查看StdLexical的源码作为指引——代码很短。然后再扩展StdTokenParsers并重写lexical：

```
class MyParser extends StdTokenParsers {
  val lexical = new MyLexical
  ...
}
```

提示：StdLexical的token方法写起来挺枯燥的。如果我们能用正则表达式来定义词法单元就更好了。扩展StdLexical时，添加如下定义：

```
def regex(r: Regex): Parser[String] = new Parser[String] {
  def apply(in: Input) = r.findPrefixMatchOf(
    in.source.subSequence(in.offset, in.source.length)) match {
      case Some(matched) =>
        Success(in.source.subSequence(in.offset,
          in.offset + matched.end).toString, in.drop(matched.end))
      case None =>
        Failure("string matching regex `$r' expected but
          ${in.first} found", in)
    }
}
```

这样一来，你就可以在token方法中使用正则表达式，就像这样：

```
override def token: Parser[Token] = {
  regex("[a-z][a-zA-Z0-9]*".r) ^^ { processIdent(_) } |
  regex("0|[1-9][0-9]*".r) ^^ { NumericLit(_) } |
  ...
}
```

20.13 错误处理

当解析器不能接受某个输入时，你会想要得到准确的消息，指出错误发生的位置。

解析器会生成一个错误提示，描述解析器在某个位置无法继续了。如果有多个失败点，最后访问到的那个将被报告。

在定义二选一或多选一的时候，你可能需要时刻记得有错误报告这回事。举例来说，假定你有如下规则：

```
def value: Parser[Any] = numericLit | "true" | "false"
```

如果解析器未能匹配它们当中的任何一个，那么得知输入未能匹配"false"这样的错误提示就不是很有用。解决方案是添加一个failure语句，显式地给出错误提示：

```
def value: Parser[Any] = numericLit | "true" | "false" |
  failure("Not a valid value")
```

failure组合子只会在被访问时报告错误。它不会修改另一个组合子报告的错误提示。例如，RegexParser可能有如下这样的一个错误提示：

```
string matching regex `\d+' expected but `x' found
```

接下来使用withFailureMessage方法，就像这样：

```
def value = opt(sign) ~ digits withFailureMessage "Not a valid number"
```

如果解析器失败了，parseAll方法将返回Failure结果。它的msg属性是一个错误提示，让你显示给用户。而next属性是指向失败发生时还未解析的输入的Reader。你会想要显示行号和列，这些值可以通过next.pos.line和next.pos.column得到。

最后，next.first是失败发生时被处理的词法元素。如果你用的是RegexParsers特质，那么这个元素就是一个Char；对于错误报告而言，这并不是很有用。但对于词法单元解析器而言，next.first是一个词法单元，是值得报告的。

提示：如果你想要在成功解析后报告那些你检测到的错误（比如编程语言中的类型错误），那么可以用positioned组合子来将位置信息添加到解析结果当中。返回结果的类型必须扩展Positional特质。例如：

```
def vardecl = "var" ~ positioned(ident ^^ { Ident(_) }) ~ "=" ~ value
```

练习

1. 为算术表达式求值器添加/和%操作符。
2. 为算术表达式求值器添加^操作符。在数学运算当中，^应该比乘法的优先级更高，并且它应该是右结合的。也就是说，4^2^3应该得到4^(2^3)，即65536。
3. 编写一个解析器，将整数的列表（比如(1, 23, -79)）解析为List[Int]。
4. 编写一个能够解析ISO 8601中的日期和时间表达式的解析器。你的解析器应返回一个java.time.LocalDateTime对象。
5. 编写一个解析XML子集的解析器。要求能够处理如下形式的标签：

<ident>...</ident>或<ident/>。标签可以嵌套。处理标签中的属性。属性值可以以单引号或双引号定界。你无须处理字符数据（即位于标签中的文本或CDATA段）。你的解析器应该返回一个Scala XML的Elem值。难点是要拒绝不匹配的标签。提示：into、accept。

6. 假定20.5节中的那个解析器用如下代码补充完整：

```
class ExprParser extends RegexParsers {
  def expr: Parser[Expr] = (term ~ opt(("+" | "-") ~ expr)) ^^ {
    case a ~ None => a
    case a ~ Some(op ~ b) => Operator(op, a, b)
  }
  ...
}
```

可惜这个解析器计算出来的表达式树是错误的——同样优先级的操作符按照从右到左的顺序求值。修改该解析器，使它计算出正确的表达式树。举例来说，3-4-5应交出Operator("-", Operator("-", 3, 4), 5)。

7. 假定在20.6节中，我们首先将expr解析成一个带有操作和值的~列表：

```
def expr: Parser[Int] = term ~ rep(("+" | "-") ~ term) ^^ {...}
```

要得到结果，我们需要计算$((t_0 \pm t_1) \pm t_2) \pm \ldots$ 用折叠（参见第13章）实现这个运算。

8. 给计算器程序添加变量和赋值操作。变量在首次使用时被创建。未初始化的变量为0。打印某值的方法是将它赋值给一个特殊的变量out。

9. 扩展前一个练习，让它变成一个编程语言的解析器，支持变量赋值、Boolean表达式，以及if/else和while语句。

10. 为前一个练习中的编程语言添加函数定义。

第21章　隐式转换和隐式参数

本章的主题 L3

Chapter 21

隐式转换和隐式参数是Scala的两个功能强大的工具，在幕后处理那些很有价值的工作。在本章中，你将学习如何利用隐式转换丰富现有类的功能，以及隐式对象是如何被自动呼出以用于执行转换或其他任务的。利用隐式转换和隐式参数，你可以提供优雅的类库，对类库的使用者隐藏那些枯燥乏味的细节。

本章的要点包括：

- 隐式转换用于在类型之间做转换。
- 你必须引入隐式转换，并确保它们可以以单个标识符的形式出现在当前作用域。
- 隐式参数列表会要求指定类型的对象。它们可以从当前作用域中以单个标识符定义的隐式对象获取，或者从目标类型的伴生对象获取。
- 如果隐式参数是一个单参数的函数，那么它同时也会被作为隐式转换使用。
- 类型参数的上下文界定要求存在一个指定类型的隐式对象。
- 如果有可能定位到一个隐式对象，这一点可以作为证据证明某个类型转换是合法的。

21.1 隐式转换

所谓隐式转换函数（implicit conversion function）指的是那种以`implicit`关键字声

明的带有单个参数的函数。正如它的名称所表达的那样，这样的函数将被自动应用，将值从一种类型转换为另一种类型。

以11.2节的Fraction类为例，它有一个*方法用来将两个分数相乘。我们想把整数*n*转换成分数*n* / 1。

```
implicit def int2Fraction(n: Int) = Fraction(n, 1)
```

这样我们就可以做如下表达式求值：

```
val result = 3 * Fraction(4, 5) // 将调用int2Fraction(3)
```

隐式转换函数将整数3转换成了一个Fraction对象。这个对象接着又被乘以Fraction(4, 5)。

你可以给转换函数起任何名称。由于你并不显式地调用它，因此，你可能会想用比较短的名称，比如i2f。不过，你将在21.3节中看到，有时候我们也需要显式地引入转换函数。我建议你坚持用*source*2*Target*这种约定俗成的命名方式。

Scala并不是第一个允许程序员提供自动类型转换的语言。不过，Scala给了程序员相当大的控制权在什么时候应用这些转换。在接下来的若干节中，我们将讨论隐式转换究竟在什么时候发生，以及如何微调这个过程。

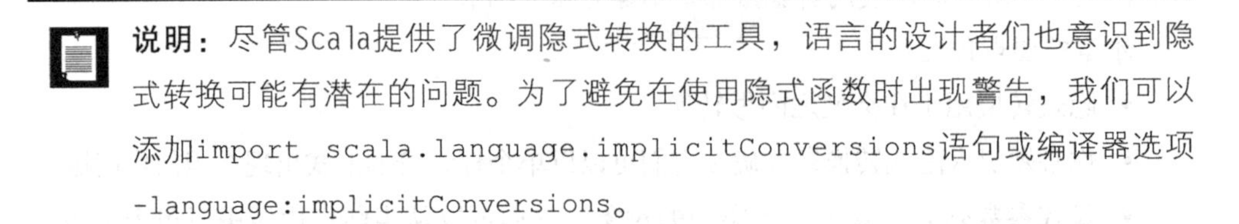

说明： 尽管Scala提供了微调隐式转换的工具，语言的设计者们也意识到隐式转换可能有潜在的问题。为了避免在使用隐式函数时出现警告，我们可以添加import scala.language.implicitConversions语句或编译器选项-language:implicitConversions。

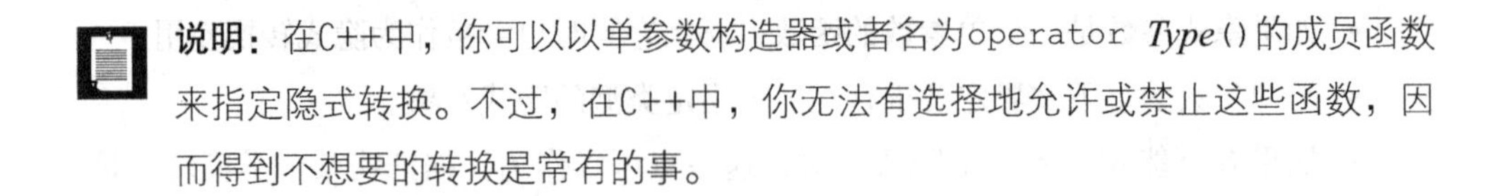

说明： 在C++中，你可以以单参数构造器或者名为operator *Type*()的成员函数来指定隐式转换。不过，在C++中，你无法有选择地允许或禁止这些函数，因而得到不想要的转换是常有的事。

21.2 利用隐式转换丰富现有类库的功能

你是否曾希望某个类有某个方法，而这个类的作者却没有提供？举例来说，如果

java.io.File类能有个read方法来读取文件，这该多好：

```
val contents = new File("README").read
```

作为Java程序员，你唯一的出路是向Oracle公司（甲骨文公司）请愿，要求增加这样一个方法。祝你好运！

在Scala中，你可以定义一个经过丰富的类型，提供你想要的功能：

```
class RichFile(val from: File) {
  def read = Source.fromFile(from.getPath).mkString
}
```

然后，再提供一个隐式转换来将原来的类型转换到这个新的类型：

```
implicit def file2RichFile(from: File) = new RichFile(from)
```

这样，你就可以在File对象上调用read方法了。它被隐式地转换成了一个RichFile。

除了提供一个转换函数，你还可以将RichFile声明为隐式类（implicit class）：

```
implicit class RichFile(val from: File) { ... }
```

隐式类必须有一个单入参的主构造器。该构造器自动成为那个隐式的转换函数。

将这个经过丰富的类声明为值类（value class）是一个不错的主意：

```
implicit class RichFile(val from: File) extends AnyVal { ... }
```

这样，不会有RichFile的对象被创建出来。对file.read的调用将直接被编译成一个静态的方法调用RichFile$.read$extension(file)。

注意：隐式类不能是顶层的类。你可以将它放在使用类型转换的类中，或者另一个对象或类中，然后引入（下一节会介绍这个做法）。

21.3 引入隐式转换

Scala会考虑如下的隐式转换函数：

1. 位于源或目标类型的伴生对象中的隐式函数或隐式类。

2. 位于当前作用域中可以以单个标识符指代的隐式函数或隐式类。

比如我们的int2Fraction函数。我们可以将它放到Fraction伴生对象中，这样它就能够被用来将整数转换成分数了。

或者，假定我们把它放到了FractionConversions对象当中，而这个对象位于com.horstmann.impatient包。如果你想要使用这个转换，就需要引入FractionConversions对象，像这样：

```
import com.horstmann.impatient.FractionConversions._
```

为了让隐式转换在当前作用域可见，它必须是不带前缀的。例如，如果你引入了com.horstmann.impatient.FractionConversions或com.horstmann，那么，对于所有想要显示调用int2Fraction方法的人而言，在当前作用域内可以使用FractionConversions.int2Fration或impatient.FractionConversions.int2Fraction来调用它。不过如果该函数不是以int2Fraction可见，不带任何前缀的话，编译器是不会隐式地使用它的。

提示：在REPL中，键入:implicits以查看所有除Predef外被引入的隐式成员，或者键入:implicits -v以查看全部隐式成员。

你可以将引入局部化以尽量避免不想要的转换发生。例如：

```
object Main extends App {
  import com.horstmann.impatient.FractionConversions._
  val result = 3 * Fraction(4, 5) // 使用引入的转换
  println(result)
}
```

你甚至可以选择自己想要的特定转换。假定你有另一个转换：

```
object FractionConversions {
  ...
  implicit def fraction2Double(f: Fraction) = f.num * 1.0 / f.den
}
```

如果你想要的是这一个转换而不是int2Fraction，则可以直接引入它：

```
import com.horstmann.impatient.FractionConversions.fraction2Double
val result = 3 * Fraction(4, 5) // 结果是2.4
```

如果某个特定的隐式转换给你带来麻烦，也可以将它排除在外：

```
import com.horstmann.impatient.FractionConversions.{fraction2Double => _, _}
  // 引入除fraction2Double外的所有成员
```

提示：如果你想要搞清楚为什么编译器没有使用某个你认为它应该使用的隐式转换，可以试着将它显式加上，例如调用fraction2Double(3) * Fraction(4, 5)。你可能就会得到显示问题所在的错误提示了。

21.4 隐式转换规则

在本节中，你将看到编译器何时会尝试隐式转换。为了说明规则，我们再次以Fraction类为例，假定int2Fraction和fraction2Double这两个隐式转换是可用的。

隐式转换在如下三种各不相同的情况下会被考虑：

- 当表达式的类型与预期的类型不同时：

  ```
  3 * Fraction(4, 5) // 将调用fraction2Double
  ```

  Int类并没有一个*(Fraction)方法，不过它有一个*(Double)方法。

- 当对象访问一个不存在的成员时：

  ```
  3.den // 将调用int2Fraction
  ```

  Int类没有den这个成员，但Fraction类有。

- 当对象调用某个方法，而该方法的参数声明与传入参数不匹配时：

  ```
  Fraction(4, 5) * 3
    // 将调用int2Fraction
  ```

  Fraction的*方法并不接受一个Int，但它接受一个Fraction。

另一方面，在以下三种情况下编译器不会尝试使用隐式转换：

- 如果代码能够在不使用隐式转换的前提下通过编译，则不会使用隐式转换。举例来说，如果a * b能够编译，那么编译器不会尝试a * convert(b)或者convert(a) * b。

- 编译器不会尝试同时执行多个转换，比如convert1(convert2(a)) * b。
- 存在二义性的转换是一个错误。举例来说，如果convert1(a) * b和convert2(a) * b都是合法的，编译器将会报错。

注意：如下情况并不属于二义性：

```
3 * Fraction(4, 5)
```

既可以被转换成

```
3 * fraction2Double(Fraction(4, 5))
```

也可以被转换成

```
int2Fraction(3) * Fraction(4, 5)
```

第一个转换将会胜出，因为它无须改变被应用*方法的那个对象。

提示：如果你想要弄清楚编译器使用了哪些隐式转换，可以用如下命令行参数来编译自己的程序：

```
scalac -Xprint:typer MyProg.scala
```

你将会看到加入隐式转换后的源码。

21.5 隐式参数

函数或方法可以带有一个标记为implicit的参数列表。在这种情况下，编译器将会查找默认值，提供给本次函数调用。以下是一个简单的示例：

```
case class Delimiters(left: String, right: String)

def quote(what: String)(implicit delims: Delimiters) =
  delims.left + what + delims.right
```

你可以用一个显式的Delimiters对象来调用quote方法，就像这样：

```
quote("Bonjour le monde")(Delimiters("«", "»")) // 将返回 «Bonjour le monde»
```

注意这里有两个参数列表。这个函数是“柯里化的”——参见第12章。

你也可以略去隐式参数列表：

```
quote("Bonjour le monde")
```

在这种情况下，编译器将会查找一个类型为Delimiters的隐式值。这必须是一个被声明为implicit的值。编译器将会在如下两个地方查找一个这样的对象：

- 在当前作用域所有可以用单个标识符指代的满足类型要求的val和def。
- 与所要求类型相关联的类型的伴生对象。相关联的类型包括所要求类型本身，以及它的类型参数（如果它是一个参数化的类型的话）。

在我们的示例当中，可以做一个对象，比如：

```
object FrenchPunctuation {
  implicit val quoteDelimiters = Delimiters("«", "»")
  ...
}
```

这样我们就可以从这个对象引入所有的值：

```
import FrenchPunctuation._
```

或特定的值：

```
import FrenchPunctuation.quoteDelimiters
```

如此一来，法语标点符号中的定界符（«和»）就被隐式地提供给了quote函数。

说明：对于给定的数据类型，只能有一个隐式的值。因此，使用常用类型的隐式参数并不是一个好主意。例如：

```
def quote(what: String)(implicit left: String, right: String) // 别这样做！
```

上述代码行不通，因为调用者没法提供两个不同的字符串。

21.6 利用隐式参数进行隐式转换

隐式的函数参数也可以被用作隐式转换。为了明白它为什么重要，首先考虑如下这个泛型函数：

```
def smaller[T](a: T, b: T) = if (a < b) a else b // 不太对劲
```

这实际上行不通。编译器不会接受这个函数，因为它并不知道a和b属于一个带有<操作符的类型。

我们可以提供一个转换函数来达到目的：

```
def smaller[T](a: T, b: T)(implicit order: T => Ordered[T])
  = if (order(a) < b) a else b
```

由于Ordered[T]特质有一个接受T作为参数的<操作符，因此这个版本是正确的。

也许是巧合，这种情况十分常见，Predef对象对大量已知类型都定义了T => Ordered[T]，包括所有已经实现了Order[T]或Comparable[T]的类型。正因为如此，你才可以调用

```
smaller(40, 2)
```

以及

```
smaller("Hello", "World")
```

如果你想要调用

```
smaller(Fraction(1, 7), Fraction(2, 9))
```

就需要定义一个Fraction => Ordered[Fraction]的函数，要么在调用的时候显式写出，要么把它做成一个implicit val。我把这个留作练习，因为它离我在本节要表达的论点太远了。

最后，以下就是我想要说的。再次检查

```
def smaller[T](a: T, b: T)(implicit order: T => Ordered[T])
```

注意order是一个被打上了implicit标签的函数，并且在作用域内。因此，它不仅是一个隐式参数，它还是一个隐式转换。正因为这样，我们才可以在函数体中略去对order的显式调用：

```
def smaller[T](a: T, b: T)(implicit order: T => Ordered[T])
  = if (a < b) a else b // 将调用order(a) < b，如果a没有带<操作符的话
```

21.7 上下文界定

类型参数可以有一个形式为T : M的上下文界定（context bound），其中M是另一个泛型类型。它要求作用域中存在一个类型为M[T]的隐式值。

例如：

```
class Pair[T : Ordering]
```

要求存在一个类型为Ordering[T]的隐式值。该隐式值可以被用在该类的方法当中，考虑如下示例：

```
class Pair[T : Ordering](val first: T, val second: T) {
  def smaller(implicit ord: Ordering[T]) =
    if (ord.compare(first, second) < 0) first else second
}
```

如果我们new一个Pair(40, 2)，编译器将推断出我们需要一个Pair[Int]。由于Ordering伴生对象中有一个类型为Ordering[Int]的隐式值，因此Int满足上下文界定。这个Ordering[Int] 就成为该类的一个字段，其被传入需要该值的方法当中。

如果你愿意，也可以用Predef类的implicitly方法获取该值：

```
class Pair[T : Ordering](val first: T, val second: T) {
  def smaller =
    if (implicitly[Ordering[T]].compare(first, second) < 0) first else second
}
```

implicitly函数在Predef.scala中定义如下：

```
def implicitly[T](implicit e: T) = e
  // 用于从冥界召唤隐式值
```

说明：上述注释的表述很贴切——隐式值生活在“冥界”，并以一种不可见的方式被加入到方法中。

或者，你也可以利用Ordered特质中定义的从Ordering到Ordered的隐式转换。一旦引入了这个转换，你就可以使用关系操作符：

```
class Pair[T : Ordering](val first: T, val second: T) {
  def smaller = {
    import Ordered._;
    if (first < second) first else second
  }
}
```

这些只是细微的变化；重要的是你可以随时实例化Pair[T]，只要满足存在类型为Ordering[T]的隐式值的条件即可。举例来说，如果你想要一个Pair[Point]，则可以组织一个隐式的Ordering[Point]值：

```
implicit object PointOrdering extends Ordering[Point] {
  def compare(a: Point, b: Point) = ...
}
```

21.8 类型类

再看一眼上一节的Ordering特质。我们有一个要求参数带有排序规则的算法。通常，在面向对象编程中，我们会要求参数类型要扩展自某个特质。不过这里并没有这个要求。为了让某个类可以用于这个算法，我们完全无须修改相应的类，我们只要提供一个隐式转换即可。跟面向对象的方案相比，这种做法要灵活得多。

像Ordering这样的特质被称为“类型类（type class）”。类型类定义了某种行为，任何类型都可以通过提供相应的行为来加入这个类。（类型类这个叫法源自Haskell，这里的“类”跟面向对象编程中的“类”并不是一回事。你可以把这个“类”想象成“集体诉讼（class action）”中的“集体”——因为某个共同的目的而聚在一起的类型。）

要搞清楚某个类型是如何加入类型类的，让我们看一个简单的例子。我们想计算平均值，$(x_1 + \cdots + x_n) / n$。为此，我们需要能将两个值相加然后除以一个整数。Scala类库中有一个类型类叫作Numeric，它要求相应的值可以相加、相乘、相比较。不过它并没有要求相应的值可以被整数除。既然这样，那我们就自己来定义吧：

```
trait NumberLike[T] {
  def plus(x: T, y: T): T
  def divideBy(x: T, n: Int): T
}
```

接下来，为了确保类型类出厂以后是有用的，我们添加一些常用的类型作为它的成员。通过在伴生对象中提供隐式对象，这并不难：

```
object NumberLike {
  implicit object NumberLikeDouble extends NumberLike[Double] {
    def plus(x: Double, y: Double) = x + y
    def divideBy(x: Double, n: Int) = x / n
  }

  implicit object NumberLikeBigDecimal extends NumberLike[BigDecimal] {
    def plus(x: BigDecimal, y: BigDecimal) = x + y
    def divideBy(x: BigDecimal, n: Int) = x / n
  }
}
```

接下来，我们就可以开始用这个类型类了。在average方法中，我们需要该类型类的一个实例，这样我们就可以调用plus和divideBy。（注意这些是类型类的方法，而不是成员类型的方法。）

这里，我们只会计算两个值的平均。一般化的case留给各位读者作为练习。我们有两种方式可以提供类型类的实例：作为隐式参数，或使用上下文界定。第一种方式如下：

```
def average[T](x: T, y: T)(implicit ev: NumberLike[T]) =
  ev.divideBy(ev.plus(x, y), 2)
```

参数名ev是“证明（evidence）”的简写——参考下一节。

而使用上下文界定时，我们是从“冥界”中获取相应的隐式对象。

```
def average[T : NumberLike](x: T, y: T) = {
  val ev = implicitly[NumberLike[T]]
  ev.divideBy(ev.plus(x, y), 2)
}
```

就是这样了。最后，我们来看看如果某个类型要加入NumberLike类型类需要做些什么。首先，它必须提供一个隐式的对象，就像我们出厂时提供的NumberLikeDouble和NumberLikeBigDecimal对象那样。以下是将Point类型加入NumberLike类型类所需要做的：

```
class Point(val x: Double, val y: Double) {
  ...
}

object Point {
  def apply(x: Double, y: Double) = new Point(x, y)
  implicit object NumberLikePoint extends NumberLike[Point] {
    def plus(p: Point, q: Point) = Point(p.x + q.x, p.y + q.y)
    def divideBy(p: Point, n: Int) = Point(p.x * 1.0 / n, p.y * 1.0 / n)
  }
}
```

这里我们将隐式对象添加到了Point的伴生对象中。如果你不能修改Point类，可以将这个隐式对象放在别的地方，然后按需引入就好。

Scala标准类库提供了很多有用的类型类，比如Equiv、Ordering、Numeric、Fractional、Hashing、IsTraverableOnce、IsTraverableLike等。正如你看到的那样，提供自定义的类型类也是很容易的。

关于类型类，最为重要的一点是它们提供了一种“特设（ad hoc）”的多态机制，这跟继承（译者注：即子类型多态）比起来，更为宽松。

21.9 类型证明

在第18章中，你看到过下面这样的类型约束：

```
T =:= U
T <:< U
T => U
```

这些约束将校验T是否等于U，是否是U的子类型，或者是否可以被转换为U。要使用这样的类型约束，做法是提供一个隐式参数，比如：

```
def firstLast[A, C](it: C)(implicit ev: C <:< Iterable[A]) =
  (it.head, it.last)
```

=:=和<:<带有隐式值的类，其定义在Predef对象当中。例如，<:<从本质上讲就是：

```
abstract class <:<[-From, +To] extends Function1[From, To]

object <:< {
  implicit def conforms[A] = new (A <:< A) { def apply(x: A) = x }
}
```

假定编辑器需要处理约束implicit ev: String <:< AnyRef。它会在伴生对象中查找类型为String <:< AnyRef的隐式对象。注意<:<相对于From是逆变的，而相对于To是协变的。因此如下对象：

```
<:<.conforms[String]
```

可以被当作String <:< AnyRef的实例使用。（<:<.conforms[AnyRef]对象也是可以用的，但它相对而言更笼统，因而不会被考虑。）

我们把ev称作“类型证明对象（evidence object）”——它的存在证明了如下事实：以本例来说，String是AnyRef的子类型。

这里的类型证明对象是恒等函数（译者注：即永远返回参数原值的函数）。要弄明白为什 么这个恒等函数是必需的，请仔细看如下代码：

```
def firstLast[A, C](it: C)(implicit ev: C <:< Iterable[A]) =
  (it.head, it.last)
```

编译器实际上并不知道C是一个Iterable[A]——你应该还记得<:<并不是语言特性，而只是一个类。因此，像it.head和it.last这样的调用并不合法。但ev是一个带有单个参数的函数，因此也是一个从C到Iterable[A]的隐式转换。编译器将会应用这个隐式转换，计算ev(it).head和ev(it).last。

提示：为了检查一个泛型的隐式对象是否存在，你可以在REPL中调用implicitly函数。举例来说，在REPL中键入implicitly[String <:< AnyRef]，你将会得到一个结果（碰巧是一个函数）。但implicitly[AnyRef <:< String]会失败，并给出错误提示。

21.10 @implicitNotFound注解

@implicitNotFound注解告诉编译器在不能构造出带有该注解的类型的参数时给出错误提示。这样做的目的是给程序员有意义的错误提示。举例来说，<:<类被注解为：

```
@implicitNotFound(msg = "Cannot prove that ${From} <:< ${To}.")
abstract class <:<[-From, +To] extends Function1[From, To]
```

例如，如果你调用

```
firstLast[String, List[Int]](List(1, 2, 3))
```

则错误提示为

```
Cannot prove that List[Int] <:< Iterable[String]
```

这比起如下默认的错误提示更有可能给程序员提供有价值的信息：

```
Could not find implicit value for parameter ev: <:<[List[Int],Iterable[String]]
```

注意错误提示中的${From}和${To}将被替换成被注解类的类型参数From和To。

21.11 CanBuildFrom解读

在第1章中，我曾经说过你应该直接忽略那个隐式的CanBuildFrom参数。现在你终于准备好，可以理解它的工作原理了。

以map方法为例。稍微简化一些来说，map是一个Iterable[A, Repr]的方法，实现如下：

```
def map[B, That](f : (A) => B)(implicit bf: CanBuildFrom[Repr, B, That]): That = {
  val builder = bf()
  val iter = iterator()
  while (iter.hasNext) builder += f(iter.next())
  builder.result
}
```

这里Repr的意思是“展现类型（representation type）”。该参数将让我们可以选择合适的构建器工厂来构建诸如Range或String这样的非常规集合。

说明：在Scala类库中，map实际上被定义在TraversableLike[A, Repr]特质中。这样，更常用的Iterable特质就无须背着Repr这个类型参数的包袱。

CanBuildFrom[From, E, To]特质将提供类型证明：可以创建一个类型为To的集合，握有类型为E的值，并且和类型From兼容。在讨论这些类型证明对象是如何生成的之前，让我们先来看看它们是做什么用的。

CanBuildFrom特质带有一个apply方法，其交出类型为Builder[E, To]的对象。Builder类型带有一个+=方法用来将元素添加到一个内部的缓冲，还有一个result方法用来产出所要求的集合。

```
trait Builder[-E, +To] {
  def +=(e: E): Unit
  def result(): To
}

trait CanBuildFrom[-From, -E, +To] {
  def apply(): Builder[E, To]
}
```

因此，map方法只是构造出一个目标类型的构建器，为构建器填充函数f的值，然后产出结果的集合。

每个集合都在其伴生对象中提供了一个隐式的CanBuildFrom对象。考虑如下简化版的ArrayBuffer类：

```
class Buffer[E : ClassTag] extends Iterable[E, Buffer[E]]
    with Builder[E, Buffer[E]] {
  private var elems = new Array[E](10)
  ...
  def iterator() = ...
    private var i = 0
    def hasNext = i < length
    def next() = { i += 1; elems(i - 1) }
  }
  def +=(e: E) { ... }
  def result() = this
```

```
}

object Buffer {
  implicit def canBuildFrom[E : ClassTag] =
     new CanBuildFrom[Buffer[_], E, Buffer[E]] {
    def apply() = new Buffer[E]
  }
}
```

我们来看看如果调用buffer.map(f)会发生什么，其中f是一个类型为A => B的函数。首先，通过调用Buffer伴生对象中的canBuildFrom[B]方法，我们可以得到隐式的bf参数。它的apply方法返回了构建器，拿本例来说就是Buffer[E]。

由于Buffer类碰巧已经有一个+=方法，而它的result方法也被定义为返回它自己。因此，Buffer就是它自己的构建器。

然而，Range类的构建器并不返回一个Range，而且它显然也不能返回Range。举例来说，(1 to 10).map(x => x * x)的结果并不是一个Range。在实际的Scala类库中，Range扩展自IndexedSeq[Int]，而IndexedSeq的伴生对象定义了一个构建Vector的构建器。

以下是一个简化版的Range类，提供了一个Buffer作为其构建器：

```
class Range(val low: Int, val high: Int) extends Iterable[Int, Range] {
  def iterator() = ...
}
object Range {
   implicit def canBuildFrom[E : ClassTag] = new CanBuildFrom[Range, E,
Buffer[E]] {
     def apply() = new Buffer[E]
  }
}
```

现在再来考虑如下调用：Rang(1, 10).map(f)。这个方法需要一个implicit bf: CanBuildFrom[Repr, B, That]。由于Repr就是Range，因此相关联的类型有CanBuildFrom、Range、B和未知的That。其中，Range对象可以通过调用其canBuildFrom[B]方法交出一个匹配项，该方法返回一个CanBuildFrom[Range, B, Buffer[B]]。这个匹配项就成为bf；其apply方法将交出Buffer[B]，用于构建结果。

正如你刚才看到的那样，隐式参数CanBuildFrom[Repr, B, That]将会定位到一个可以产出目标集合的构建器的工厂对象。这个构建器工厂是定义在Repr伴生对象中的一个隐式值。

练习

1. ->的工作原理是什么？或者说，"Hello" -> 42和42 -> "Hello"怎么会和对偶("Hello", 42)和(42, "Hello")扯上关系呢？提示：Predef.ArrowAssoc。
2. 定义一个操作符+%，将一个给定的百分比添加到某个值。例如，120 +% 10应得到132。使用隐式类来完成。
3. 定义一个!操作符，计算某个整数的阶乘。举例来说，5!应得到120。使用隐式类来完成。
4. 有些人很喜欢那些读起来隐约像英语句子的“流利API”。创建一个这样的API，用来从控制台读取整数、浮点数以及字符串。例如：Read in aString askingFor "Your name" and anInt askingFor "Your age" and aDouble askingFor "Your weight"。
5. 提供执行下述运算所需要的代码：

   ```
   smaller(Fraction(1, 7), Fraction(2, 9))
   ```

   用第11章的Fraction类。给出一个扩展自Ordered[Fraction]的RichFraction隐式类。
6. 比较java.awt.Point类的对象，按词典顺序比较（译者注：即依次比较x坐标和y坐标的值）。
7. 继续前一个练习，根据两个点到原点的距离进行比较。你如何在两种排序之间切换？
8. 在REPL中使用implicitly命令来召唤出21.5节及21.6节中的隐式对象。你得到了哪些对象？
9. 解释一下为何Ordering是一个类型类而Ordered不是。
10. 泛化21.8节的average方法，让它支持Seq[T]。

11. 让String成为21.8节的NumberLike类型类的成员。其divideBy方法应保留每*n*个字母当中的第1个，使得average("Hello", "World")得到"Hlool"。
12. 在Predef.scala中查找=:=对象。解释它的工作原理。
13. 表达式"abc".map(_.toUpper)的结果是一个String，但"abc".map(_.toInt)的结果是一个Vector。搞清楚为什么会这样。

词 汇 表

A

abstract – 抽象的
access – 访问/获取
accessor – 取值器
add – 添加
advanced type – 高级类型
algorithm – 算法
alias – 别名
ambiguity – 二义性
angle bracket – 尖括号
annotated – 带注解的
annotation – 注解
anonymous – 匿名的
apply – 应用
argument – 参数/传参/入参/实参
arithmetic – 算术的
array – 数组
array buffer – 数组缓冲
assertion – 断言
assignment – 赋值
associativity – 结合性
asynchronous – 异步的
atom – 原子
attribute – 属性
automatic – 自动的
auxiliary – 辅助的
auxiliary constructor – 辅助构造器

B

backslash – 反斜杠
backtracking – 回溯
balanced tree – 平衡树
base class – 基类
binary – 二元的（操作符）/ 二进制的（文件）
binding – 绑定
bit set – 位组
blocking – 阻塞的
block – （代码）块
boundary – 边界
bound – 界定
brace – 花括号
branch – 分支
buffer – 缓冲

C

calculation – 运算
call – 调用
call–by–name 换名调用
call–by–value 换值调用
capture – 捕获
case – 样例
case class – 样例类
case object – 样例对象

catch – 捕获
caution – 注意
chain – 串接
chained – 串接的
channel – 消息通道
chapter – 章
character – 字符
character set – 字符集
cheat sheet – 速查单
check – 检查
checked exception – 受检异常
children – 后代
class – 类
clause – 语句/子句
clone – 克隆
close – 关闭
closure – 闭包
code – 代码
collection – 集合
colon – 冒号
combinator – 组合子
combine – 组合
command-line – 命令行
comment – 注释
companion – 伴生的
companion class – 伴生类
companion object – 伴生对象
compare – 比较
compile-time – 编译期的
compiler – 编译器
component – 组件/（元组或对偶的）组元
composition – 组合
compound – 复合的
compound type – 复合类型
comprehension – 推导式
concrete – 具体的
concurrency – 并发
consistency – 一致性
console – 控制台
constant – 常量
constraint – 约束
construct – 构造
constructor – 构造器/（Java的）构造方法
context – 上下文
contravariant – 逆变的
control flow – 控制流转
convert – 转换
copy – 复制
covariant – 协变的
create – 创建
currying – 柯里化

D

deadlock – 死锁
debugging – 调试
declaration – 声明
default – 默认的
definition – 定义
dependency – 依赖
dependency injection – 依赖注入
deprecated – 已过时的
descendant – 后代
destruct – 析构
destructor – 析构器
diamond inheritance – 菱形继承
directory – 目录
discard – 丢弃
display – 显示
document – 文档

domain-specific language – 领域特定语言
duck typing – 鸭子类型
dynamically typed language – 动态类型语言

E

early definition – 提前定义
elapsed time – 已逝去的时间
element – 元素
elidable – 可省略的
eliding method – 可省略方法
embedded – 内嵌的
empty – 空的/清空
enhanced – 增强的
entity – 实体
enumeration – 枚举
equality – 相等性
error – 错误
escape hatch – 逃逸舱门
evaluate – 求值
event – 事件
evidence – 类型证明
example – 示例
exception – 异常
exercise – 练习
exhaustive – 穷举的
existential type – 存在类型
exit – 退出
explicit – 显式的
expression – 表达式
extend – 扩展
extractor – 提取器

F

failure – 失败
fall-through – 贯穿
family polymorphism – 家族多态
fast – 快速
field – 字段
figure – 图
file – 文件
filter – 过滤
final – 不可重写的
floating-point – 浮点数
fold – 折叠
for comprehension – for推导式
form – 范式
fragile base class – 易违约基类
functional – 函数式
function – 函数

G

generator – 生成器
generics – 泛型
getter – getter方法
global – 全局的
grammar – 文法
greatest common divisor – 最大公约数
grouping – 分组
guard – 守卫

H

hash – 哈希
hash code – 哈希码
hash map – 哈希映射
hash set – 哈希集
hash table – 哈希表
heterogeneous – 异构的
hierarchy – 层级
higher-kinded type – 高等类型
higher-order function – 高阶函数

I

identifier – 标识符
identity – 身份
identity function – 恒等函数
immutable – 不可变的
implement – 实现
implicit – 隐式的
implicit conversion – 隐式转换
implicit parameter – 隐式参数
implicit – 隐式转换和隐式参数/隐式值
import – 引入
inching forward – 缓慢前行
index – 索引
inference – 推断
infinite – 无穷的
infix – 中置的
inheritance – 继承
initialize – 初始化
inline – 内联
input – 输入
instance – 实例
instruction – 指令
internal – 内部的
interoperable – 可互操作的
interpolation – 插值
interpreter – 解释器
intersection – 交集
invariant – 不变的
inversion – 反转
inversion of control – 控制反转
invoke – 执行/调用
iterate – 迭代
iterate over – 遍历
iterate through – 遍历
iterator – 迭代器

J

jump table – 跳转表

K

key – 键
keyword – 关键字

L

law – 法则
lazy – 懒
left associative – 左结合
left recursive – 左递归
lexer – 词法分析器
lexical analysis – 词法分析
linearization – 线性化
link – 链接
linked – 链接的
linked list – 链表
listener – 监听器
list – 列表
literal – 字面量
local – 局部的
localize – 局部化
lock – 锁
loop – 循环

M

malformed – 格式错误的
map – 映射
markup – 标记
match – 匹配
mathematical – 数学的
maximum munch rule – 最大化匹配原则
message – 消息

meta – 元
method – 方法
mix in – 混入
mixin – 混入
modifier – 修饰符
modify – 修改
monad – 单子
multidimensional – 多维的
multiple inheritance – 多重继承
mutable – 可变的
mutator – 改值器

N

name – 名称
namespace – 命名空间
naming – 命名
nested – 嵌套的
newline character – 换行符
node – 节点
nonterminal symbol – 非终结符号
notation – 表示法
note – 说明
number – 数字

O

object private – 对象私有的
object – 对象
omit – 略去
open – 打开
operator – 操作符
optimize – 优化
order – 顺序
ordering – 顺序
ordered – 分先后的
output – 输出
overflow – 溢出
override – 重写/覆盖

P

package – 包
packrat parser – 记忆式解析器
page – 页
pair – 对偶
parallel – 并行（运算）
parameter – 参数
parenthesis – 圆括号
parser tree – 解析树
parser – 解析器
partial function – 偏函数
partially applied function – 部分应用的函数
pass–by–name – 传名的
paste – 粘贴
path – 路径
pattern matching – 模式匹配
pattern – 模式
piping – 管道
plugin – 插件
polymorphism – 多态
postfix – 后置的
precedence – 优先级
precision – 精度
predicate – 前提
prefix – 前置的
primary – 主要的
primary constructor – 主构造器
principle – 原则
print – 打印
private – 私有的
procedure – 过程
process – 进程

programming language – 编程语言
projection – 投影
project – 项目
property – 属性
protected – 受保护的
public – 公有的

Q
queue – 队列

R
race condition – 争用状况
ragged – 不规则的
random – 随机的
random access – 随机访问
range – 区间
read – 读取
readability – 可读性
receive – 接收
recursive – 递归的
recursion – 递归
red–black tree – 红黑树
redirect – 重定向
reduce – 化简
reference – 引用
reference type – 引用类型
reflective call – 反射调用
regex – 正则
regular expression – 正则表达式
remote – 远程的
remove – 移除
return – 返回
return value – 返回值
reverse – 反向
right associative – 右结合的
root – 根
rule – 规则
runtime – 运行期的/运行时

S
save – 保存
scan – 扫描
scope – 作用域
sealed – 密封的
sealed class – 密封类
section – 节
selector – 选取器
self type – 自身类型
self–closing tag – 自结束的标签
semicolon – 分号
send – 发送
sequence – 序列
sequential – 顺序的
serialization – 序列化
set – 集
setter – setter方法
shared – 共享的/共用的
shell script – shell脚本
shorthand – 简写
simulate – 模拟
singleton – 单例
slash – 斜杠
slice – 切片
sort – 排序
sorted – 已排序的
square bracket – 方括号
stack – 栈
standard input – 标准输入
start – 启动
start symbol – 起始符

statement – 语句
static – 静态的
stream – 流
structural type – 结构类型
style – 风格
subclass – 子类
success – 成功
sum – 求和
superclass – 超类
supertype – 超类型
supervisor – 监管员
symbol – 符号
synchronous – 同步的
syntactic sugar – 语法糖
syntax – 语法

T

tab completion – 制表符补全
table – 表
tail recursive – 尾递归
terminate – 终止
thread – 线程
tilde – 波浪号
tip – 提示
token – 标记/词法单元
toolkit – 工具包
topic – 主题
trait – 特质
trampolining – 蹦床
transform – 变换
transformation – 变换
transient – 瞬态的
traverse – 遍历
tree – 树
tuple – 元组
type – 类型
type class – 类型类
typesafe – 类型安全的

U

unary – 一元的
underscore – 下画线
undo – 撤销
unevaluated – 未求值的
uniform – 统一的
uniform access principle – 统一访问原则
uniform creation principle – 统一创建原则
uniform return type principle – 统一返回类型原则
union – 并集
universal trait – 全称特质
unordered – 不分先后的
uppercase – 大写

V

value – 值
varargs – 变长参数
variable-length – 变长的
variable – 变量
variance – 型变
view – 视图
view-convertible – 可视图（隐式）转换的
virtual – 虚拟的/虚（函数）
visibility – 可见性
visit – 访问
volatile – 易失的

W

whitespace – 空白
wildcard – 通配符
working with – 操作/使用

wrapper – 包装

write – 编写/写入

Y

yield – 交出/产出/让出

Z

zip – 拉链